전기공학 기초실험
with PSCAD

박철원 著

전기공학 기초실험 with PSCAD

박 철 원 著

발행일 2022년 3월 15일
펴낸이 李 相 烈
펴낸곳 도서출판 에듀컨텐츠휴피아
출판등록 제2017-000042호 (2002년 1월 9일 신고등록)
주　소 서울 광진구 자양로 28길 98, 동양빌딩
전　화 (02) 443-6366
팩　스 (02) 443-6376
이메일 iknowledge@naver.com
Web http://cafe.naver.com/eduhuepia
만든이 기획·김수아 / 책임편집·이진훈 황혜영 박서희 김홍명 이진아
　　　　 디자인·유충현 / 영업·이순우

정 가 24,000원
ISBN 978-89-6356-356-5 (93560)

ⓒ 2022, 박철원, 도서출판 에듀컨텐츠휴피아

* 본 책은 저작권법에 따라 보호받는 저작물이므로 무단 전재와 복제를 금지하며, 책 내용의 전부 또는 일부를 이용하려면 반드시 저작권자 및 도서출판 에듀컨텐츠휴피아의 서면 동의를 받아야 합니다.

머리말

　근래 우리 사회는 전력수요의 급증과 정보의 고도화가 심화됨에 따라 ICT 기술을 바탕으로 하는 양질의 전기에너지의 필요성이 증대하고 있다. 전력과 IT를 융합하는 전력 IT 추진정책에 이어 지능형전력망(Smart Grid)으로 변화하면서 정부차원의 전략적인 육성으로 관련 융복합 기술개발이 가속화되고 있다. 한편, 재생에너지 2030을 넘어 5060 실현 이행계획과 제9차 전력수급기본계획에 따라 태양광(PV) 및 풍력발전(WPP) 및 ESS를 기반으로 하는 신재생에너지원형태의 분산전원(DERs : Distributed Energy Resources)의 급속한 보급을 통한 에너지전환과 탄소중립(Carbon Neutral)을 이끌어 가야 한다. 이에 따라 전기 및 전자분야에 대한 이론과 실무를 겸비한 전문 기술 인력이 절실하게 요구되고 있다.

　전기 및 전자공학을 쉽게 이해하고 응용 능력을 배양하기 위해서는 이론과 병행하여 실험·실습이 가장 확실한 방법이라고 판단된다. 그러나 현재까지의 실험·실습 교재는 한 단원에 많은 양의 내용이 포함되어 있어 선택성은 있었으나 충분히 소화해 내기는 어려운 실정이었다. 본 교재에서는 이러한 점을 감안하여 특별한 지식이 없더라도 전기 및 전자공학을 충분히 이해할 수 있도록 기본적인 이론과 그림을 통해 자세한 안내를 하였다. 또한 이를 바탕으로 실험·실습을 통하여 기본적인 원리의 확인이 가능하도록 집필하였다. 특히, 기본 및 중요 주제 실험·실습에 대해서는 전자과도해석프로그램(EMTP : Electromagnetic Transient Program)의 한 종류인 PSCAD(Power System Computer Aided Design) 소프트웨어를 이용하여 시뮬레이션을 해 봄으로서 이론과 실험·실습을 결과를 확인하고 검증할 수 있도록 보완하였다.

본 교재는 전기 및 전자공학을 다루기 때문에 두 학기 분량으로 편집되었으나 강의 교수와 학생들의 적절한 주제의 선정에 따라 한 학기용으로도 진도를 마무리할 수 있을 것이다. 강의 및 실험·실습 시간은 주당 4시간 정도가 적당하리라고 생각되며 실험·실습에 앞서 간략한 이론적인 배경과 계측 장비에 대한 설명이 있으므로 학습을 위해 보다 효율적으로 숙지하기를 바란다. 실험·실습에서 가장 중요한 관점 중의 하나는 실험·실습 결과와 계산 및 이론치를 비교하는 것이고 또한 토의 및 고찰을 충분히 하는 것인데, PSCAD/EMTDC 소프트웨어를 이용한 시뮬레이션이 중요한 역할을 할 것임으로 전기 및 전자공학의 실력을 배양할 수 있을 것이다.

본서는 아직도 미흡한 점이 많이 있을 것이다. 독자 여러분의 기탄없는 조언과 지적을 주시면, 향후 개선, 보완하여 개정하도록 하겠습니다.

먼저, 영원하신 에벤에셀의 하나님께 모든 영광을 돌립니다. 양가 부모님의 은혜와 가족들의 이해와 사랑에 머리 숙여 감사를 드립니다. 집필에 도움을 준 전력IT 연구실 박유영 박사와 이경민 박사수료, 안용환 박사과정, 안종복, 홍재영 석사, 정중운, 성낙권 및 함정모 석사과정 등의 대학원생들에게도 고마움을 전합니다. 끝으로 수고해 주신 출판사 관계자 여러분에게도 감사를 드립니다.

2022년 2월

전력IT 연구실에서 **박 철 원**

목 차

제1장. 실험의 목적, 주의사항 및 오차 ·· 3

제2장. 전기의 상식 및 계기 사용법 ·· 7

제3장. 단위계, 저항 및 커패시터의 식별 방법 ································· 47

제4장. 계기사용법과 건전기의 기초 실험 ··· 57

제5장. 저항의 직렬 접속 ··· 61

제6장. 저항의 병렬 접속 ··· 69

제7장. 분압의 법칙과 분류의 법칙 ··· 75

제8장. 저항의 직병렬 접속 ··· 81

제9장. 중요한 회로 법칙 ··· 89

제10장. 분류기를 이용한 전류의 측정 ··· 117

제11장. 배율기를 이용한 전압의 측정 ··· 123

제12장. 회로시험기 사용법 ··· 129

제13장. 오실로스코프 사용법 ··· 137

제14장. 커패시터의 직병렬 접속 ··· 151

제15장. 인덕터(Inductor)의 직병렬 접속 ··· 165

제16장. 키르히호프의 법칙 ··· 177

제17장. 테브난(Thèvenin)의 정리 ··· 183

제18장. 절연 저항 측정 ·· 189

제19장. RL 직렬회로 ·· 197

제20장. RC 직렬회로 ·· 205

제21장. 단상 전력 측정 ·· 213

제22장. 최대 전력 전달 ·· 221

제23장. 이상적인 전압원과 전류원 ································ 225

제24장. 중저항 측정법 ·· 231

제25장. 미분기와 적분기 ·· 239

제26장. 임피던스 부하의 전력측정 ································ 247

제27장. 3전압계법에 의한 단상전력 측정 ···················· 253

제28장. 3전류계법에 의한 단상전력 측정 ···················· 259

제29장. 전등 부하의 결선과 실험 ································ 265

제30장. PSCAD를 이용한 기초전기 실험 ···················· 277

제31장. 중요한 회로 법칙의 PSCAD 시뮬레이션 ········ 387

부 록. 전선의 규격 설정 방법 ···································· 399

전기공학 기초실험 with PSCAD

제1장 실험의 목적, 주의사항 및 오차

1. 실험의 목적

전기 및 전자공학을 공부함에 있어서 교과서를 통해서 원리와 이론을 학습하는 동시에 실험도구 및 기자재를 활용하여 실험·실습을 병행함으로서 원리와 이론을 재확인하게 함으로서 전기 및 전자공학에 대한 확고한 자신을 갖게 할 수 있다. 이와 같이 실험·실습은 중요한 역할을 하게 된다. 아래와 같은 실험의 의의 및 목적을 잘 이해하면 좋은 효과를 얻을 수 있다.

① 과학적 사고력의 증진

② 원리·이론의 재확인 및 실제화 능력 배양

③ 적절한 측정방법과 계측기술 습득

④ 기자재의 작동원리와 측정회로의 구성방법 습득

⑤ 수량적 개념의 이해

⑥ 기술보고서 및 논문 등의 작성과 문장능력 개선
   (기록관찰, 결과토의, 의문해결)

⑦ 실험 데이터의 종합적인 해석과 검토 능력 배양

⑧ 조원의 소통과 협동심 배양

특히, 기본 및 중요 주제 실험·실습에 대해서는 전자과도해석프로그램(EMTP : Electromagnetic Transient Program)의 한 종류인 PSCAD 소프트웨어를 이용하여 시뮬레이션을 해 봄으로서, 계산 및 이론치와 실험·실습 결과를 재확인할 수 있다. 독자는 PSCAD 소프트웨어를 이용한 시뮬레이션 검증, 토의 및 고찰을 통해, 관련 이론을 습득하기 용이하고 오래 기억할 수 있을 것이다.

참고로 PSCAD Homepage는 https://www.pscad.com/ 이다. 본 교재에서는 PSCAD/EMTDC Version 5.0을 사용하고 있다.

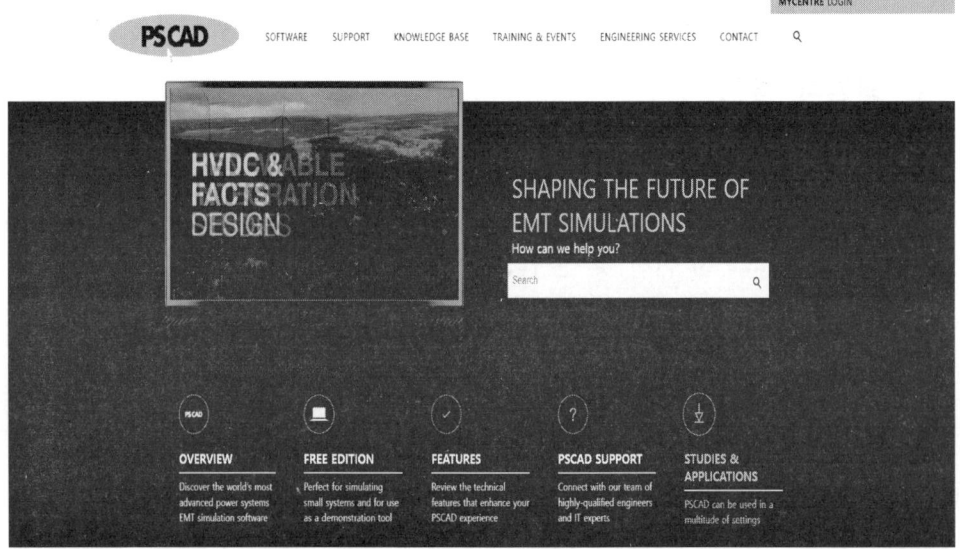

〈그림 1-1 PSCAD〉

2. 실험실에서의 주의사항 및 절차

① 조편성을 하고 조장을 뽑는다.

② 실험 담당교수 및 조교(또는 조장)의 지시사항을 따라야 한다.

③ 실험에 임하기 전에 실험의 내용을 철저히 이해한다. 모든 학생들은 실험을 위한 예비보고서(pre-report)를 작성하여 수업시작 전에 조장을 통하여 제출해야 한다. (예비보고서 : 실험제목, 실험목적, 실험장비 및 부품/실험준비물, 관련이론, 실험방법/순서, 실험도면, 참고문헌 기술)

④ 조장의 통제하에 실험부품 및 기자재를 분배하며, 실험자는 서로 협동하여 실험을 한다.

⑤ 회로결선이나 실험준비가 끝난 후, 특별한 지시가 없으면 전원스위치를 넣기 전에 조장은 담당교수 및 조교의 검사를 통해 확인을 받는다.

제1장_실험의 목적, 주의사항 및 오차

⑥ 실험 중에 음향·취기 등에 특별히 주의한다. 이상이 있을 경우에는 즉시 실험을 중지하고 그 원인을 조사해야 한다.

⑦ 기기를 취급할 때에는 조심성 있게 하여야 하며, 특히 정밀 급의 계기류는 될 수 있는 대로 진동을 피한다.

⑧ 만일 파손한 경우에 조장은 담당교수 및 조교(또는 조장)에게 즉시 보고한다. 파손된 상태로 계기를 반납하면 다음 실험자에게 지장을 주므로 책임 있는 행동을 해야 한다.

⑨ 실험을 마친 후에는 실험장비 및 부품들을 원위치에 반납해야 한다. 실험결과와 고찰사항 등을 정리한 결과보고서(post · result-report)는 지정일시에 담당교수 및 조교(또는 조장)에게 제출하도록 한다. (결과보고서 : 실험결과, 결론 및 고찰 등 기술)

3. 데이터 및 오차

① 데이터의 처리

㉮ 표를 이용한 데이터 기록 방법
- 입력값을 나열한 표에 따라 입력(조건)값을 변화시키면서 그 응답(결과)을 측정하여 기록
- 명칭과 단위표시에 주의
- 여러 번에 걸쳐 반복하여 통계처리 되거나, 이론값과 비교하여 오차 기록
- 특정한 부분에서의 정확한 수치를 얻을 수 있거나 통계처리가 간편함
- 전체적인 추이가 드러나지 않음

㉯ 그래프를 이용한 데이터 기록 방법
- 각 측정점을 플롯(plot)하는 것보다 유용한 해석 도구
- 전체 추이를 나타내고 데이터를 해석하는데 효과적이고 편리한 방법
- 해석적 표현을 시각적으로 나타내고, 데이터의 빈 구간을 보충하고, 오차를 검토하는데 사용

- 적절한 명칭과 스케일로 표시된 축에 제목, 실험실 및 조건을 기록
  X축 : 독립 파라미터(제어변수)의 입력
  Y축 : 그에 대한 응답(종속 파라미터)인 출력

㉰ 데이터 기록 방법의 유의사항
- 표, 그림, 그래프 등은 모두 책을 바로 놓은 상태에서 읽을 수 있도록 기록
- 부득이한 경우는 시계방향 90도 돌려서 읽을 수 있도록 편집
- 필요에 따라 선형(linear), 반대수(semi-log), 전대수(log-log) 그래프를 적절히 사용하면 매우 다양한 목적에 사용 가능

㉱ 그 밖의 유용한 데이터 표현 방법으로 사진, 플로터, 오실로스코프의 파형 존재

② 오차의 종류
㉮ 오차가 없는 정확한 측정은 존재하지 않으나 오차를 정확히 이해함으로써 감소시킬 수 있음

㉯ 측정시에 발생하는 오차의 종류
- 과실적 오차(gross error) : 측정자에 의해 발생
- 계통적 오차(systematic error) : 기기적, 환경적, 정적, 동적
- 우발적 오차(random error) : 원인 모르게 나타남

③ 오차의 계산방법

$$\text{오차} = \frac{\text{측정값} - \text{계산값}}{\text{계산값}} \times 100(\%)$$

제2장　전기의 상식 및 계기 사용법

1. 전기란 무엇인가?

전기는 눈에는 보이지 않고 냄새가 나지 않으나 과학자들에 비해 전기의 정체를 잘 모르더라도 국가, 산업체 및 가정 등에서 광범위하게 이용된다.

- 호박(그리스어로 elektron) → 전기(Electricity)

- 1897년, 전기(electricity)의 발견 : 영국 물리학자/수학자 조지프 존 톰슨(Joseph John Thomson), 작은 전하입자(전자 : 열, 빛 발생)로 구성된다.

- 진공방전 실험 : 유리관 양끝에 전극을 부착한 후 내부공기를 빼고, 양극에 높은 전압을 가하면 음극 쪽에서 양극 쪽으로 빛과 같이 흐르는 것을 말한다. 이는 음극선에 의하여 전자의 흐름을 의미한다.

- 전기의 발생 : 물질은 전자(electron)로 구성되어 있는데, 저마다 고유한 원자구조(양자, 중성자, 전자)를 가지고 있으며 특정 궤도를 회전한다. 물질은 구속전자와 자유전자의 수로 도체(conductor), 반도체(semi-conductor) 및 부도체(insulator, 절연체)로 구분하는데 전선 등과 같이 자유전자수가 많은 것을 도체라 한다. (물질의 종류 : 원자에 존재하는 구속전자와 자유전자의 수로 결정)

- 1913년, 덴마크의 물리학자인 보아(N. Bohr)의 원자모형
    - 도체 : 최외각 궤도의 전자인 자유전자가 자유롭게 움직일 수 있음
    - 부도체 : 최외각 궤도의 전자가 인접하는 전자와 서로서로 구속
        (공유결합)
    - 전류의 흐름 : 전압을 인가하면 자유로이 움직일 수 있는 자유전자가 전위가 높은 쪽으로 끌려가는 흐름

> ▶ TIP : 물은 도체인가? 부도체인가?
>
> 순수한 물은 부도체, 일반적인 물은 도체
> 헬리콥터에서 물을 뿌리며 송전선로(T/L)의 애자를 청소한다.

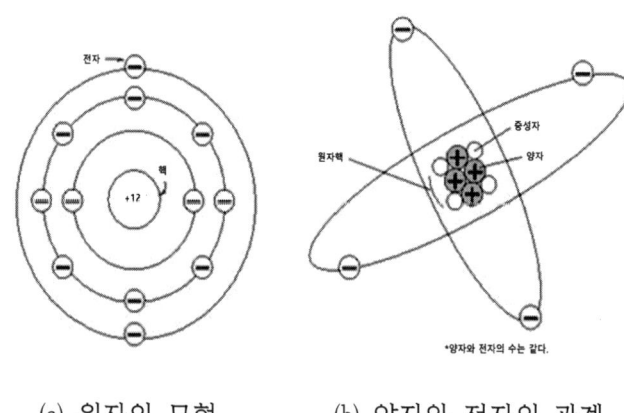

(a) 원자의 모형   (b) 양자와 전자의 관계

〈그림 2-1 원자모형〉

- 마찰전기(정전기)의 발생 : 겨울에 털옷이나 화학 섬유 옷을 벗을 때 찍찍하는 소리가 나는데, 정전기는 털옷과 내의 등의 마찰 시에 발생된다. 다른 2개의 물질을 마찰했을 때, 어느 쪽이 플러스(+)로 대전되고, 어느 쪽이 마이너스(-)로 대전되는지 알 수 있도록 나열한 것을 패러디의 대전(정전)서열이라고 한다.

- 대전(charge) : 전자의 이동에 의하여 전기를 갖는 것을 말한다.

- 패러디의 대전서열은 양전하(positive charge)가 큰 것에서 순서대로 나열하면 모피 깃털 수정 유리 송면 면포 나무 플라스틱 금속 유황 고무 에보나이트의 순이 된다. 즉, 에보나이트가 가장 큰 음전하를 갖는다.

- 프랭클린의 연의 실험 : 1752년 프랭클린은 천둥과 번개가 치는 날 금속열쇠를 매단 연을 하늘에 띄우는 이른바 '연의 실험'을 실행에 옮겼다. 프랭클린은 이 방식으로 번개에서 발생한 전기를 '라이덴병'(전기를 저장할 수 있는 유리병)에 가둠으로서 가둠으로써 자신의 가설을 입증했다.

제2장_전기의 상식 및 계기 사용법

- 번개 : 전하가 잔뜩 모인 구름과 지상의 물체 사이에서 또는 이러한 뇌운과 뇌운 사이에서 일어나는 방전(discharge) → 전기를 병 속에 모음
- 순간적으로 엄청난 전류가 흐르게 되는 현상
- 방전 : 높은 전압으로 공기의 절연이 파괴되면서 전류가 급격하게 또한 순식간에 흐르는 현상

○ 피뢰침 : 저항이 낮은 도선을 땅속에 깊이 묻어 준 것

○ 양질의 전기란 전압 및 주파수가 일정하고 정전이 없거나 정전시간이 적어야 한다. (교류 : Alternative Current)

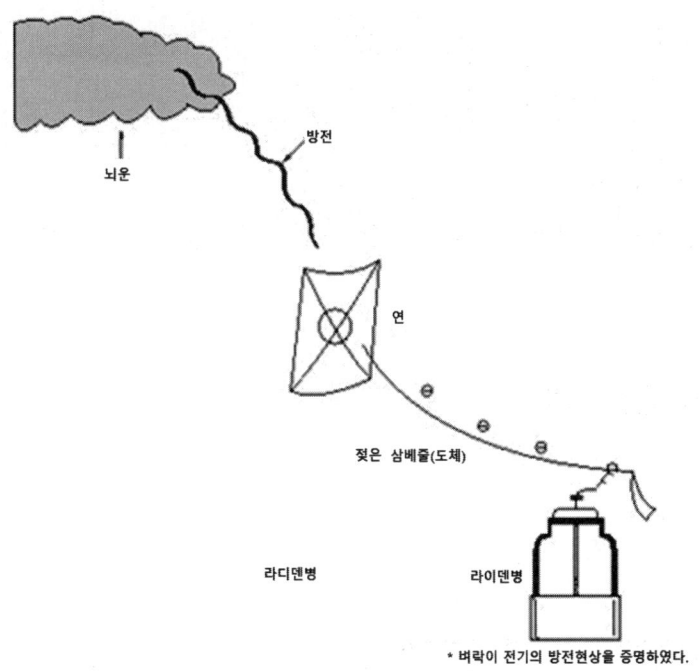

〈그림 2-2 프랭클린의 연의 실험〉

전기공학 기초실험 with PSCAD

▶ TIP : 낙뢰

낙뢰 시 큰 나무 아래 몸을 피하는 것은 위험하다.
오히려 집안에서는 방의 한가운데에서 몸을 낮추어서 가만히 앉아있는 것이 더 안전하며, 벽이나 기둥에 기대지 않도록 하는 것이 좋다.
→ 번개 치면 몸 낮추고 건물 안으로 피한다.

2. 전류·전압·저항 및 기초

1. 전류 (current)

○ 동전기 : 전선(구리, 알루미늄 등의 금속)을 통해 흐르는 전기를 동전기라 한다.

○ 전기는 어느 때 흐르는가? 음전기로 대전한 물체와 양전기로 대전한 물체를 전선으로 연결되면, 부족한 전자를 보충하거나 과잉전자를 이동시킨다. 전자는 마이너스(-)쪽에서 플러스(+)쪽으로 이동하며, 전류는 플러스(+)쪽에서 마이너스(-)쪽으로 이동한다고 약속되었으며 양전하가 음전하를 향해 이동한다. (전류의 방향은 전자의 흐름의 반대로 정의함)

제2장_전기의 상식 및 계기 사용법

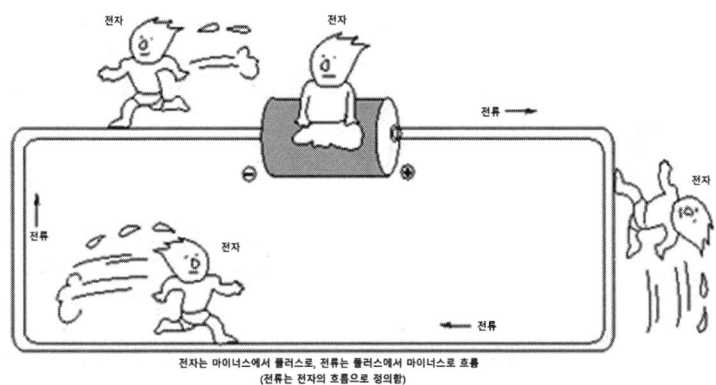

〈그림 2-3 전류와 전자의 흐름〉

○ 전류의 크기 : 전선의 한 점을 1초간에 통과하는 전하의 양을 말한다.

○ 단위 : Ampere, A(C/S) : 1초간에 1쿨롱의 전하가 통한 때를 1A의 전류가 흐른다고 한다.

○ 쿨롱(coulomb) : 전하의 단위로서, 물체가 전기를 띠게 되면 전하가 있다고 한다. 그러므로 전하는 전기의 양과 같은 뜻으로 사용되며, 쿨롱은 측정의 단위가 된다.

$$I = \frac{Q}{t}[A], Q = I \cdot t[C]$$

여기서, I는 전류로 단위는 A, Q는 전하량으로 단위는 C, t는 시간으로 단위는 sec 이다. t초간에 단면 A를 통과하는 전하량 Q[C]를 전류 I[A]라고 한다. 즉, 1[sec]간에 1[C]의 전하가 통한 때를 1[A]의 전류라 한다.

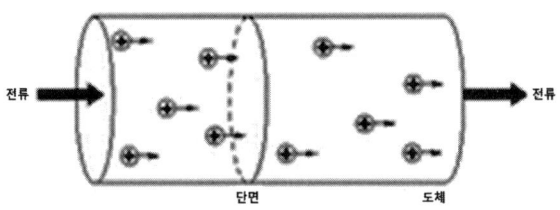

〈그림 2-4 전류의 단위〉

전기공학 기초실험 with PSCAD

2. 전압 (voltage)

- 전기적 압력으로서, 파이프에 연결된 용기 2개의 수위(차)에 해당된다.

- 단위 : Volt, V : 도체 내에 있는 두 점 사이의 단위전하당 전기적인 위치에너지(전위, 電位) 차이, 이처럼 전류를 흐르게 할 수 있는 힘의 근원이 되는 것이 바로 전압이다. 즉, 회로에 전류가 흐를 수 있게 하는 힘으로, 전압의 단위는 볼트(V)를 사용한다.

3. 기전력 (EMF : electromotive force)

- 지속적으로 물을 흐르게 하기 위하여 펌프로 물을 퍼 올려 수위 차를 만들어 주어야 하는데, 펌프는 수압을 생성해주는 발전기에 해당되며, 저수지는 전지에 해당된다.

- 전압을 만들어 내는 힘, 전지

- 전원(power source) : 기전력을 발생시키는 것으로 전기가 흐르는 원천이다.

- 단위 : Volt, V(E)

- 전압이 같으면, 전선내의 전자가 흐르지 못함.

- 전위의 기준으로서 어스(접지면)를 0[V]로 설정한다. (접지한다.)

제2장_전기의 상식 및 계기 사용법

▶ TIP : 전지

1800년 볼타(A. Volta) : 물에 녹은 염분은 (+)의 전하를 갖는 나트륨 이온(Na+)과 (-)의 전하를 갖는 염소이온(Cl-)으로 분리해서 이들의 이온의 흐름이 전류를 형성한다. 식염전액에서는 NaCl은 Na^+이온과 Cl^-이온으로 분리된다. 아연과 식염수는 소모하게 되지만, 이것을 계속 보급해 준다면 이 전류원은 연속적인 전류원으로서 장시간 그 기능을 발휘할 수 있게 될 것이다.

- 건전지 : 전해액을 고체상태로 해서 휴대하기 편하게 한 것,
   원통형의 망간(Mn)전지
- 1차전지 : 한번 쓰고 나면 충전할 수 없어서 버림
- 2차전지 : 충전하면 되풀이해서 계속 사용할 수 있는 전지, 축전지

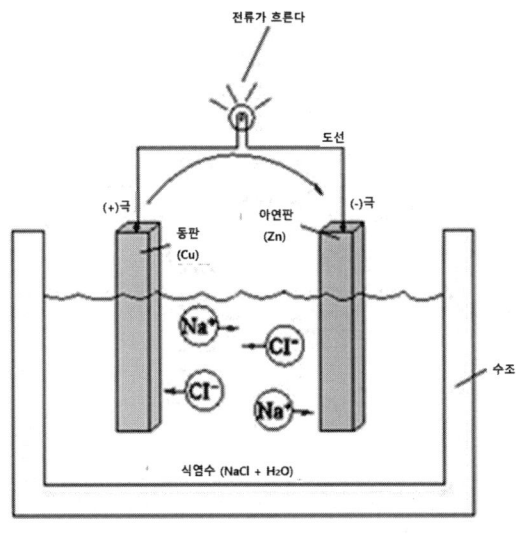

〈그림 2-5 볼타의 전지〉

4. 저항 (resistance)

- 파이프의 저항 : 파이프가 가늘고 길며, 내면이 거칠면 물이 잘 흐르지 못한다.

- 전기저항 : 전선에서 전기의 흐름을 방해하는 성질

- 단위 : Ω, Ohm

- 저항이 크면, 부하에 흐르는 전류가 감소하여, 부하에 충분한 전기를 공급할 수 없게 된다. 그러므로 도체(전선)에 저항이 작을수록 전류가 흐르기 쉽다.

- 저항의 성질 : 물에 비유하였을 때 단면적이 클(굵을)수록 저항이 작고 전류가 잘 흐르며 길이가 짧을수록 저항이 작고 전류가 흐르기 쉽다. 길이가 2배면 저항은 2배로 증가하고, 단면적이 2배면 저항은 1/2로 감소한다. 큰 전류가 흐르려면 굵은 전선을 사용해야 되며, 전선의 길이는 될 수 있는 대로 짧아야 한다. 즉, 저항은 길이에 비례하고, 단면적에 반비례한다.

$$R = \frac{\rho \cdot l}{A} [\Omega]$$

여기서, R는 저항, ρ는 고유저항, l은 길이, A는 단면적이다.

제2장_전기의 상식 및 계기 사용법

> ▶ TIP : 인체의 저항값은?
>
> 인체를 전기적 도체로 생각할 경우 피부, 혈액, 근육 등 기타 인체 각부는 전류에 대해 저항성분과 용량성분으로 구분되는 임피던스를 가지며 그 크기는 통전경로, 접촉전압, 접촉면적, 통전시간, 주파수 등에 따라 변한다.
> 피부의 저항은 연령, 성별, 인체의 각 부분별, 수분 함유량에 따라 큰 차이를 나타내고 있으며 일반적으로 약 2500[Ω] 정도를 기준으로 하고 있다.
> 인체의 전기저항 중에서 피부의 전기저항이 가장 큰 값을 가지고 있으나, 공구를 가지고 작업하는 근로자의 손은 약 10,000[Ω], 사무 근로자의 손처럼 부드러운 피부는 약 1,000[Ω]으로 사람의 피부저항은 상당히 큰 폭으로 변동하게 된다.
> 내부조직의 전기저항은 직선적으로 직류, 교류에 관계없이 거의 일정하며 통전시간이 긴 경우에는 주울(jule)열에 의한 조직의 온도상승으로 인하여 저항값이 약간 감소한다. 일반적으로 인체의 각 조직별 전기저항은 매우 상이하나 감전측면에서 인체의 임의 두 수족간 저항값은 500[Ω]를 기준으로 고려되고 있다.
> 보통 인체의 전기저항은 약 5,000[Ω]으로 보고 있지만, 이것은 피부가 젖은 정도, 대지와의 접촉상태, 인가전압 등에 의해 크게 변화하며 인가전압이 커짐에 따라 약 500[Ω] 이하까지 감소하기도 한다. 일반적으로 피부저항은 피부에 땀이 나 있는 경우는 건조시의 약 1/12~1/20, 물에 젖어 있을 경우는 1/25로 저하된다. 환경요인에 따른 인체의 저항치는 변화한다.

5. 전위와 전압과 전류의 관계

- 전압 : 전위의 차(전위차), 1[V]: 1[C]의 전하가 도선의 두점 간을 이동할 때 얻거나 잃게 되는 에너지가 1[J]일 때의 전위차
- 전류 : 1[A]의 전류(어느 단면을 1초간에 1[C]의 전하가 이동하는 전류)
- 전압은 「일」 또는 「에너지」 관련지어서 정함

○ [C]의 전하가 도체를 이동해서 [J]만큼의 일을 하였다면, 그 두 점간의 전위차는 1[V]이다.

$$V = \frac{W}{Q}[V] \qquad W = QV$$

여기서, V는 전압, W는 일, Q는 전하량이다.

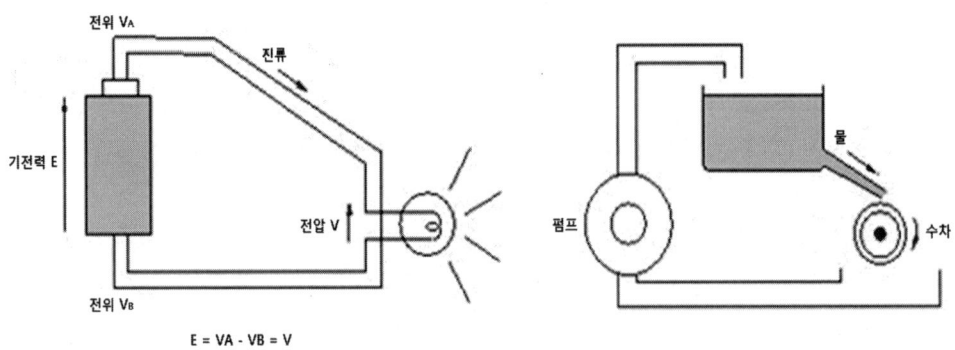

(a) 전위, 전압과 전류   (b) 수압과 물

〈그림 2-6 전위와 전압 및 전류의 관계〉

6. 쿨롱의 힘

○ 두 개의 작은 콜크 공을 실로 매달아서 양쪽에 비단옷감으로 마찰해서 얻은 유리막대기의 전기(+전하)를 주었더니, 두 개의 공은 서로 반발한다.

○ 한쪽의 공에는 유리막대기의 전기(+전하)를, 다른 쪽의 공에는 비단옷감의 전기(-전하)를 주었더니 두 개의 공이 서로 접근하게 된다.

$$F = k\frac{Q_A Q_B}{r^2}[N]$$

여기서, F는 힘, Q는 전하량, k는 상수, r는 두 전하사이의 거리이다.

제2장_전기의 상식 및 계기 사용법

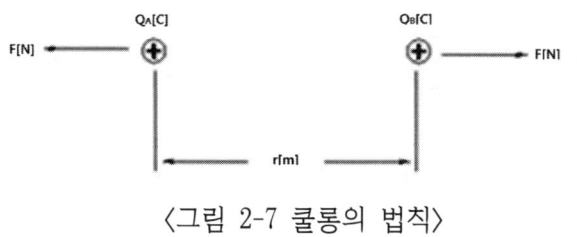

〈그림 2-7 쿨롱의 법칙〉

▶ TIP : 전자석

호박(자철광) : 자석의 성질
자기의 세기의 곱에 비례하고 양자의 거리의 제곱에 반비례
영구자석 : 자기가 영구히 없어지지 않고 남아있음
강자성체 : 영구자석으로 되기 쉬운 철, 코발트, 니켈 등
비자성체 : 자기가 잘 통하지 않아서, 구리, 알루미늄, 목재 등
자속 : 자력선의 묶음
전기는 전하와 같은 정적인 면과 동시에 전하의 흐름으로서의 전류와 같은 동적인 면을 함께 지니고 있다.

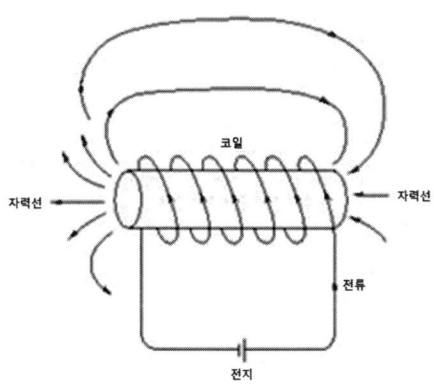

〈그림 2-8 전자석의 개념도〉

7. 오옴의 법칙 (Ohm's Law)

○ 정의 : 도체 내의 두 점간을 흐르는 전류의 세기는 두 점간의 전위차에 비례하고, 그 사이의 전기저항에 반비례한다는 법칙.

$$V = IR\,[V],\ R = \frac{V}{I}\,[\Omega],\ I = \frac{V}{R}\,[A]$$

○ 적용범위 : 선형 전기회로의 기본 법칙으로서 전체적으로나 부분적으로 동일하게 적용
○ 회로 해석 : 회로내의 임의의 위치의 전류, 전압을 계산해 내는 행위
○ 회로 설계 : 원하는 전류, 전압이 나타나도록 회로를 설계하는 행위

▶ TIP : 저항기의 선택

장치나 기기의 접지저항값은 이보다 적어야 인간이 안전하다.
저항기를 선정할 때의 중요한 포인트는 저항값 정격전력 정밀도이다.

▶ TIP : 문어발식 배전을 하면 합성저항이 감소한다?

부하는 병렬접속되므로 문어발식 배전을 하면 합성저항은 가장 작은 작아진다.

---

8. 전기의 종류

○ 교류(Alternative Current) : 크기와 방향이 주기적으로 변화
○ 직류(Direct Current) : 크기와 방향 일정, 넓은 의미에서 극성이 일정하면 직류 + 교류도 직류로 간주함

제2장_전기의 상식 및 계기 사용법

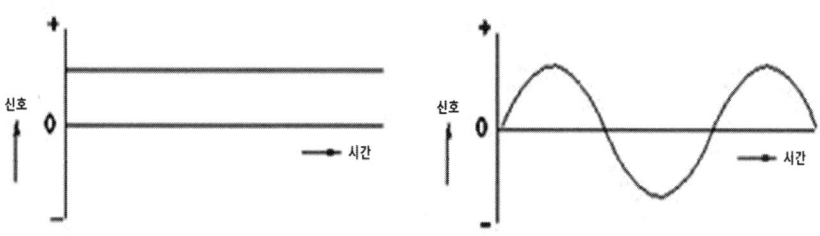

<그림 2-9 직류와 교류>

9. 정현파 교류 :

순시치(값), 실효치(값), 최대치(값), 주파수, 주기, 평균값, Vpp

$$v(t) = V_{max}\sin wt = V_{max}\sin 2\pi ft$$

$$V_{rms} = V_{max} \times \frac{1}{\sqrt{2}}, \quad V_{avg} = V_{max} \times \frac{2}{\sqrt{\pi}}, \quad V_{pp} = 2V_{max}, \quad T = \frac{1}{f}$$

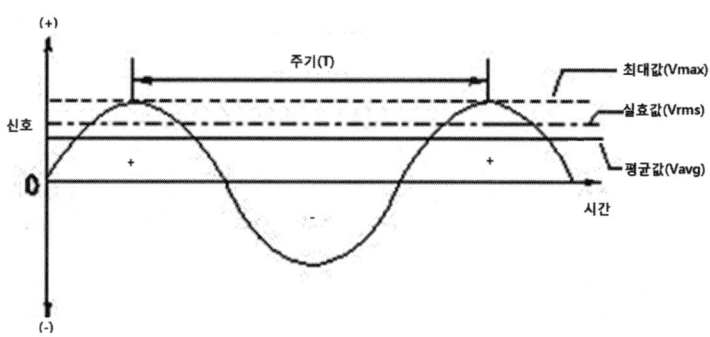

<그림 2-10 정현파 교류>

▶ TIP : 교류를 많이 사용하는 이유

- 회전하는 발전기로부터는 자연적으로 교류가 발생한다.
- 변압기로 전압을 자유로이 바꿀 수 있다.
- 싸고 사용하기 편한 교류 모터를 쓸 수 있다.

전기공학 기초실험 with PSCAD

▶ TIP : 교류와 직류의 전쟁

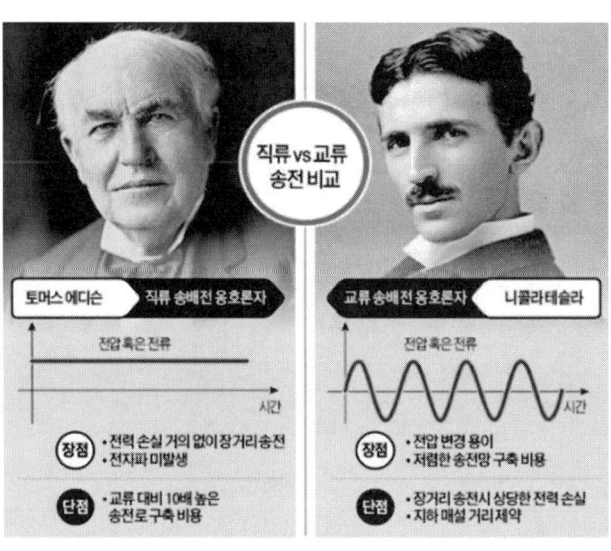

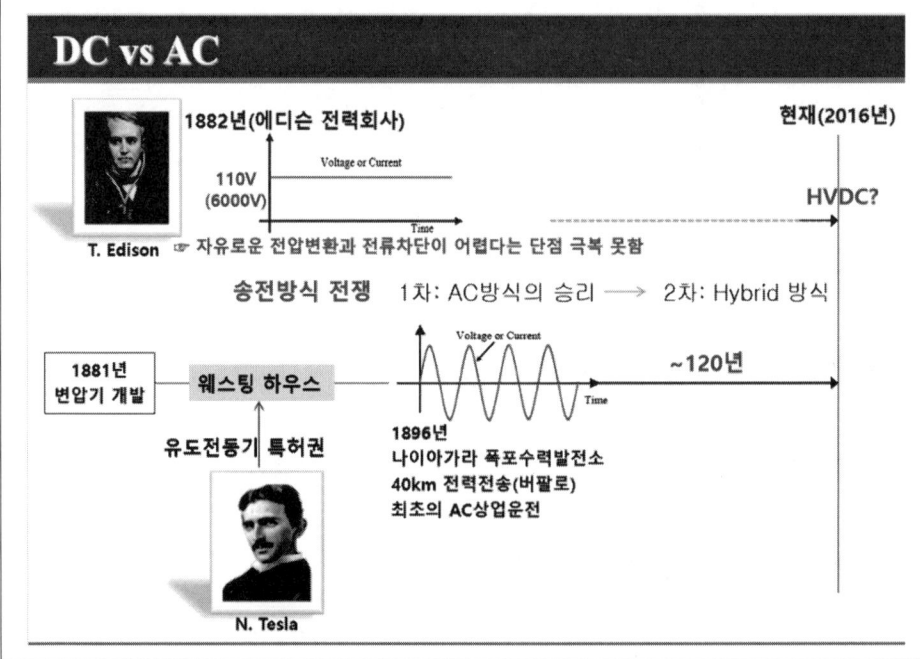

제2장_전기의 상식 및 계기 사용법

10. 전력 (Power)과 줄의 법칙 (Joule's Law) :

○ 전력 : 전기의 힘 (전압 : 전기의 압력), 단위시간당의 소비에너지
$$P = I^2R = EI\,[W = J/s]$$

○ 전력량 : 전기에너지가 일정한 시간 동안 한 일의 총량(열량)
$$W = I^2Rt = EIt\,[Joule] = Pt[W](E = IR, P = EI)$$

여기서, W는 소비에너지/전력량, P는 전력, 전류, Q는 전하량 C, t는 시간 sec
그러나 전력량의 경우 시간은 hour 이다.

○ 줄(열)의 법칙 : 소비에너지, 도체에 전류를 흘렸을 때 열이 발생, 발생하는 열은 전류의 제곱과 도체의 저항에 비례
도체에 전류를 흘렸을 때 발생하는 열량 ∞ 전류의 제곱 · 도체의 저항의 곱

$$H = I^2Rt\,[J] = \frac{I^2Rt}{4.2} = 0.24I^2Rt\,[cal]$$

전류가 흐를 때, 에너지[J]는 열량[cal]으로 변함, 1cal = 4.2J
열량은 단위시간동안 발생하므로 열량의 단위 J/s = cal/s
전류가 t 초 흘러 발생한 열량(줄열, joule heat)
$W(Q,H) = I^2Rt\,[J] = 0.24I^2Rt\,[cal] \rightarrow W(전력량) = Pt[Wh], P = W/t[W = J/s]$
$\rightarrow W = 0.24VIt\,[Wh] = 0.24Pt\,[J = VAsec = Wh]$

▶ TIP :

- 전기의 소비량 (전력량, W) : W = Pt [Wh]
  1[Ws]의 전력량 = 1줄의 열량 → kWh(전기요금) : 수요관리
  1[W]의 전력을 1초 동안에 소비하는 일 (예) 전열기, 백열전구
  전기에너지가 열에너지로 변환하여 방출되는 에너지=열량=일

- 소비전력 880[W]의 전기스토브를 한달 동안 300시간을 사용하였다.
  1) 이 전기스토브에 의해 한달 동안 사용한 전력량(W) ?
     답 : 0.88[kW] × 300[h] = 264[kWh]

> 2) 배전전압이 220[V]일 때, 전기스토브에 흐르는 전류(I)?
> 답 : 880/220 = 4[A]

- 저항 10[Ω]인 전열기에 100[V]를 인가하면서 30분간 사용하였을 때 발열량은 얼마인가?
  답 : 전류 : 100/10 = 10[A],
  발열량 : 100[V] × 10[A] × 30 × 60[sec] = 180[kWh]

- 자동차 전구는 12[V] 23[W]의 전구가 많이 사용된다. 이 전구의 전류 및 필라멘트의 저항은?
  답 : 전류 : 23/12 = 1.9167[A],
  저항 : 23/[1.9167 × 1.9167] = 6.261[Ω]

- 20[Ω]의 저항 중에서 5[A]의 전류를 3분간 흘렸을 때의 발열량은 몇 [cal]인가?
  답 : R = 20[Ω], I = 5[A], t = 3 × 60[s] 이므로
  $H = I^2Rt[J] = 0.24 \times 5^2 \times 20 \times 3 \times 60 = 21,600[cal]$
  $= 21.6[kcal] = 21.6/4.2 = 5.1428[J]$

- 전기제품을 동시에 사용할 경우 → 부하는 병렬연결 → 전류합계는 상승 → 차단기(브레이커) 안전에 유의

11. 회로의 종류 및 소자 :

- 단락회로(short(closed) circuit)
- 개방회로(open circuit)

- Passive Element (수동소자) : 증폭이나 전기에너지의 변환과 같은 능동적 기능을 가지지 않는 소자, 저항기(resistor), 콘덴서(capacitor), 인덕터(inductor), 트랜스, 릴레이 등을 지칭한다. 에너지를 단지 소비, 축적, 혹은 그대로 통과시키는 작용, 수동적으로 작용할 뿐, 먼저 나서서 어떠한 일을 하지는 않는다. 기본적으로 선형 동작을 하기 때문에 수동소자는 선형 해석만으로도 충분한 해석이 가능하다.

제2장_전기의 상식 및 계기 사용법

○ Active Element (능동소자, 전자소자) : 입력과 출력을 갖추고 있으며, 전기를 가한 것만으로 입력과 출력에 일정한 관계를 갖는 소자, 에너지의 발생이 있는 것을 능동 소자, 에너지 보존 법칙이 성립하여 정상상태에서는 에너지 지수가 0으로 되기 때문에 실제로 에너지가 발생하는 것은 아니며 전원으로부터의 에너지를 써서 신호의 에너지를 발생시키는 등, 에너지 변환을 하는 것이다. 능동소자는 신호단자 외 전력의 공급이 필요하고 연산증폭기, 다이오드(모든 다이오드가 아니라, 터널 다이오드나 발광다이오드 같이 부성저항특성을 띄는 다이오드만), 트랜지스터, 진공관 등을 지칭한다.

○ 수동소자의 설명 :
   (1) 저항 - 전류의 흐름을 방해하고, 전위차(V)를 만듦
   (2) 인덕터(코일) - 전류의 변화량에 비례하는 전압유도로 전류의 급격한 변화 억제
     * 저항성분이 주파수에 비례하므로, 주파수가 높을 때는 높은 저항성분
   (3) 커패시턴스(콘덴서) - 전압의 급격한 변화를 막음.
     * 저항성분이 주파수에 반비례
     * 인덕터와 커패시턴스는 전기적 잡음을 걸러내는 필터역할을 하기도 함

○ 선형 회로 (linear circuit)
   → 수동소자만으로 구성된 회로
○ 비선형 회로 (nonlinear circuit)
   → 능동소자가 하나라도 사용된 회로

12. 전기회로의 예 : 전기심벌로 구성

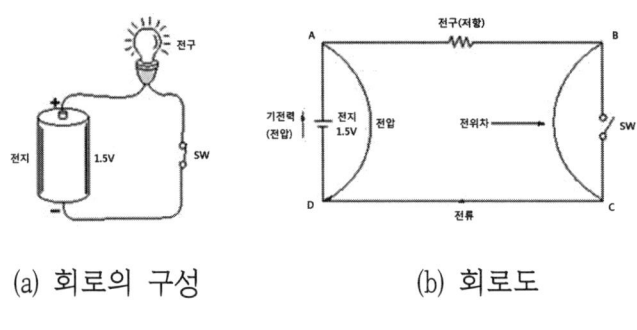

(a) 회로의 구성   (b) 회로도

〈그림 2-11 전기회로의 예〉

전기공학 기초실험 with PSCAD

3. 계기 사용법

1. 전류계 (Ampere Meter)

직류계기인 경우에는 +, - 극성을 확인한다. 내부저항(가동코일의 내부저항)이 매우 작기 때문에 회로에 반드시 직렬로 연결한다. 예로 30[mA]용 계기는 1.2[Ω], 30[μA]용 계기는 2000[Ω] 정도가 되는데, 실수로 병렬로 결선할 경우에는 과도한 전류가 흘러서 계기가 손상된다. (DC인 경우, 극성 확인, 내부저항이 적음 → 직렬로 연결)

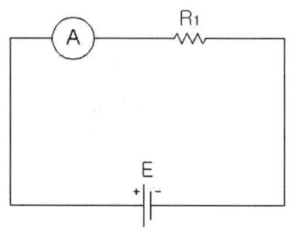

〈그림 2-12 전류계의 연결〉

2. 전압계 (Voltage Meter)

가동코일에 흐르는 전류를 제한하기 위하여 코일의 저항 값보다 아주 큰 직렬저항과 구동장치가 전압계이다. 즉, 직렬저항은 내부에 높은 저항 값을 갖기 때문에 회로내의 양단전압을 측정하기 위해서 병렬로 연결한다. 만약, 직렬로 결선할 경우에는 회로내의 전류는 적은 값으로 감소되기 때문에 계기는 파손되지 않으나 전압을 측정할 수 없게 된다. (DC인 경우, 극성 확인, 내부저항이 매우 큼 → 병렬로 연결)

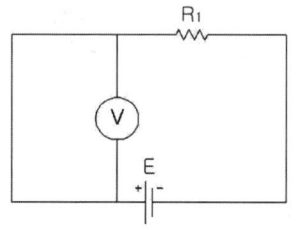

〈그림 2-13 전압계의 연결〉

3. 회로시험기 (Circuit Tester : Volt Ohm Meter)

먼저, 0 오옴 조정기를 이용하여 영점조정을 한다. 탐침을 상호 접속하여 저항이 0이 되는지 확인하고 전지수명도 확인한다. 사용 전에 측정하기 전에 레인지 스위치와 시험선이 측정기의 적정한 위치에 장착되어 있는지를 재확인한다. 또한 스위치를 절환하거나 위치를 옮기고자 할 때에는 반드시 먼저 피측정치에 연결되어 있는 전원을 꺼야 한다. 저항 또는 전류 레인지에서 전압을 측정하지 않는다. 퓨즈를 교체할 때에는 반드시 규정품을 정확히 삽입하여야 한다. 비절연 노출된 전선 또는 통전중인 물체에 도체나 손으로 직접 접촉하지 않는다. 의심스러우면 접촉을 하기 전에 전압 유무를 점검하여야 한다.

고압을 사용할 때는 측정하기 전에 항상 피측정 개소의 고압 전원을 차단해야 한다. 측정전 예상 고압 전압치를 알아두어야 하며 측정중 측정기나 시험선에 직접 촉수하지 말아야 한다. 또한 측정후 측정기를 분리할 때에는 반드시 피측정 개소의 전원을 차단하여야 한다.

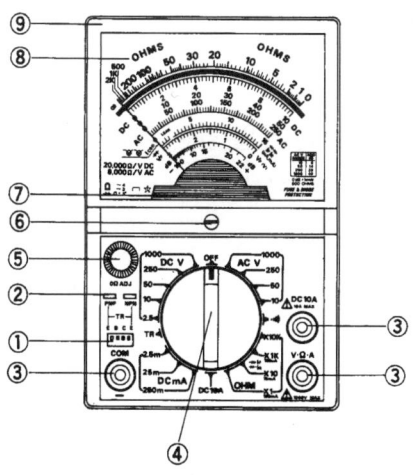

〈그림 2-14 회로시험기 외관〉

(판넬의 기능 설명)

① 트랜지스터 검사소켓

② 트랜지스터 판정 지시장치

③ 입력 소켓

④ 레인지 선택 스위치

⑤ 0 오옴 조정기

⑥ 지침 0점 조정기

⑦ 내자형 가동 코일형 미터

⑧ 눈금판

⑨ 케이스

(작동시 안전 규칙)

① 고압측정시 계측기 사용 안전 규칙을 준수하여야 한다.

② 측정하기 전에 계측기의 지침이 0점에 있는지 확인하여야 한다.

③ 측정하기 전에 레인지 선택 스위치와 시험봉이 적정한 위치에 있는지 확인하여야 한다.

④ 측정위치를 모를 때에는 제일 높은 레인지에서부터 선택하여 측정하여야 한다.

⑤ 측정이 끝나면 피측정체의 전원을 끄고 반드시 레인지 스위치를 OFF에 두어야 한다.

여러 가지의 측정 방법은 다음과 같다,

(직류전압 측정)

① 흑색 시험선을 피측정치의 -COM에, 적색 시험선을 피측정치의 V,Ω,A(V)에 삽입한다.

② 피측정 개소에 시험봉의 탐침을 접촉, 연결한다.

③ 피측정치에 전원을 넣는다.

제2장_전기의 상식 및 계기 사용법

④ 이때 지침이 눈금판이 0점 이하로 가면 피측정 개소의 전원을 끈 다음, 시험 봉의 탐침을 바꾸어 접촉한다. 눈금판의 흑색 직류전원용 눈금선에서 지시치를 읽는다.

⑤ 10, 50, 250 레인지 선택에서는 눈금판의 해당 눈금을 직접 읽는다. 단, 2.5는 250 눈금선에 100으로 나누고, 1000에서는 10 눈금선에 100을 곱하여 사용한다.

(교류전압측정)

① 측정순서는 직류와 동일하다.

② 지시치를 판독할 때에는 AC전용 눈금선에서 지시치를 읽는다.

③ 피측정 개소에 시험봉의 탐침을 접촉, 연결한다.

④ 피측정치에 전원을 넣는다.

⑤ 눈금판의 적색 교류전용 눈금선에서 지시치를 읽는다.

　단, 교류레인지에서 직류분(DC offset component)이 유입될 수 있다. 순수 교류분인지를 확인하기 위해서는 입력단자와 시험선 간에 용량기를 삽입시켜 직류분을 배제하므로서 순수 교류분의 유무를 정확하게 확인할 수 있다.

(데시벨 측정)

① 데시벨은 $dB = 10\log \dfrac{POWER_1}{POWER_2}$ 또는 $20\log \dfrac{E_1}{E_2}$ ($R_1 = R_2$ 일때) 본 측정기는 1[mW] 600[Ω]에서 0dB로 교정되어 있어서 $20\log \dfrac{E_1(지시치)}{0.774V} dB$ 가 된다.

② 600Ω에서 측정되는 E_1 전압을 각 교류전압 레인지에서 읽으면 눈금판에 교정된 dB 지시치를 직접 측정할 수 있다. 이 dB 눈금선은 교류 10[V]에서만 직접 할 수 있고, 타 교류 레인지에서는 다음 표를 이용하여 지시치를 더하여 주어야 한다. 단, 교류전압 측정 레인지에서 전력 손실 및 이득분을 측정할 수 있다.

③ dB 눈금 보는 표

10V	눈금에서 직접 읽는다.
50V	+14 dB
250V	+28 dB
1000V	+40 dB

(저항 측정)

① 레인지 선택 스위치를 저항 측정 레인지에 두어야 한다.

② 흑색 시험선을 -COM 소켓에, 적색 시험선을 V, Ω, A 소켓에 삽입한다.

③ 시험선의 탐침을 상호 접촉시켜 지침이 저항 눈금선의 0점에 정확히 오도록 0 오옴 조정기를 조정한다. 단, 조정기를 시계 방향으로 돌려도 0 눈금에 오지 않으면 오옴 메타용 전지수명이 다된 것이므로 ×1, ×10, ×1K에서는 1.5V, ×10K에서는 9[V] 건전지를 교체하여야 한다. 한편, 피측정체 또는 어떠한 전원에도 저항측정을 하면 안되며, 측정기에 전원을 넣지 말아야 한다.

④ 피측정 저항치를 시험선에 접촉, 접속시켜 저항치를 읽으면 된다. 이때 선택된 저항 레인지에 표기된 수치만큼 지시치에 곱하여야 한다.

(직류전류 측정)

① 흑색 시험선을 -COM에, 적색 시험선을 V, Ω, A에 연결한다.

② 레인지 선택 스위치를 전류 레인지에 두어야 한다.

③ 피측정개소의 전원을 차단하고 측정기와 직렬로 연결하여 측정한다. 단, 절대로 시험선을 전원 또는 전압이 있는 피측정체에 연결하지 말아야 하고 반드시 직렬연결로 하여 사용해야 한다.

제2장_전기의 상식 및 계기 사용법

(DC 10A 측정)

① 흑색 시험선을 -COM에, 적색 시험선을 DC 10[A]로 옮겨 삽입한다.

② 레인지 선택 스위치를 10[A]로 위치로 한다. 이하는 직류 측정 방식에 따라 행하면 된다.

(트랜지스터 양, 부 판정 및 극성 측정)

① 레인지 선택 스위치를 TR에 두어야 한다.

② 시험할 트랜지스터를 TR 소켓의 에미터(E) 베이스(B) 콜렉터(C)에 극성에 맞추어 삽입한다.

③ LED가 작동되기 시작하면 아래 사항을 참조하여 판독한다. 적색등이 커지면 양품의 PNP 트랜지스터이다. 녹색등이 커지면 양품의 NPN 트랜지스터이다. 적, 녹색등이 점멸되면 측정 트랜지스터가 개방(open)된 불량이다. 적, 녹색등이 꺼진 상태면 측정 트랜지스터가 단락(short)된 불량이다.

(DIODE 및 LED 측정)

① 흑색시험선을 COM 소켓에, 적색 시험선을 V,Ω,A 소켓에 삽입한다.

② 레인지 선택 스위치를 오옴 레인지의 ×1K (0~150[μA]) 또는 ×10(0~15[mA])에 위치시킨다.

③ 흑색시험선의 탐침을 다이오드의 +에, 적색시험선의 탐침을 다이오드의 -에 접속시켜 다이오드의 순방향 전류(I_F)를 I_F, I_R 눈금판에서 판독한다. 참고로 최대 지시치에 가까운 지시이면 양품이다.

④ 적색시험선의 탐침을 다이오드의 +에, 흑색시험선의 탐침을 다이오드의 -에 접속시켜 다이오드의 역방향 전류(I_R)를 I_F, I_R 눈금판에서 판독한다. 참고로 지침이 왼쪽 0점에 가까우면 양품이다.

⑤ 순방향 전류(I_F) 판독시 눈금판의 V_F 눈금을 동시에 판독하면 바로 시험 다이오드의 순방향 전압을 알 수 있다. 참고로, 게르마늄 다이오드는 0.1~0.2[V],

실리콘 다이오드는 0.5~0.8[V]를 지시한다.

(트랜지스터의 누설전류 측정)

① 레인지 선택 스위치는, 중소형 트랜지스터일 경우 저항 레인지의 ×10Ω에, 대형인 것은 ×1Ω에 두어야 한다.

② 시험할 트랜지스터가 NPN인 경우 -COM의 시험선에 콜렉터, V, Ω, A의 시험선에 에미터를 연결한다. 또한, PNP인 경우 -COM에 에미터, V, Ω, A에 콜렉터를 연결한다.

③ 눈금판의 I_{CEO} 눈금선에 지침이 오면 실리콘 트랜지스터인 경우 양품이다.

④ 게르마늄 트랜지스터는 소형인 경우 0.1~2[mA], 대형은 1~5[mA]의 누설전류를 지시한다.

(수리 및 점검)

전지 및 퓨즈 교체를 위해 하부 케이스에 있는 2개의 나사를 풀고 메타 뒷면에 고정되어 있는 전지상자 및 퓨즈 접속구에서 간단히 분리 교체 할 수 있다. 특히 전지 교체시에는 전지상자에 표시된 극성에 맞추어 삽입하시고 퓨즈는 반드시 정격을 사용하여야 한다.

4. 디지털멀티미터 (Digital Multi Meter : DMM)

DMM은 탁상형, 카드형, 포켓형, 핸드형, 휴대형 등이 있다. VOM에 비해 사용법이 편하고 측정값이 정밀하기 때문에 널리 사용되고 있다. 교류형 아날로그 전압계와 전류계는 AC 실험에 사용된다. 여기서의 디지털멀티미터(DMM)는 $4\frac{1}{2}$ Digit Multi-Function의 Bench형 Multi-Tester이다. 특히 이 테스터는 AC 전압 측정값을 dB(Decibel)로 나타낼 수 있으므로 증폭기의 이득(Gain)이나 감쇠(Attenuation) 또는 Line Level 등을 dB로 직접 읽을 수 있다. 그리고 기능(Function)의 선택이나 레인지 선택에 따른 측정단위는 LED에 의하여 나타내도록 했으며 정확한 저항 측정을 위해서 Zero Ω Adjusting 이 되도록 하여야 한다. 측정전압과 전류의 범위는 AC 100

제2장_전기의 상식 및 계기 사용법

[μV]~750[V] 및 DC 100[μV]~1000[V], 그리고 전류 측정은 AC 및 DC 모두 1[μA]~20[A] 까지 측정할 수 있으며 또한 저항 측정은 0.1[Ω]~20[MΩ] 범위에서 측정할 수 있다. 또한 이들의 측정값은 Data Hold 기능에 의하여 Holding을 시킬 수 있다.

사용 전 주의사항은 다음과 같다.

① 전원을 연결하기 전에 전원전압과 장비의 선택된 입력전압이 같은가 확인한 다.(장비의 뒷면에 있는 Inlet의 Fuze Holder에 의하여 110/220[V]를 선택할 수 있다.) 만약 다를 경우에는 같게 한다.

② 높은 전압을 측정 시에는 감전에 유의한다. 특히 측정중에 Function이나 레인지(Range)를 선택하거나 Test Leader의 도체에 인체가 접촉되어서는 안 된다. Function이나 레인지는 먼저 필요한 상태로 선택한 다음 Test Leader를 Multi-Tester의 입력 소켓에 확실히 연결시켜 놓고 측정하여야 한다.

③ 측정 레인지를 예측할 수 없는 전압전류의 측정 시에는 높은 레인지에서 우선 측정하고 그에 따라 차츰 내려 적절한 레인지를 선택하여 사용한다.

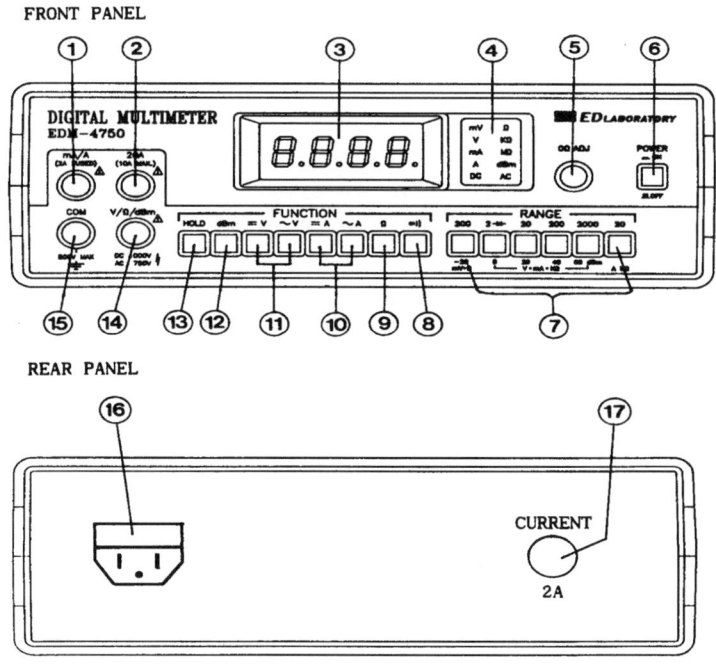

〈그림 2-15 DMM의 외관〉

전기공학 기초실험 with PSCAD

(판넬의 기능 설명)

① mA, A

② 20A ⚠

③ Display Panel

④ Unit Indicator

⑤ 0.Ω ADJ

⑥ POWER

⑦ Range

⑧ Continuity

⑨ Ω

⑩ ~A, =A

⑪ ~V, =V

⑫ dBm

⑬ HOLD

⑭ V/Ω/dBm ▽

⑮ COM

⑯ Power Inlet

⑰ Current 체크 Fuse

5. 다중 모드 추적 직류 전원공급장치

　Model ED-333T는 200W 출력의 다중 모드 추적(Multi Mode Tracking) DC 전원공급장치(Power Supply)로써 0~30V, 3A Dual 출력이 되며, 이 두 출력을 모드(Mode) 선택에 따라서는 직렬출력 및 병렬출력을 시킬 수 있게 된다. 즉, 출력 모드(Output

제2장_전기의 상식 및 계기 사용법

Mode) 선택에 따라 Master Section의 전압 조정이나 전류 조정만으로 0~60V, 3A (Series Tracking Mode) 또는 0~30V, 6A(Parallel Tracking Mode)의 출력을 얻을 수 있게 된다. Independent Mode에서는 완전 분리된 2개의 독립된 전원으로 사용할 수 있다. 또한, TTL IC 회로를 위해서 5V, 3A의 고정전압이 출력되고 있으므로 보다 편리하게 사용할 수 있다.

ED-333T는 특히 전압제한(Voltage Limiting)회로를 갖고 있으므로 Output-A 및 Output-B의 출력전압을 임의의 과전압보호(Over Voltage Protection : OVP)가 되도록 전압설정이 가능하다. 따라서 만약의 실수로 공급전압이 올라가서 절대로 안 되는 회로나 장비에 DC 전원을 공급해야 할 경우, 이런 실수를 사전에 예방할 수 있게된다. 그리고 Presetting 해놓은 제한 전압은 언제든지 SET/RESET 버튼 스위치에 의해 확인해 볼 수 있다.

출력 전류는 Output-A 및 Output-B 모두 0~30V에서 0~3A범위로 일정전류 (Constant Current : C.C.)를 조정할 수 있다. 그리고 5V 출력 전류는 3A로써 과부하보호(Over Load Protection)와 함께 Over Temperature Shut-down이 되도록 되어있다.

출력전압과 전류는 2개의 전압계와 2개의 전류계에 의하여 0~30V, 0~3A Dual 출력을 각각 나타내므로 동시 모니터(Monitor)가 가능하고, 또한 일정전류 및 제한 전압(Limiting Voltage : L.V.)의 동작 모드상태를 LED에 의하여 나타내게 하고 있다. 입력전압은 AC 110/220V, 60Hz이다.

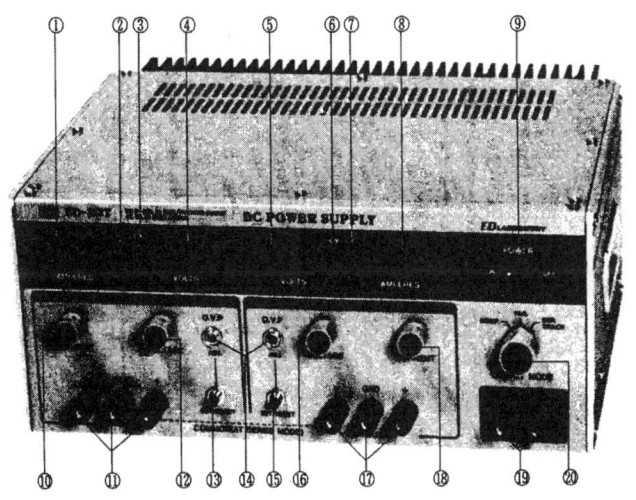

〈그림 2-16 전원공급장치의 외관〉

__ 33

(판넬의 기능 설명)

① Digital Ampere Meter

② C.C Indicator

③ L.V Indicator

④ Digital Volt-meter

⑤ Digital Volt-meter

⑥ L.V Indicator

⑦ C.C Indicator

⑧ Digital Ampere Meter

⑨ POWER

⑩ Current

⑪ Output Terminal

⑫ Voltage

⑬ SET/RESET

⑭ ADJ

⑮ SET/RESET

⑯ Voltage

⑰ Output Terminal

⑱ Current

⑲ 5V Terminal

⑳ Output Mode

제2장_전기의 상식 및 계기 사용법

주의사항은 다음과 같다.

이 장비를 사용할 때에는 적절한 지식을 가진 후 사용하기를 바라며, 이를 위하여 다음 사항을 유의하여야 한다.

① 이 장비를 사용하기 전에 미리 동작절차와 장비에 입력되는 입력전원이 적절한가를 확인한 후, 전원에 연결 사용하여야 한다. 즉, 전원전압이 110V 또는 220V 인가에 따라 전원공급기의 입력전압을 선택해 놓은 후 사용하여야 한다.

② 전원 코드(Cord)의 접지 플러그(Ground Plug)는 접지(Earth)되어야 하며, DC 출력 단자는 필요에 따라 (-) 또는 (+)단자를 접지 단자(Ground Terminal)에 연결하여야 할 것이다. 만약 그렇지 않은 상태에서 사용할 때에는 정전기에 의한 문제점이나 접지의 Floating 전압에 의한 위험성에 주의하여야 한다.

초기점검에는 기구적인 외관 점검과 전기적인 점검이 있다.

(기구적인 외관 점검)

장비를 포장으로부터 Open 되었을 때에는 먼저 표면적으로 나타나는 Knob Binding-Post, Fuse-Holder, Panel-Meter 및 기타 기구적인 부분들의 파손이 있는가를 확인한다. 만약 파손이 있을 경우에는 전기적인 동작을 시키지 않도록 한다.

(전기적인 점검)

① 장비의 입력전압 선택 상태를 확인한다. 입력전압 선택 스위치는 장비의 뒷면 하반부에 위치하고 있다.

② 전원스위치가 OFF 되어 있도록 한다.

③ AC 입력전압이 장비의 입력사양과 같은가를 확인한다.

④ 장비의 AC 입력코드를 AC전원에 연결한다.

⑤ 출력 모드선택 스위치를 INDEP.(independent)로 선택해 놓는다.

⑥ 전압조정 Knob를 반시계방향 최대로 모두 돌려놓고 전원스위치를 ON하라.

전기공학 기초실험 with PSCAD

⑦ 전류조정 Knob를 시계방향 최대로 한 후, 전압조정 Knob를 서서히 시계방향을 돌려가면서 전압계(Volt-Meter)가 출력전압변화에 따라 지시하는가를 확인한다.

⑧ 이번에는 출력전압을 5~10V로 한 후, 출력단자를 출력 코드로 단락시켜 본다. 전류계의 지시가 최대(3A)를 지시하는가를 확인한다.

⑨ 전류조정용 Knob를 반시계 방향으로 서서히 돌리면서 C.C 지시기(indicator) LED에 불이 들어옴과 함께 전류계 지시가 이에 따라 지시하는가 확인하라. 만약 이 Knob를 반시계 방향 최소로 하면 전류계는 거의 0을 지시할 것이다.

⑩ 이상의 점검중에서 ①~⑧의 사항은 2개의 가변 출력(Output-A 및 Output-B) 모두에 대하여 점검하라.

⑪ 이번에는 출력모드선택 스위치를 SER. TRACK으로 한다.

⑫ Master (Output-B) Section의 전압을 조정하면서 Output-A와 Output-B가 같은 전압으로 함께 변화되는가 확인한다. 참고로 Output-B에 대한 Output-A의 Tracking Error는 ±150mV 이내이다.

⑬ 이번에는 출력모드 선택 스위치를 PAR(Parallel)로 한다.

⑭ Output-B의 출력을 약 5V로 한 후, 전류 손잡이를 반시계방향 최소로 돌려놓는다. 그리고 출력 코드를 사용하여 잠시 PAR 출력단자(Output-B의 출력단자)를 단락시켜 놓는다.

⑮ Master Section의 전류 조정 손잡이를 서서히 시계방향으로 돌리면서 Output-A와 Output-B 같은 전류값으로 함께 변화되는가 확인한다.

⑯ 고정 5V 출력전압 점검 : 별도의 전압계를 사용 출력전압을 점검한다. 이는 4.9V~5.1V이면 정상이다.

사용 전 준비사항은 다음과 같다.

① 입력전원전압과 전원공급기의 입력전압선택이 같도록 한다.

② 전원공급기의 뒷면 방열판에서는 열이 많이 나게 되므로 열이 방열될 수 있도록 통풍이 잘되어야 한다.

제2장_전기의 상식 및 계기 사용법

③ 전원공급기의 밑과 위로는 공기가 유통되도록 가능하면 전원공급기의 위에는 다른 장비를 올려 놓지 않는다.

④ 열이 많이 나는 장소나 습기가 많은 곳에 설치에서는 안 된다.

⑤ 진동이 있거나 먼지가 많은 장소를 피하여 설치한다.

⑥ 필요한 입력전원을 연결할 수 있어야 한다.

⑦ 출력 코드의 길이는 가능한 짧게 사용한다.(출력 코드의 길이가 길면 코드저항에 의한 전압강하로 인하여 Regulation 특성이 나쁘게 된다.)

예) 코드 선의 저항이 0.1Ω이라면, 전압강하는 다음과 같이 발생된다.

부하전류 0.2A 일 때 0.1Ω×0.2A = 20mV 전압강하

부하전류 2A 일 때 0.1Ω×A = 20mV 전압강하

동작절차에는 다음과 같이 5가지가 있다.

(Independent Mode)

다음 동작 절차는 Output-A 및 Output-B (MASTER)의 0~30V를 각각 별개적인 출력을 얻기 위한 동작절차이다. 두 출력 방법은 같으므로 편의상 Output-A에 대하여 설명한다.

① 전원 스위치를 OFF 한다.

② 장비의 뒷면에 있는 Power Input Voltage Selector가 입력전압과 같게 선택되었는가 확인한다.

③ AC Power Input Plug를 AC Line Power 연결한다.

④ 전압 조절기(Output-A 및 Output-B)를 반시계방향으로 최소로 돌려놓는다.

⑤ 전류 조절기(Output-A 및 Output-B)를 시계방향으로 최대로 돌려놓는다.

⑥ 출력 모드 스위치를 INDEP.(Independent)로 한다.

⑦ 전원 스위치를 ON 한다.

전기공학 기초실험 with PSCAD

⑧ 디지털 전압계를 보면서 필요한 전압을 지시하도록 전압을 조절한다.

⑨ 출력 코드를 필요한 DC 출력 단자에 연결한다.

⑩ 만약 출력전류를 제한하고 싶을 때에는 일단 전류 손잡이를 반시계방향 최소로 돌려놓는 후 DC 출력 코드를 잠시 단락시키고 전류계를 보면서 전류 손잡이를 돌려 임의의 제한 전류로 조정하여 놓는다. 참고로, 가변 출력의 Output-A 및 B는 전압과 전류제한 조정을 각각 임의로 조정하여 사용할 수 있으며, INDEP. 모드에서 이를 출력은 완전히 절연되어 출력되고 있다.

(Series Mode)

다음 절차는 직렬(Series Mode, Voltage Tracking Mode)로 동작시키기 위한 절차이다. 여기서 전류, 전압 조정 방법은 Independent Mode에서와 같으므로 설명을 생략한다.

① 먼저 동작절차의 ①~④를 실행한다.

② 출력모드 스위치를 SER. TRACK으로 한다.

③ 전원 스위치를 ON 한다.

④ MASTER Section (Output-B)의 전압 손잡이를 임의의 출력전압이 되도록 한다. 이때 유의할 것은 Series 출력의 (-)는 Output-A의 (-)단자에서 그리고 (+)는 Output-B의 (+)단자에서 출력된다. 따라서 출력전압도 Output-A와 Output-B의 두 전압을 합한 전압이 출력되게 된다.

⑤ Output-A 및 B의 전류 손잡이를 시계방향 최대로 돌려놓는다.

⑥ 출력 코드를 SER. Output (A+B)의 양 단자에 연결한다.

⑦ 만약 출력전류를 제한하고 싶을 때에는 일단 Output-B의 전류 손잡이를 반시계방향 최소로 돌려놓은 후 DC 출력 코드를 잠시 단락시키고 전류 모드를 보면서 전류 손잡이를 서서히 돌려 임의의 제한 전류로 조정하여 놓는다.

(Parallel Mode)

다음 절차는 병렬 모드(Parallel Mode)로 동작시키기 위한 절차이다.

① 먼저 동작절차의 ①~④를 실행한다.

제2장_전기의 상식 및 계기 사용법

② 출력전압 모드 스위치를 PAR.로 한다.

③ 전원 스위치를 ON 한다.

④ MASTER Section (Output-B)의 전압 손잡이를 돌려 임의의 출력전압이 되도록 한다.

⑤ Output-A 및 B의 전류 손잡이를 시계방향 최대로 돌려놓는다.

⑥ 출력 코드를 Output-B(MASTER)의 출력단자에 연결한다.

⑦ 만약 출력전류를 제한하고 싶을 때에는 Output-A 및 B의 전류제한(Current Limit)을 각각 조정하여 준다. 참고로, 병렬모드에서의 출력전류는 Output-A 및 B의 각각의 전류 지시를 합한 값이 된다.

(O.V.P의 Setting)

O.V.P의 조정은 Limiting 전압 설정을 말하는 것으로 여기서는 편의상 Output-A 의 O.V.P 조정에 대하여만 설명한다.

① 먼저 동작절차를 실행한다.

② O.V.P SET/RESET 버튼을 누른 상태에서 해당 디지털 전압계를 보면서 (-)형 스크루 드라이버를 사용 ADJ를 돌려 제한 전압이 되도록 조정한다. 참고로, ADJ의 조정은 시계방향으로 돌리면 전압이 증가한다. 그리고 이의 조정은 사용 출력전압 보다는 약간 높은 편으로 조정하도록 한다.

③ 조정이 끝났으면, SET/RESET 버튼에서 손을 떼고 전압계가 다시 출력전압을 지시하는가 확인한다. 단, 주의할 점은, 일단 Limiting 전압이 설정된 후에는 출력전압이 L.V 전압 이상이 되지 않도록 하여야 한다. 만약 출력전압을 L.V 설정 전압 이상으로 올리게 되면 O.V.P 회로가 동작하여 L.V에 불이 들어옴과 함께 출력은 나타나지 않게 된다. 이때에는 전압 조절 VR을 반시계 방향으로 최대로 돌린 후 SET/RESET 버튼을 눌러 L.V를 해제시킨 다음 다시 출력 전압을 필요한 전압이 되도록 조정하여 사용한다.

(Constant Current의 조정)

이 조정은 부하에 어느 이상 전류가 흐르지 않도록 하기 위한 조정으로 결국 Limiting Current를 설정하는 것이라고 볼 수 있으며 출력은 정전압이 아닌 Constant

전기공학 기초실험 with PSCAD

Current Mode로 동작되어 출력된다. 여기서는 편의상 Output-A에 대해서만 설명한다.

① 먼저 동작절차의 ①~⑦를 실행한다.

② 전압 손잡이를 돌려 약 5V 정도가 되도록 한다.

③ 전류 손잡이를 일단 반시계방향 최소로 돌려놓는다.

④ 출력단자(+, -)를 출력 코드를 사용하여 잠시 단락시켜 놓고 디지털 전류계를 보면서 전류 손잡이를 서서히 시계방향으로 돌려 원하는 Limiting Current 값이 되도록 조절한다. 그리고 조장이 끝났으면 즉시 출력단자의 단락을 해제시킨다. 단, 주의할 점은, Constant Current Mode로 동작 시는 출력전압은 부하에 따라 변하게 된다. 그러므로 정전압으로 사용 시에는 C.C 표시 LED에 불이 들어와서는 안 된다. 이 LED에 불이 들어오면 전원공급기는 정전류 모드로 동작되고 있음을 나타나고 있는 것이다.

6. 오실로스코프의 사용법

오실로스코프(Oscilloscope)는 시간에 따른 파형을 측정하는 장치로 스코프로 일반적으로 통칭한다. 시간에 따른 입력전압의 변화를 화면에 출력하는 장치. 전기진동이나 펄스처럼 시간적 변화가 빠른 신호를 관측한다. 보통 브라운관에 녹색 점으로 영상을 나타내지만, 요즘에는 액정화면을 사용하는 전자식도 있다.

X축을 시간축, Y축을 파형으로 한 파형관측 외에도 파형이 비슷한 2개 신호의 위상차 관측도 가능하다. 또 전파에 의한 거리측정, 초음파에 의한 탐상기 등의 시간 측정, 트랜지스터의 특수곡선 표시 등 그래프 표시에 의한 측정이 가능하다. 특히 브라운관의 휘도를 조절해 Z축까지 표시하기도 한다. 기본적으로는 전압신호의 크기, 시간측정, 주파수 측정, 위상차측정 및 거리측정을 할 수 있다.

아날로그 오실로스코프는 CRT의 전자총(Electron Gun)에서 방출되는 전자들을 측정 신호에 따라 편향시켜 파형을 표시한다. 디지털 오실로스코프는 측정신호를 디지털 신호로 변환하여 처리하는 점에서 아날로그형과 큰 차이 있다. 측정신호는 ADC(Analog to Digital Converter)에 의하여 디지털 신호로 변환된다. 이렇게 변환된 신호를 바탕으로 파형과 진폭이 표시된다. ADC를 이용하여 디지털 신호로 변화하는 과정을 샘플링(Sampling)이라고 한다.

제2장_전기의 상식 및 계기 사용법

① 전압의 측정: 내장된 교정전압발생장치의 정확한 전압에 의해 브라운관면의 단위눈금당 전압값을 정확히 교정해 두고 이것과 관측전압의 파형을 비교하여 전압값을 측정한다.

② 시간측정: 스위프속도는 가로축의 단위 길이당 시간으로 나타나므로 관측파형상의 2점간의 시간은 쉽게 측정할 수 있다.

③ 주파수 측정: 관측 파형의 1주기의 시간을 측정하면, 그 역수로 주파수를 구할 수 있다. 또 수평편향판에 다른 표준신호발생기로부터 이미 알고 있는 정확한 주파수의 사인파신호를 가하고 수직편향판에 피측사인파신호전압을 가하면 주파수의 비율 및 위상차에 의해 리사주그림이라고 하는 특정한 도형이 얻어지며, 이것을 이용해 주파수를 구할 수 있다.

④ 거리 측정: 전기 펄스를 방출하여 그 반사파가 돌아오는 시간을 관측하면 전파속도로부터 거리를 측정할 수 있다. 대표적인 예로는 송전선로 고장점 표정법(故障點標定法)이 있다.

아래는 오실로스코프 HP 54602B 150MHz를 기준으로 요약하였다.

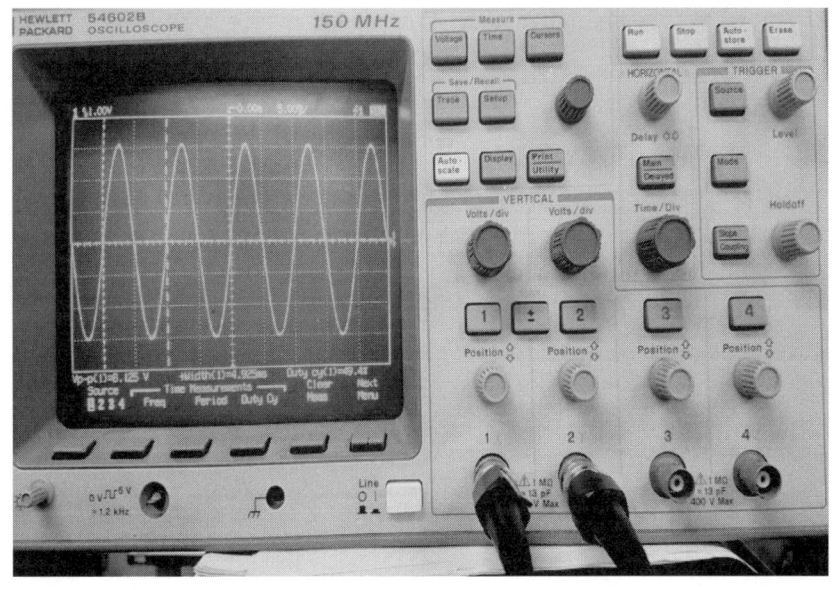

〈그림 2-17 오실로스코프의 외관〉

― 41

○ HP 54602B 150MHz : 6.6 × 10^{-9} sec = 0.000000007
0V ~ 5V = 1.2 KHz 구형파 확인(10 : 1 Probe) / probe drive로 조정
525mV(Voltage / Peak to Peak), 1.235 KHz(Time / Frequency)
200μs --> 1/200μs = 5000 Hz
Period : 200μs × 4 = 800μs (1.25 KHz = 1 / 0.0008)
Magnitude : 2 V
Duty Cycle : 50 %

○ Measure
㉠ Voltage
Source(1 2 3 4) /
Voltage Measurements(Vp-p, Vavg, Vrms)
  Freq(1)=1.232 KHz, Vp-p(1)=520mV, Vavg=250mV
Clear Meas
Next Menu
Show Meas   Previous
off/on Vmax Vmin Vtop Vbase Menu

㉡ Time
Source(1 2 3 4) /
Time Measurements(Freq Period Duty Cycle)

Clear Meas
Next Menu
Show Meas   Previous
off/on +Width -Width Rise Time Fall Time Menu

㉢ Cursors
v1, v2 t1, t2 (dial)

Display   Average Vectors Grid
       Normal Peak Det Average 8 64 256 off/on   off/on

Vertical
volts/div

제2장_전기의 상식 및 계기 사용법

| 1 | ± | 2 |

position ↑ ↓ 〈 0전위〉

on	coupling	Bw Lim	Invert	Vernier	Probe
off	DC AC ⏚	off on	off on	off on	1 10 100
					(100mv) (1v) (10v)

Storage
Run Stop Auto Store Erase
↑

Horizontal
Delay ⇔

| Main |
| Delayed |

         Horizontal Mode   Vernier   Time Ref

    Main Delayed XY Roll   off/on   Lft/Cntr

    (2개의 probe를 이용한 두 신호의 위상측정)

Auto Scale → Main → Delayed
Main → Roll → Delayed

Time/div

| Slope |
| Coupling | Slope   Coupling   Reject   Noise Rej

                       AC, DC, (off, LF, HF)   off/on

Position (±)

    Channel Math
    off   1 + 2   1 - 2

○ 사용법
- AC전압 및 주파수의 측정
- DC전압의 측정
- AM 변조도 측정 (엔벨로프 방식)
- 2 현상 동작
- level 비교
- 스테레오 시스템의 수리
- TV 수리
- 합성 영상신호 분석
- X-Y를 이용한 주파수 측정
  (X-Y동작을 이용한 리서쥬 도형에 의한 주파수 및 위상차 측정)

OSC의 수직축 입력과 수평축 입력에 각각 같은 진폭의 신호전압을 넣는다. 한쪽에는 미지 주파수의 신호를, 다른 한쪽에는 주파수가 판독되는 정현파 발진기의 출력신호를 인가한다. 그 다음에 발진기의 주파수를 변화시켜 양쪽의 주파수의 비가 정수가 되도록 하면, 두 신호간의 주파수와 위상차에 따른 Lissajous-Figure이 얻어진다. 이와 같은 리사쥬 도형에 의해 두 신호간의 주파수비 및 위상차를 구할 수 있다.

OSC의 수평축 동작방식 선택기를 X-Y 동작위치로 하면 소인회로를 정지시켜 X-Y OSC로 동작시킨다. Ch1과 Ch2의 증폭기를 X축, Y축의 증폭기로 각각 사용하므로 감도도 같게되고 또한 감쇠기도 그대로 사용할 수 있다.

리서쥬 도형에 의해 미지의 신호 주파수를 알아내기 위해서, 수평축(X축)에 미지 주파수신호를, 수직축(Y축: Ch2)에 기지의 주파수의 신호를 넣고 두 입력신호의 진폭이 같지 않을 경우에는 입력 감쇠기 및 미세조정기를 조정하여 정사각형 안에 리서쥬(Lissajous) 도형이 나타나도록 한다. 기지의 주파수를 가변하여, 보기 그림도형으로부터 미지의 주파수를 다음의 관계식으로부터 알 수 있다.

$$\frac{미지주파수(fx)}{기지주파수(fy)} = \frac{수평입력주파수}{수직입력주파수} = \frac{수직선과의교차수}{수평선과의교차수}$$

- 위상 측정(RC회로, CR회로)
주파수가 같은 2개의 정현파 신호등의 위상차 측정, 2개의 CH에 접속한 후,

$$위상차 = \frac{위상편이의 수평거리(Division)}{1주기동안의 수평거리(Division)} \times 360도 = \frac{시간차(t\ sec)}{한주기(T\ sec)} \times 360도$$

제2장_전기의 상식 및 계기 사용법

2개의 동일 주파수의 정현파간의 위상차(phase difference)를 측정하기 위해서 두 신호를 수직입력(Y축)과 수평입력(X축)에 각각 넣고서 CRT 면상의 리사쥬도형이 정사각형 안에 나타나도록 입력감쇠기 및 미세조정기를 조정한다. 위상측정은 그림과 같이 되면, 전체의 크기(B)와 수직축(Y축)에 접한 값(A)의 비로써 구하며, 그에 따른 수식은 다음과 같다.

$$위상차 = \theta = \sin^{-1}\frac{A}{B}$$

- 위상측정방법
  리서쥬파형을 이용한 대략적인 측정
  OSC의 커서를 이용한 측정(t1 - t2)
  공식에 대입하여 계산
  Main/Delay를 이용하여 확인

- 실효치
  Vpeak-to-peak
  Vpeak
  Vrms = Vpp / $2\sqrt{2}$

- Probe 확인 : 10 : 1 , 10 : 1 → 100 : 1

7. 파형발생기 (Function Generator)

파형(신호)발생기(Function Generator) 또는 함수발생기(Signal Generator)는 정현파, 삼각파, 펄스(구형파) 등의 교류 신호를 발생시킬 수 있다. 이때 사용자는 주파수 범위 및 크기(진폭)를 선택하면서 원하는 주파수를 조정하여 발생시킬 수 있다. 아래는 Sweep Function Generator Model G305를 나타낸다.

전기공학 기초실험 with PSCAD

〈그림 2-18 파형발생기의 외관〉

파형발생기는 표시부(Display), 조정용 다이얼, 숫자키, 기능 설정부(Function/Modulation), 출력단으로 구성된다.

제3장 단위계, 저항 및 커패시터의 식별 방법

1. 실험 목적

실험에 사용되는 기본적인 단위계를 살펴보고 가장 기본적인 소자인 저항과 커패시터(콘덴서)에 대한 식별법을 알아보고자 한다.

2. 실험 준비물

1. 여러 가지 저항기(100Ω, 1kΩ, 3.3kΩ, 1MΩ 등)   각 1개
2. 여러 가지 전해 콘덴서(0.1μF, 3.3μF, 10μF 등)   각 1개
3. 여러 가지 세라믹 또는 마일라 콘덴서(1pF, 100pF 등) 각 1개

3. 기본적인 미터 단위

미터법의 단위계에는 meter, kilo-gram, second를 기본으로 하는 MKS 단위계와 centi-meter, gram, second를 기본으로 하는 CGS 단위계로 크게 구분된다. 그리고 미터 단위계와 별도로 미국에서는 inch, pound, mile 등을 사용하는 inch계 단위계를 널리 사용하고 있으나 세계 표준 및 우리나라 표준인 KS(Korean Industrial Standard)로 채택이 되어있는 단위계는 미터법이므로 본 교재에서는 미터법을 기준하여 모든 것을 표기하였다. 미터 단위계의 상세 내용은 표 3-1에 나타나 있다.

전기공학 기초실험 with PSCAD

〈표 3-1 미터 단위계〉

명칭	기호	크기
tera	T	10^{12}
giga	G	10^{9}
mega	M	10^{6}
kilo	k	10^{3}
hecto	h	10^{2}
deca	da	10
deci	d	10^{-1}
centi	c	10^{-2}
milli	m	10^{-3}
micro	μ	10^{-6}
nano	n	10^{-9}
pico	p	10^{-12}
femto	f	10^{-15}
atto	a	10^{-18}

4. 저항과 저항의 식별법

전류의 흐름에 대해 특정한 저항 값을 가지기 위해 제조된 부품이다. 저항의 허용오차(tolerance)는 저항 값의 변화에 대해 받아들일 수 있는 정도를 나타낸다. 저항 도식적 기호(symbol)를 갖는다.

  ○ 저항기의 종류
    - 고정 저항기(fixed resistor)
        탄소 피막(carbon film resistor) : 원통형 세라믹 표면에 탄소
            피막을 입힌 형태로서 가장 널리 사용
        금속 피막(metal film resistor) : 저 잡음, 고 정밀도
        칩 저항(chip resistor) : 고주파용, 하이브리드(hybrid) IC용

제3장_단위계, 저항 및 커패시터의 식별 방법

　　　Array 저항 : 고 전력용 (Sip : single in package)
　　　권선형 저항(wire-wound resistor) : 고정밀도, 고 전력용

- 가변 저항기(variable resistor)
　　　가변 저항
　　　반 고정 저항
　　　십진 저항기

- 여러 가지 가변 저항기

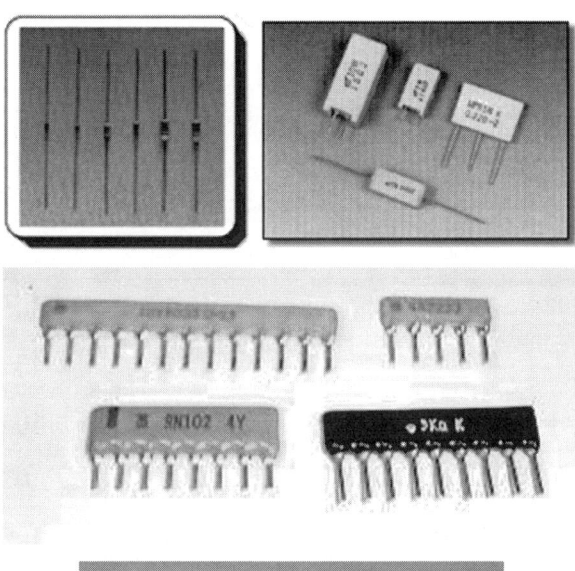

〈그림 3-1 저항기의 종류〉

○ 저항의 식별법 (색띠, 색대, color code)

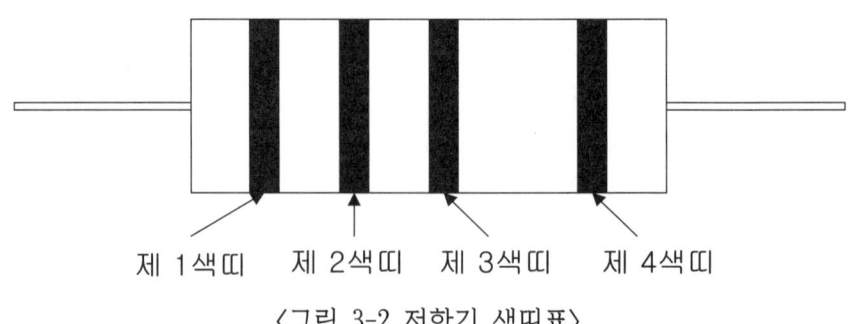

〈그림 3-2 저항기 색띠표〉

〈표 3-2 저항의 색띠 코드〉

색상		제1색띠	제2색띠	제3색띠	제4색띠
		1숫자	2숫자	10의 배수	허용오차
검정색(흑)	Black	0	0	10^0	
갈색	Brown	1	1	10^1	±1 %
적색	Red	2	2	10^2	±2 %
주홍색(등)	Orange	3	3	10^3	
황색	Yellow	4	4	10^4	
녹색	Green	5	5	10^5	±0.5 %
청색	Blue	6	6	10^6	±0.25 %
보라색(자)	Violet	7	7	10^7	±0.1 %
회색	Gray	8	8	10^8	
백색	White	9	9	10^9	
금색	Gold			10^{-1}	±5 %
은색	Silver			10^{-2}	±10 %
무색					±20 %

제3장_단위계, 저항 및 커패시터의 식별 방법

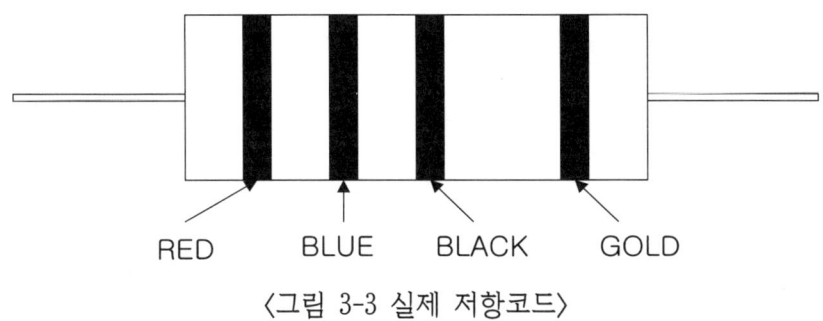

〈그림 3-3 실제 저항코드〉

그림 3-3에서 보는 것과 같은 저항의 색띠를 표 3-2의 코드 표에 넣고 환산하면 저항 값을 구할 수 있다. 그림 3-3의 예를 들어보면 다음과 같다.

제1색띠=2, 제2색띠=6, 제3색띠=10^0, 제4색띠=±5%이므로 실제 값은 $26 \times 10^0 \pm 5\%$ = 24.7~ 27.3 [Ω]이 된다.

```
▶ TIP : 저항 사용 시 유의사항

소비전력(W수, 전류용량) 확인 ex) P=1[W], 0.5[W]
5V 사용 경우, 1W짜리의 전류 : I = P/V = 0.2[A]
5V 사용 경우, 0.5W짜리의 전류 : I = P/V = 0.1[A]
```

5. 커패시터의 식별법

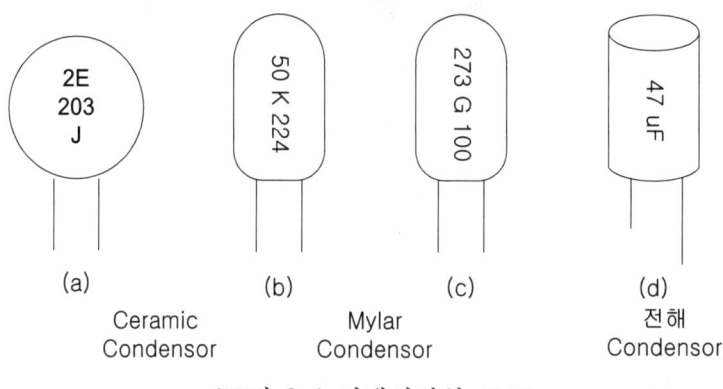

〈그림 3-4 커패시터의 종류〉

1. 그림 3-4(a)에서 보여지는 것과 같은 세라믹 콘덴서를 보면 다음과 같다.

    2E =정격전압 250V, 203 = 20×10^3 [pF], J=±5% 오차

2. 그림 3-4(b)에서 보여지는 것과 같은 마이라 콘덴서를 보면 다음과 같다.

    50 =정격전압 50V, K=±10% 오차, 224 = 22×10^4 [pF]

3. 그림 3-4(c)에서 보여지는 것과 같은 마이라 콘덴서를 보면 다음과 같다.

    273 = 27×10^3 [pF], G=±2% 오차, 100 =정격전압 100V

4. 그림 3-4(d)에서 보여지는 것과 같은 전해 콘덴서를 보면 다음과 같다.

    용량은 47[μF]이며 전해인 경우에는 극성이 있으므로 이것에 유의해야 하며, 리드선이 긴 것이 +이고 짧은 것이 -이다.

제3장_단위계, 저항 및 커패시터의 식별 방법

〈표 3-3 커패시터의 정격 전압〉

문자	A	B	C	D	E	F	G	H	J	K
0	1	1.25	1.6	2	2.5	3.15	4	5	6.3	8
1	10	12.5	16	20	25	31.5	40	50	63	80
2	100	125	160	200	250	315	400	500	630	800
3	1000	1250	1600	2000	2500	3150	4000	5000	6300	8000

〈표 3-4 커패시터의 허용오차 표시법〉

문자	B	C	D	F	G	J	K	M	N	V	X	Z	P
허용오차 (%)	±0.1	±0.25	±0.5	±1	±2	±5	±10	±20	±30	+20 -10	+40 -20	+80 -20	+100 -0

전기공학 기초실험 with PSCAD

제3장_단위계, 저항 및 커패시터의 식별 방법

(3장) 실험보고서

학과		학년		학번	
조		조원 성명			
실험 일시		제출 일자		기타	

1. 실험제목 : 단위계, 저항 및 커패시터의 식별 방법

2. 실험방법 : 저항, 커패시터의 식별 및 측정 (오차 포함)

3. 실험결과 :

(1) 단위계   Giga(   ),   Mega(   ), 10^{-12} (   )

(2) 저항 판독하기

번호	제1색대	제2색대	제3색대	제4색대	제5색대	저항값 [Ω]	허용오차 [%]
1	적	청	흑	금			
2	청	회	적	은			
3	갈	흑	등	금			
4	적	적	적	금			
5	황	자(보라)	등	은			
6	갈	회	황	금			
7	녹	청	금	은			
8	적	흑	적	갈		2000	±1
9	황	자	황	적		470000	±2
10	청	회	적	은		6800	±10
11	갈	흑	등	금		10000	±5
12	갈	흑	등	무		10000	±20

전기공학 기초실험 with PSCAD

(3) 저항 측정실험

번호	저항 [Ω]	Color Code	Analog 미터 측정치 [Ω]	Digital 미터 측정치 [Ω]	허용오차 [%]
1	10	갈 흑 흑			
2	200	적 흑 갈			
3	500	녹 흑 갈			
4	1000	갈 흑 적			
5	2000	적 흑 적			
6	3000	등 흑 적			
7	5100	녹 갈 적			
8	15000	갈 녹 등			

(4) 커패시터 판독 및 측정실험

번호	표기	커패시터 값 [μF] 오차 정격전압	측정치 [μF]	허용오차 [%]
1	104J			
2	475K			
3	333J			
4	203J			
5	224			
6	273			
7	472			
8	15			
9	104M			
10	475K 2J			

4. 결론 및 고찰 :

5. 참고문헌 :

제4장 계기사용법과 건전기의 기초 실험

1. 실험 목적

브레드 보드와 전압계 및 전류계 등 계기의 사용법을 습득, 확인하고, 건전지를 사용한 저항 실험을 통하여 전압, 전류, 저항과의 관계를 통하여 전기의 기초를 다진다.

2. 실험 준비물

1. 여러 가지 저항기(1kΩ, 2kΩ, 3kΩ, 4kΩ 등)   각 1개
2. 건전지(1.5V, 9V)   각 2개
3. Bread board   1개
4. Multi-tester, 회로시험기   각 1개
4. Lead 선과 공구류   약간

3. 실험방법

1. 브레드 보드의 사용법을 확인한다.
2. 브레드 보드에 저항기를 삽입하고 건전지를 통해 전압을 인가한다.
3. 저항이 일정한 경우, 전압을 증가할 때, 전류가 증가하는 것을 관찰한다.
4. 전압이 일정한 경우, 저항을 증가할 때, 전류가 감소하는 것을 관찰한다.
5. 전압이 일정한 경우, 저항을 감소할 때, 전류가 증가하는 것을 관찰한다.

4. 토의 및 고찰

1. 전압계는 회로에 병렬로 결선하고, 전류계는 회로에 직렬로 결선한다. 그 이유는 무엇인가?

2. 만약 전압계를 회로에 직렬로 결선하여 실험을 하면 어떻게 되는가?

3. 만약 전류계를 회로에 병렬로 결선하여 실험을 하면 어떻게 되는가?

(4장) 실험보고서

학과		학년		학번	
조		조원 성명			
실험 일시		제출 일자		기타	

1. 실험제목 : 계기사용법과 건전지 실험 (오옴의 법칙 기초실험)

2. 실험방법 및 실험결과 :

(1) 전압이 일정할 때, 저항을 가변하면서 전류를 측정한다.

번호	전압일정 (V)	R [Ω]	I [A]	I [mA]	측정 허용오차 [%]
1	1.5	1000			
2	1.5	2000			
3	1.5	3000			
4	1.5	4000			

(2) 전압을 증가할 때, 저항을 전압의 동일한 배수로 증가하면서 전류를 측정한다.

번호	전압 (V)	R [Ω]	I [A]	I [mA]	측정 허용오차 [%]
1	1.5	1000			
2	3	2000			
3	4.5	3000			
4	6	4000			

(3) 건전지 2개를 직렬로 연결할 때, 저항을 일정하게 유지하면서 전류를 측정한다. 건전지 2개를 병렬로 연결할 때, 저항을 일정하게 유지하면서 전류를 측정한다.

번호	전압 (V)	R [Ω]	I [A]	I [mA]	측정 허용오차 [%]
1	3	1000			
2	1.5	1000			

(4) 건전지 2개를 직렬로 연결할 때, 저항을 건전지 전압의 동일한 배수로 증가하면서 전류를 측정한다. 건전지 2개를 병렬로 연결할 때, 저항을 건전지 전압의 동일한 배수로 감소하면서 전류를 측정한다.

번호	전압 (V)	R [Ω]	I [A]	I [mA]	측정 허용오차 [%]
1	3	2000			
2	1.5	500			

(5) 9V 건전지를 사용하여, 상기 [1]~[4]를 반복, 시행한다.

3. 결론 및 고찰 :

4. 참고문헌 :

제5장 저항의 직렬 접속

1. 실험 목적

저항을 직렬로 연결하였을 때 전압계와 전류계를 이용하여 측정된 값을 가지고 저항을 계산하며 이론적으로 계산된 값과 비교하여 일치하는가를 확인하는데 있다.

2. 실험 준비물

1. 직류전압계(0~30V)   1대
2. 직류전류계(0~30mA)   1대
3. Resistor(1kΩ, 2kΩ, 3kΩ 1/2W)   각 3개
4. Bread Board, Lead 선   적당량
5. 직류전원공급장치   1대

3. 관련 이론

○ 저항의 직렬 연결 (손전등)

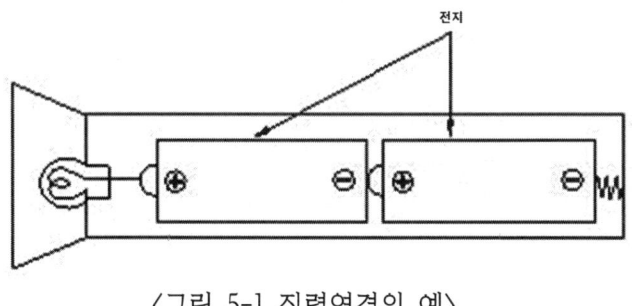

〈그림 5-1 직렬연결의 예〉

저항을 직렬 연결할 경우 전체 저항은 다음과 같다.

$$R_T = R_1 + R_2 + R_3 + \cdots \; [\Omega] \tag{5-1}$$

이 관계를 저항의 단면적 A 과 길이 1 의 관계로 다시 정리해 보면 다음과 같다.

$$R = \rho \frac{1}{A} = \frac{1}{\sigma A} \; [\Omega] \tag{5-2}$$

여기서 ρ는 도체의 고유 저항이며 σ 는 도전율 즉 고유저항의 역수이다. 즉 저항은 도체의 길이가 길어지면 증가함을 알 수 있으며 저항을 직렬로 연결할 경우 비례하여 증가됨을 알 수 있다. 대표적인 재료의 저항율은 표 5-1과 같으며 은이 가장 저항이 적은 것을 알 수 있다. 도체의 저항은 온도에 따라 비례하여 상승하므로 20℃를 기준 하였으며 온도 변화 시는 별도의 온도계수로 환산이 필요하다.

○ 전지의 접속

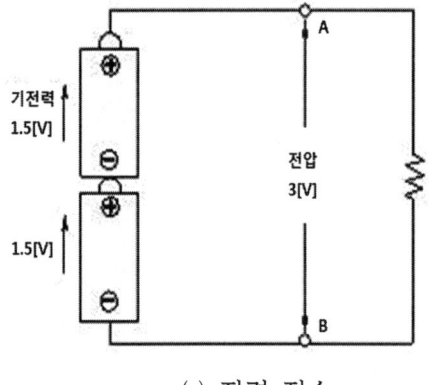 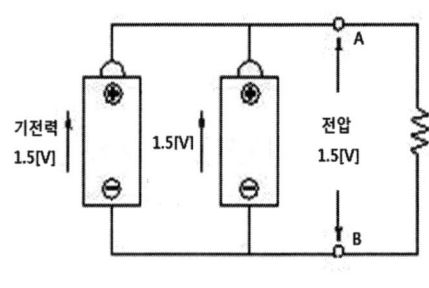

(a) 직렬 접속   (b) 병렬 접속

〈그림 5-2 직렬연결의 예〉

제5장_저항의 직렬 접속

<표 5-1 재료별 저항률 (온도 20℃ 기준)>

재 료	저항율[Ω-cm]
은(Silver)	1.645×10^{-6}
구리(Copper)	1.723×10^{-6}
금(Gold)	2.443×10^{-6}
알루미늄(Aluminium)	2.825×10^{-6}
텅스텐(Tungsten)	5.485×10^{-6}
니켈(Nickel)	7.811×10^{-6}
철(Iron)	12.3×10^{-6}
니크롬(Nichrome)	99.72×10^{-6}
탄소(Carbon)	3500×10^{-6}

전압, 전류 및 저항과의 관계는 Ohm의 법칙에 따라 다음과 같다.

$$R = \frac{E}{I} \ [\Omega] \tag{5-3}$$

또한 전류의 흐름은 전압이 +에서 -로, 또한 높은 쪽에서 낮은 쪽으로 흐르게 된다.

▶ TIP : 직류회로를 푸는 방법

1) 가장 먼저, 합성(등가)저항을 계산
2) 직병렬저항 → 병렬저항의 등가저항
     → 직렬저항의 등가저항
3) 전류를 계산
4) 전압을 계산

4. 실험 순서

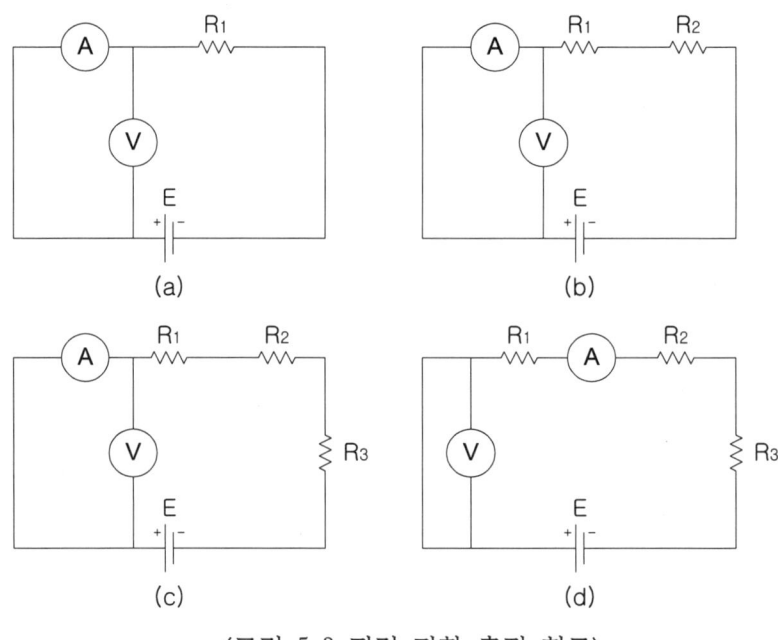

〈그림 5-3 직렬 저항 측정 회로〉

1. 그림 5-3의 회로를 (a)에서 (d)까지의 회로를 순서대로 연결하여 실험한다.

2. 전원전압을 5V와 9V로 각각 인가한 후 전류계와 전압계의 지시치를 표 5-2과 5-3에 기록한다.

3. 표에서 식 (5-3)을 이용하여 측정된 전압과 전류를 가지고 전체 저항을 기록한다.

4. 저항의 색띠를 이용하여 (공차는 무시함) 환산한 저항을 식 (5-1)을 이용하여 전체 저항을 계산한 후 표에 기록한다.

5. 측정된 저항과 계산된 저항의 차이점을 실험 토의 및 고찰란에서 설명한다. 이때는 저항의 오차, 계측기의 오차 등을 고려하여야 한다.

5. 실험 결과

〈표 5-2 저항의 측정치와 계산치 (전압 5V 인가)〉

측정회로	측정값전류			계산값	차이값
	전압	전류	전체 저항	전체 저항	
a	5 V				
b	5 V				
c	5 V				
d	5 V				

〈표 5-3 저항의 측정치와 계산치 (전압 9V 인가)〉

측정회로	측정값전류			계산값	차이값
	전압	전류	전체 저항	전체 저항	
a	9 V				
b	9 V				
c	9 V				
d	9 V				

6. 토의 및 고찰

1. 측정치와 계산치과 다른 이유는 어떤 원인인지 설명하라.

2. 분압의 법칙과 비교하시오.

전기공학 기초실험 with PSCAD

(5장) 실험보고서

학과		학년		학번	
조		조원 성명			
실험 일시		제출 일자		기타	

1. 실험제목 : 저항의 직렬접속

2. 실험방법, 계산치 및 실험방법 :

(1) 전압(E)이 5[V], 저항(R)이 1000[Ω]일 경우, 저항을 2개 직렬로 연결할 때, 합성저항(R_t, 전체저항)을 계산 한 후, 전체전류[I_t]를 계산한다. 직렬접속 시 전류가 일정한가? ($I_t = I_{R1} = I_{R2}$), 또 직렬접속 시 전압의 관계는? ($E = V_{R1} + V_{R2}$)

(2) 전압이 일정할 때, 동일한 저항을 1개, 2개, 3개로 직렬접속하면서 전류를 측정한다.

번호	E (V)	이론치 R [Ω]	이론치 I [A]	이론치 I [mA]	측정치 I [mA]	비고
(a)	5	1000	0.005	5		
(b)	5	2000				저항 2개직렬
(c)	5	3000				저항 3개직렬
(d)	5	3000				저항 3개직렬

(3) 전압(E)이 5[V], 저항(R)이 상이할 경우, 저항(R_1=1000, R_2=2000)을 2개 직렬로 연결할 때, 합성저항(R_t, 전체저항)을 계산한 후, 전체전류[I_t]를 계산한다. 직렬접속 시 전류가 일정한가? ($I_t = I_{R1} = I_{R2}$) 또, 직렬접속 시 전압의 관계는 ? ($E = V_{R1} + V_{R2}$)

(4) 전압이 일정할 때, 상이한 저항(1kΩ, 2kΩ, 3kΩ)을 1개, 2개, 3개로 직렬접속하면서 전류를 측정한다.

번호	E (V)	이론치 R [Ω]	이론치 I [A]	이론치 I [mA]	측정치 I [mA]	비고
(a)	5	1000	0.005	5		
(b)	5	3000				저항 2개 직렬
(c)	5	6000				저항 3개 직렬
(d)	5	6000				저항 3개 직렬

제6장 저항의 병렬 접속

1. 실험 목적

저항을 병렬로 연결하였을 때 전압계와 전류계를 이용하여 측정된 값을 가지고 저항을 계산하며 이론적으로 계산된 값과 비교하여 일치하는 가를 확인하는데 있다.

2. 실험 준비물

1. 직류전압계(0~30V)   1대
2. 직류전류계(0~100mA)   1대
3. Resistor(1kΩ,, 2kΩ, 3kΩ 1/2W)   각 3개
4. Bread Board, Lead 선   적당량
5. 직류전원공급장치   1대

3. 관련 이론

저항을 병렬 연결할 경우 전체 저항은 다음과 같다.

$$\frac{1}{R_T} = \frac{1}{R_1} + \frac{1}{R_2} + \frac{1}{R_3} + \cdots \ [\mho] \qquad (6\text{-}1)$$

이 관계를 저항의 단면적 A 과 길이 l의 관계로 다시 정리해 보면 다음과 같다.

$$R = \rho \frac{l}{A} = \frac{1}{\sigma A} \ [\Omega] \qquad (6\text{-}2)$$

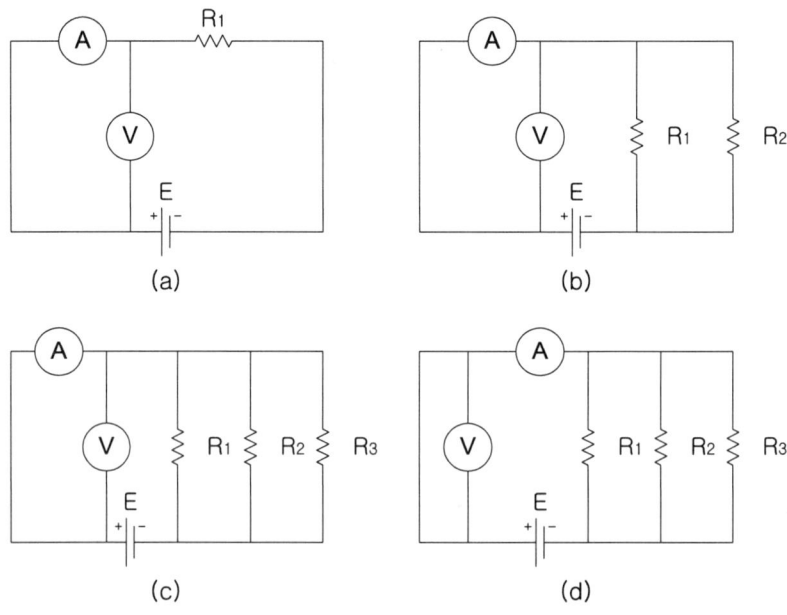

<그림 6-1 병렬 저항 측정 회로>

여기서 ρ는 도체의 고유 저항이며 σ 는 도전율 즉 고유저항의 역수이다. 즉, 저항은 도체의 면적이 넓어지면 감소함을 알 수 있으며 저항을 병렬로 연결할 경우 면적이 증가하여 감소됨을 알 수 있다. 식 (6-1)을 사용하여 대표적인 병렬회로의 합성저항을 구하면 2개의 저항이 병렬인 경우 다음과 같다.

$$R_T = \frac{R_1 \times R_2}{R_1 + R_2} \ [\Omega] \qquad (6\text{-}3)$$

또한 3개의 저항이 병렬인 경우 다음과 같다.

$$R_T = \frac{R_1 \times R_2 \times R_3}{R_1 R_2 + R_2 R_3 + R_3 R_1} \ [\Omega] \qquad (6\text{-}4)$$

4. 실험 순서

1. 그림 6-1의 회로를 (a)에서 (d)까지의 회로를 순서대로 병렬로 연결하여 실험한다.

2. 전원전압을 5V와 9V로 각각 인가한 후 전류계와 전압계의 지시치를 표에 기록한다.

3. 식 (6-3)을 이용하여 측정된 전압과 전류를 가지고 전체 저항을 기록한다.

4. 저항의 색띠를 이용하여 (공차는 무시함) 환산한 저항을 식 (6-1)을 이용하여 전체 저항을 계산한 후 표에 기록한다.

5. 측정된 저항과 계산된 저항의 차이점을 실험 토의 및 고찰란에서 설명한다. 이때는 저항의 오차, 계측기의 오차 등을 고려하여야 한다.

5. 실험 결과

〈표 6-1 저항의 측정치와 계산치 (전압 5V 인가)〉

측정회로	측정값전류			계산값	차이값
	전압	전류	전체 저항	전체 저항	
a	5 V				
b	5 V				
c	5 V				
d	5 V				

<표 6-2 저항의 측정치와 계산치 (전압 9V 인가)>

측정회로	측정값전류			계산값	차이값
	전압	전류	전체 저항	전체 저항	
a	9 V				
b	9 V				
c	9 V				
d	9 V				

6. 토의 및 고찰

1. 측정치와 계산치과 다른 이유는 어떤 원인인지 설명하라.

2. 분류의 법칙과 비교하시오.

(6장) 실험보고서

학과		학년		학번	
조		조원 성명			
실험 일시		제출 일자		기타	

1. 실험제목 : 저항의 병렬접속

2. 실험방법, 계산치 및 실험방법 :

(1) 전압(E)이 5[V], 저항(R)이 1000[Ω]일 경우, 저항을 2개 병렬로 연결할 때, 합성저항(R_t, 전체 저항)을 계산한 후, 전체 전류[I_t]를 계산한다. 병렬접속 시 전류가 일정한가? ($E = V_{R1} = V_{R2}$) 또, 병렬접속 시 전류의 관계는?

$[I_t = I_{R1} + I_{R2}]$

(2) 전압이 일정할 때, 동일한 저항을 1개, 2개, 3개로 병렬접속하면서 전류를 측정한다.

번호	E (V)	이론치 R [Ω]	이론치 I [A]	이론치 I [mA]	측정치 I [mA]	비고
(a)	5	1000	0.005	5		
(b)	5	500				저항 2개병렬
(c)	5	333.333				저항 3개병렬
(d)	5	333.333				저항 3개병렬

(3) 전압(E)이 5[V], 저항(R)이 상이할 경우, 저항(R_1=1000, R_2=2000)을 2개 병렬로 연결할 때, 합성저항(R_t, 전체 저항)을 계산 한 후, 전체 전류[I_t]를 계산한다. 병렬접속 시 전류가 일정한가? ($E = V_{R1} = V_{R2}$), 또, 병렬접속 시 전류의 관계는? [$I_t = I_{R1} + I_{R2}$]

(4) 전압이 일정할 때, 상이한 저항(1kΩ, 2kΩ, 3kΩ)을 1개, 2개, 3개로 병렬접속하면서 전류를 측정한다.

번호	E (V)	이론치 R [Ω]	이론치 I [A]	이론치 I [mA]	측정치 I [mA]	비고
(a)	5	1000	0.005	5		
(b)	5					저항 2개병렬
(c)	5					저항 3개병렬
(d)	5					저항 3개병렬

제7장_분압의 법칙과 분류의 법칙

제7장 분압의 법칙과 분류의 법칙

1. 실험 목적

두 개의 저항을 직렬과 병렬로 연결하였을 때, 전압계와 전류계를 이용하여 측정된 값을 가지고 저항을 계산하며 이론적으로 계산된 값과 비교하여 일치하는 가를 확인하는데 있다. 저항의 직렬접속일 때 오옴의 법칙과 분압의 법칙을 비교하고, 저항의 병렬접속일 때 오옴의 법칙과 분류의 법칙을 비교한다.

2. 실험 준비물

1. 직류전압계(0~30V)   1대
2. 직류전류계(0~100mA)   1대
3. Resistor(1kΩ,, 2kΩ, 3kΩ 1/2W)   각 3개
4. Bread Board, Lead 선   적당량
5. 직류전원공급장치   1대

3. 관련 이론

직렬회로에서의 분압의 법칙은 다음과 같다. 전류는 일정하고, 전체전압은 각 저항의 전압의 합과 같다.

$$E = V_{R1} + V_{R2}$$

$$R_t = R_1 + R_2$$

$$I = \frac{E}{R_t} = \frac{E}{R_1 + R_2} = I_t = I_1 = I_2$$

$V_{R1} = I_1 R_1$, $V_{R2} = I_2 R_2$, $E = V_{R1} + V_{R2}$

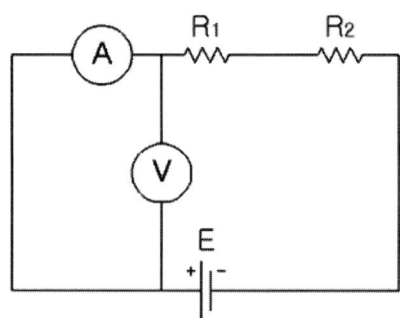

<그림 7-1 저항의 직렬접속과 분압의 법칙>

병렬회로에서의 분류의 법칙은 다음과 같다. 전압은 일정하고, 전체 전류는 각 저항에 흐르는 전류의 합과 같다.

$I = I_{R1} + I_{R2}$

$R_t = \dfrac{R_1 R_2}{R_1 + R_2}$

$E = IR_t = \dfrac{R_1 R_2}{R_1 + R_2} = I$, $I = \dfrac{E}{R_t}$

$I_1 = \dfrac{E}{R_1} = \dfrac{R_2}{R_1 + R_2} I$, $I_2 = \dfrac{E}{R_2} = \dfrac{R_1}{R_1 + R_2} I$, $E = V_{R1} = V_{R2}$

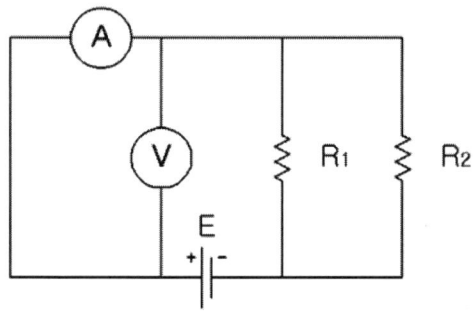

<그림 7-2 저항의 병렬접속과 분류의 법칙>

제7장_분압의 법칙과 분류의 법칙

4. 토의 및 고찰

1. 분류법칙과 분압법칙을 오옴의 법칙과 비교하라.

▶ TIP : 직렬회로(분압의 법칙)를 푸는 방법

    1) 합성(등가)저항을 계산
    2) 전류 일정
    3) 전전압 = 각 저항의 전압

▶ TIP : 병렬회로(분류의 법칙)를 푸는 방법

    1) 합성(등가)저항을 계산
    2) 전압 일정
    3) 전전류 = 각 지로 전류의 합

전기공학 기초실험 with PSCAD

(7장) 실험보고서

학과		학년		학번	
조		조원 성명			
실험 일시		제출 일자		기타	

1. 실험제목 : 분압의 법칙과 분류의 법칙

2. 실험방법, 계산치 및 실험방법 :

(1) 저항 2개가 직렬접속인 경우, 오옴의 법칙과 분압의 법칙 계산을 비교한다.

번호	E (V)	이론치 R [Ω]	이론치 I [A]	이론치 I [mA]	측정치 I [mA]	비고
(a)	5	1000	0.005	5		
(b)	5	2000				저항 2개직렬

(2) 저항 2개가 병렬접속인 경우, 오옴의 법칙과 분류의 법칙 계산을 비교한다.

번호	E (V)	이론치 R [Ω]	이론치 I [A]	이론치 I [mA]	측정치 I [mA]	비고
(a)	5	1000	0.005	5		
(b)	5	500				저항 2개병렬

제8장 저항의 직병렬 접속

1. 실험 목적

저항을 직렬과 병렬로 혼합하여 연결하였을 때 전압계와 전류계를 이용하여 측정된 값을 가지고 저항을 계산하며 이론적으로 계산된 값과 비교하여 일치하는가를 확인하는데 있다.

2. 실험 준비물

1. 직류전압계(0~15V)   1대
2. 직류전류계(0~3A)   1대
3. Resistor(1kΩ, 2kΩ, 3kΩ 각 1/2W)   각 3개
4. Bread Board, Lead 선   적당량
5. 직류전원공급장치   1대

3. 관련 이론

저항을 직렬과 병렬 혼합하여 연결할 경우 전체 저항은 직렬과 병렬의 저항을 각각 구한 후 합산하면 되고 다음과 같다.

$$R_T = R_{직렬} + R_{병렬} \ [\Omega] \tag{8-1}$$

그림 8-1에서 부분적인 병렬 저항을 구하면 2개와 3개인 경우 각각 저항이 병렬로 된 경우 다음과 같다.

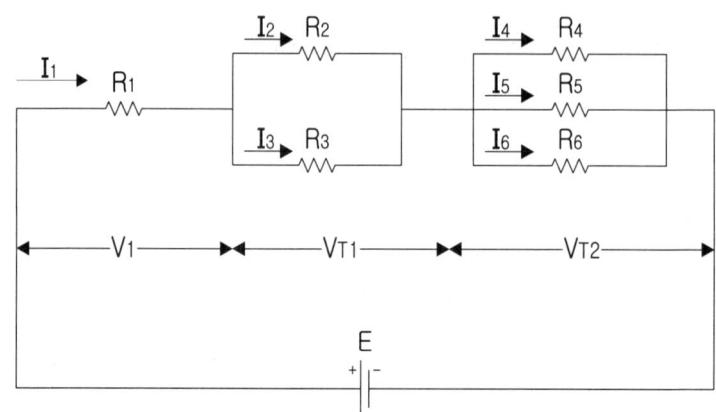

〈그림 8-1 직병렬 저항 측정 회로〉

$$R_{T1} = \frac{R_2 \times R_3}{R_2 + R_3} \ [\Omega] \tag{8-2}$$

$$R_{T2} = \frac{R_4 \times R_5 \times R_6}{R_4 R_5 + R_5 R_6 + R_6 R_4} \ [\Omega] \tag{8-3}$$

따라서 전체저항을 구하면 다음과 같다.

$$R_T = R_1 + R_{T1} + R_{T2} \ [\Omega] \tag{8-4}$$

또한 전류는 저항을 직렬 연결할 때 동일하며 병렬 연결을 할 때 저항 값에 따라 분배가 되며 그림 8-1의 I_2, I_3 의 경우 다음과 같다.

$$I_2 = \frac{R_3}{R_2 + R_3} I_1 \ [A] \tag{8-5}$$

$$I_3 = \frac{R_2}{R_2 + R_3} I_1 \ [A] \tag{8-6}$$

전압은 저항을 병렬 연결할 때 동일하며 직렬 연결을 할 때 저항 값에 따라 분배가 되며 그림 6-1의 V_{T1}, V_{T2}, V_{T3} 의 경우 다음과 같다.

$$V_1 = \frac{R_1}{R_1 + R_{T1} + R_{T2}} V \ [V] \tag{8-7}$$

$$V_{T1} = \frac{R_{T1}}{R_1 + R_{T1} + R_{T2}} V \ [V] \tag{8-8}$$

$$V_{T2} = \frac{R_{T2}}{R_1 + R_{T1} + R_{T2}} V \ [V] \tag{8-9}$$

전체 전압 E[V] 는 식 (8-7)~(8-9)의 합이며 다음과 같다.

$$E = V_1 + V_{T1} + V_{T2} \ [V] \tag{8-10}$$

4. 실험 순서

1. 그림 8-1의 R_1 에서 R_6 를 각각 1000, 1000, 2000, 1000, 2000, 3000Ω으로 연결하여 실험한다.
2. 전원전압을 5V로 각각 인가한 후 전류계와 전압계의 지시치를 표에 기록한다.
3. 주어진 식을 이용하여 측정된 전압과 전류를 가지고 전체 저항을 기록한다.
4. 저항의 색띠를 이용하여 (공차는 무시함) 환산한 저항을 식 (8-1)을 이용하여 전체 저항을 계산한 후 표에 기록한다.
5. 측정된 저항과 계산된 저항의 차이점을 실험 토의 및 고찰란에서 설명한다. 이때는 저항의 오차, 계측기의 오차 등을 고려하여야 한다.

5. 실험 결과

〈표 8-1 저항의 측정치〉

전압			전류			저항		
항목	계산치	측정치	항목	계산치	측정치	항목	계산치	측정치
V_1			I_1			R_1		
V_{T1}			$I_2 + I_3$			R_{T1}		
V_{T2}			$I_4 + I_5 + I_6$			R_{T2}		
V			I			R		

6. 토의 및 고찰

1. 측정치와 계산치과 다른 이유는 어떤 원인인지 설명하라.

2. 저항의 직병렬회로를 푸는 방법을 되새겨 본다.

제8장_저항의 직병렬 접속

(8장) 실험보고서

학과		학년		학번	
조		조원 성명			
실험 일시		제출 일자		기타	

1. 실험제목 : 저항의 직병렬접속

2. 실험방법, 계산치 및 실험방법 :

(1) 저항의 직병렬접속 시험을 하기 전에 이론치를 수 계산한 후, 엑셀로 계산하여 비교한다.

R_1	R_2	R_3	R_4	R_5	R_6	$E[V]$
1000	1000	2000	1000	2000	3000	5

전류의 측정치와 계산치			
항목	계산치(이론치)	측정치(실험치)	오차
I_1	0.0022602		
I_2	0.0015068		
I_3	0.0007534		
I_4	0.0012328		
I_5	0.0006164		
I_6	0.0004109		

전류			오차
항목	계산치	측정치	
I_1	0.002260		
$I_2 + I_3$	0.002260		
$I_4 + I_4 + I_5$	0.002260		
I	0.002260		

전압 및 저항의 측정치와 계산치			
전압			오차
항목	계산치	측정치	
V_1	2.2602739		
V_{T1}	1.5068493		
V_{T2}	1.2328767		
E	5		

저항			오차
항목	계산치	측정치	
R_1	1000		
R_{T1}	666		
R_{T2}	545		
R_T	2212		

제8장_저항의 직병렬 접속

R_{T1}	666.6666667		
R_{T2}	545.4545455		
R_T	2212.121212		
I	0.002260274		
I_1	0.002260274		
I_2	0.001506849	$I_2 + I_3$	0.002260274
I_3	0.000753425		
I_4	0.001232877	$I_4 + I_4 + I_5$	0.002260274
I_5	0.000616438		
I_6	0.000410959		
V_1	2.260273973	$V_1 + V_{T1} + V_{T2}$	5
V_{T1}	1.506849315		
V_{T2}	1.232876712		

▶ TIP : 직병렬회로의 해법

1) 합성(등가)저항을 계산한다. (먼저, 병렬합성저항을 계산한 후, 직렬합성저항을 계산한다.)
2) 전체 전류를 계산한다.
3) 전류의 분배법칙(분류법칙)을 계산한다. (KCL을 확인한다.)
4) 전압의 분배법칙(분압법칙)을 계산한다. (KVL을 확인한다.)

에듀컨텐츠·휴피아
Educontents·Huepia

제9장 중요한 회로 법칙

어떤 회로를 보면, 가장 먼저 오옴의 법칙을 적용하려고 시도해본다. 다음으로 분압법칙 및 분류법칙을 적용하면 회로 해석이 간단해 질 수 있다.

그러나 회로를 해석하기 힘든 경우, KCL과 KVL, Mesh해석(망로에 대한 KVL), Node해석(마디에 대한 KCL), 테브난정리와 노턴정리, 중첩의 정리와 가역정리 등을 적용하면 해석이 용이할 수 있다.

본 장에서는 동일한 회로에 대하여 상기 언급한 중요한 여러 가지 법칙 및 정리를 이용하여 회로를 해석하고 설명한다.

1. KCL 및 KVL에 의한 회로 해석

먼저 KCL(Kirchhoff's Current Law) 및 KVL(Kirchhoff's Voltage Law)를 이용하여 지로전류(branch current) I_1, I_2, I_3를 계산하여 본다.

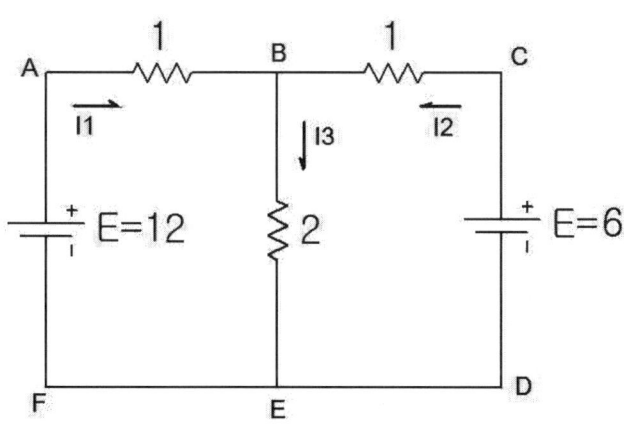

〈그림 9-1 양전원 T형 회로〉

먼저 B점에 대한 KCL을 적용하면, $I_1 + I_2 = I_3$, ABEF에 대한 KVL을 적용하면, $12 - I_1 - 2I_3 = 0$, CBED에 대한 KVL을 적용하면, $6 - I_2 - 2I_3 = 0$ 가 된다. 미지수 3개, 미지수의 차수가 1인, 3원 1차 연립방정식을 풀면 된다.

상기 3개의 식을 정리하면, 아래와 같이 된다.

$I_1 + I_2 - I_3 = 0$ (1)

$I_1 + 2I_3 = 12$ (2)

$I_2 + 2I_3 = 6$ (3)

(1)과 (2)에서 I_3를 소거하려면, (1)×2+(2)하면 되고, (4)를 얻을 수 있다.

$2I_1 + 2I_2 - 2I_3 = 0$

$I_1 + 2I_3 = 12$

$3I_1 + 2I_2 = 12$ (4)

(2)과 (3)에서 I_3를 소거하려면, (2)−(3)하면 되고, (5)를 얻을 수 있다.

$I_1 + 2I_3 = 12$

$I_2 + 2I_3 = 6$

$I_1 - I_2 = 6$ (5)

(4)과 (5)에서 I_1를 소거하려면, (4)−(5)×3하면 되고, I_2를 계산할 수 있다.

$3I_1 + 2I_2 = 12$

$3I_1 - 3I_2 = 18$

$5I_2 = -6$

그러므로 $I_2 = -1.2[A]$가 된다. I_2의 값을 (5)에 대입하면,
$I_1 = 6 + I_2 = 6 + (-1.2) = 4.8[A]$로부터, $I_1 = 4.8[A]$을 구할 수 있다. 끝으로 (1)로부터, $I_3 = I_1 + I_2$가 된다.
I_1, I_2의 값을 대입하면, $I_3 = I_1 + I_2 = 4.8 + (-1.2) = 3.6[A]$가 된다.

즉, I_1, I_2, I_3는 각각, 4.8[A], -1.2[A], 3.6[A]가 된다. 여기서, I_2의 값이 1인 의미는 당초에 회로를 해석하기 위해 선정한 방향과 반대방향으로 전류가 흐른다는 것을 의미한다.

(9장-1) 실험보고서

학과		학년		학번	
조		조원 성명			
실험 일시		제출 일자		기타	

1. 실험제목 : KCL 및 KVL에 의한 실험

2. 계산치 및 실험결과 :

(1) 실제 실험 시의 저항은 $R_1 = 1[k\Omega]$, $R_2 = 1[k\Omega]$, $R_3 = 2[k\Omega]$로 한다. 계산치와 실험결과를 비교한다.

| 조건 | 인가전압 | KCL, KVL 방법에 의한 실험 | | | 오차 |
| | | 전류 | | | |
		구분	이론치 [mA]	측정치 [mA]	
$R_1 = 1[k\Omega]$	$V_1 = 12$	I_1			
$R_2 = 1[k\Omega]$	$V_2 = 6$	I_2			
$R_3 = 2[k\Omega]$		I_3			

2. Mesh(망로) 전류에 의한 회로 해석

Mesh(망로) 전류에 의한 회로 해석을 이용하여 지로전류 I_1, I_2, I_3를 계산하여 본다. 이 방법을 Mesh에 대한 KVL이라고 한다.

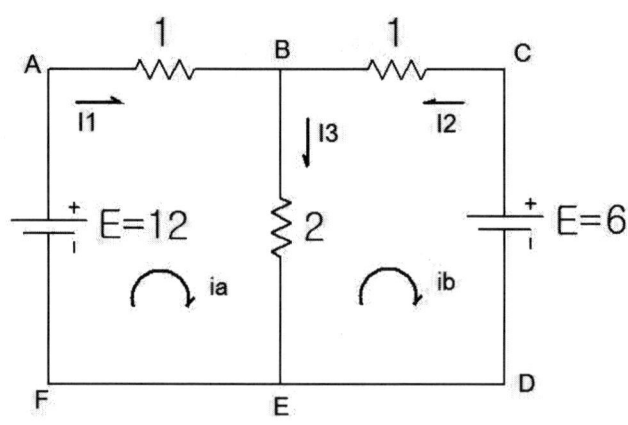

〈그림 9-2 양전원 T형 회로 : 망로 해석〉

먼저, 망로를 회전하는 망로전류를 정의해야 한다. (-)에서 (+)로 일정한 방 방향으로 흐르는, 망로전류를 각각 i_a, i_b라고 정의한 후, 이 두 Mesh에 대하여 KVL을 적용한다.

왼쪽 망로에 KVL을 적용하면, $12 - i_a - 2(i_a - i_b) = 0$, 오른쪽 망로에 KVL을 적용하면, $-6 - 2(i_b - i_a) - I_b = 0$가 된다.
정리하면 아래와 같이 된다.

$$-3i_a + 2i_b = -12 \tag{1}$$
$$2i_a - 3i_b = 6 \tag{2}$$

(1)과 (2)에서 i_a를 소거하려면, (1)×2 + (2)×3하면 되고, (3) 얻을 수 있다.

$$-6i_b + 4i_b = -24$$
$$6i_a - 9i_b = 18$$
$$-5i_b = -6 \tag{3}$$

그러므로, $i_b = 1.2[A]$가 된다. 이 i_b의 값을 (1)에 대입하면,

$3i_a = 2i_b + 12 = 2 \times 1.2 + 12 = 14.4$, 그러므로 $i_a = 4.8[A]$가 된다.
최종적으로 지로전류 I_1, I_2, I_3는,

$$I_1 = i_a = 4.8[A],$$
$$I_2 = -i_b = -1.2[A]$$
$$I_3 = I_1 + I_2 = i_a + (-i_b) = 4.8 - 1.2 = 3.6[A]$$가 된다.

즉, I_1, I_2, I_3는 각각, 4.8[A], -1.2[A], 3.6[A]가 된다.

전기공학 기초실험 with PSCAD

제9장_중요한 회로 법칙

(9장-2) 실험보고서

학과		학년		학번	
조		조원 성명			
실험 일시		제출 일자		기타	

1. 실험제목 : Mesh(망로) 해석에 의한 실험

2. 계산치 및 실험결과 :

(1) 실제 실험 시의 저항은 $R_1 = 1[k\Omega]$, $R_2 = 1[k\Omega]$, $R_3 = 2[k\Omega]$ 로 한다. 실제로 망로전류는 실험으로 측정할 수 없다. 계산치를 통해 이론을 되새겨 본다.

Mesh(망로) 해석에 의한 실험					
조건	인가전압	전류			오차
		구분	이론치[mA]	측정치	
$R_1 = 1[k\Omega]$ $R_2 = 1[k\Omega]$ $R_3 = 2[k\Omega]$	$V_1 = 12$ $V_2 = 6$	i_a		×	
		i_b		×	
		I_1			
		I_2			
		I_3			

3. Node (절점, 마디)에 의한 회로 해석

Node(절점, 마디)에 의한 회로 해석을 이용하여 지로전류 I_1, I_2, I_3를 계산하여 본다. 이 방법을 Node에 대한 KCL이라고 한다.

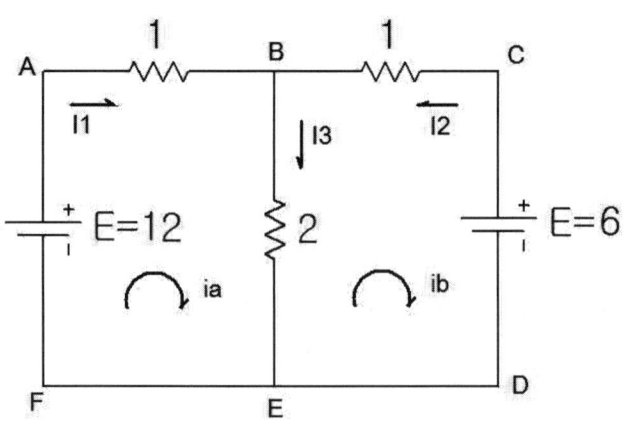

〈그림 9-3 양전원 T형 회로 : 노드 해석〉

먼저, 기준(reference) 노드를 정하고 기준 노드에 대한 상대적인 전압을 정의해야 한다. B점의 전압을 V_B라하고, 이 기준 노드에 대하여 KCL을 적용한다.

이 기준 노드에 대하여 KCL을 적용하면, 아래와 같이 된다.

$$\frac{12-V_B}{1}+\frac{6-V_B}{1}=\frac{V_B}{2} \tag{1}$$

V_B를 계산하려면 양변을 2배한 후, V_B를 계산한다.

$$24-2V_B+12-2V_B=V_B \tag{2}$$

$5V_B = 36$, 그러므로 $V_B = 7.2[V]$가 된다.

그러므로, V_B의 값을 (1)에 대입하여 지로전류를 구하면 된다.

$$I_1 = 12 - 7.2 = 4.8[A]$$
$$I_2 = 6 - 7.2 = -1.2[A]$$
$$I_3 = \frac{V_B}{2} = \frac{7.2}{2} = 3.6[A] \text{ 가 된다.}$$

즉, I_1, I_2, I_3는 각각, 4.8[A], -1.2[A], 3.6[A]가 된다.

▶ TIP : 3가지 법칙의 비교

지로전류를 구할 때 KCL, KVL에 의한 방법은 식 3개, 미지수 3개인 3원 1차 연립방정식을 풀어야 하고, Mesh전류에 의한 방법은 식 2개, 미지수 2개인 2원 1차 연립방정식을 풀어야 하며, Node에 의한 방법은 식 1개, 미지수 1개인 단순 방정식을 풀면 된다.

이때, Mesh전류에 의한 방법은 망로전류를 계산하는 과정을 통해 지로전류를 계산하기 때문에, 망로에 의한 KVL 방법이라 한다. Node전류에 의한 방법은 기준마디에 대한 전압을 계산한 후, 지로전류를 계산하기 때문에, Node에 의한 KCL 방법이라고 한다.

전기공학 기초실험 with PSCAD

(9장-3) 실험보고서

학과		학년		학번		
조		조원 성명				
실험 일시		제출 일자			기타	

1. 실험제목 : Node 해석에 의한 실험
2. 계산치 및 실험결과 :

(1) 실제 실험 시의 저항은 $R_1 = 1[\text{k}\Omega]$, $R_2 = 1[\text{k}\Omega]$, $R_3 = 2[\text{k}\Omega]$ 로 한다. 계산치와 실험결과를 비교한다.

조건	인가전압	KCL, KVL 방법에 의한 실험			오차
		구분	전류 이론치[mA]	측정치	
$R_1 = 1[\text{k}\Omega]$ $R_2 = 1[\text{k}\Omega]$ $R_3 = 2[\text{k}\Omega]$	$V_1 = 12$ $V_2 = 6$	V_B			
		I_1			
		I_2			
		I_3			

4. 테브난의 정리에 의한 회로 해석

테브난(Thevenin)의 정리는 한 쌍의 단자(입력과 출력)에서 여러 개의 저항과 전압원으로 구성된 회로를, 하나의 등가전압원($V_{th} = V_{oc}$, 출력단 개방전압)과 직렬로 연결된 하나의 등가저항(출력단 저항, $R_{sc} = R_L$, 전압원 short, 전류원 open)으로 변경할 수 있다는 것이다.

양전원 T형 회로를 테브난의 정리를 이용하여 등가회로를 구한 후, 부하전류 ($I_L = I_3$)를 구하여 보자.

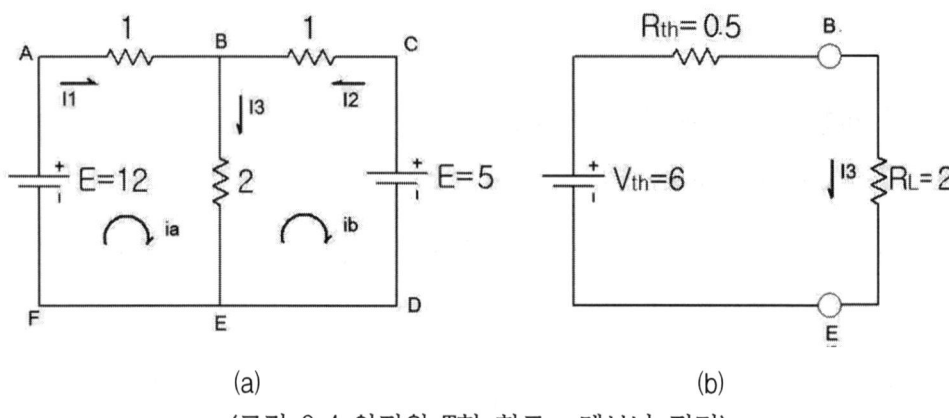

〈그림 9-4 양전원 T형 회로 : 테브난 정리〉

먼저, 출력단의 개방회로전압 $V_{th}(V_{oc})$을 계산한다. 이를 위해 먼저, 전류를 계산해야 한다.

$$I = \frac{12-6}{1+1} = \frac{6}{2} = 3[A] \tag{1}$$

$$V_{oc} = 12 - 1 \times I = 12 - 3 = 9[V] \tag{2}$$

다음으로 출력단 저항 $R_{sc}(R_L)$을 계산한다. 이 등가저항은 출력단에서 회로를 바라 본 단락저항이다. 이는, 모든 독립전원을 0으로 하면 되는데, 전압원인 경우 short한 후, 출력단에서 회로를 바라본 단락저항을 계산하면 아래와 같다.

$$R_{sc} = \frac{1 \times 1}{1+1} = 0.5[\Omega] \tag{3}$$

최종적으로 부하전류 I_3를 계산하면 아래와 같이 된다.

$$I_3 = \frac{9}{0.5 + 2} = 3.6 [A] \tag{4}$$

즉, 양전원 T형 회로는 테브난 정리를 통해, 개방회로전압 $V_{th}(V_{oc})$과 출력단에서 본 단락등가저항 $R_{sc}(R_L)$을 직렬로 연결된 회로와 등가가 된다. 등가회로를 구성한 후, 최종적으로 부하전류를 계산할 수 있다.

전기공학 기초실험 with PSCAD

(9장-4) 실험보고서

학과		학년		학번	
조		조원 성명			
실험 일시		제출 일자		기타	

1. 실험제목 : 테브난 정리에 의한 등가회로 실험

2. 계산치 및 실험결과 :

(1) 실제 실험 시의 저항은 $R_1 = 1[k\Omega]$, $R_2 = 1[k\Omega]$, $R_3 = 2[k\Omega]$ 로 한다. 계산치와 실험결과를 비교한다.

테브난 정리에 의한 실험					
조건	인가전압	구분	이론치	측정치	오차
$R_1 = 1[k\Omega]$ $R_2 = 1[k\Omega]$ $R_3 = 2[k\Omega]$	$V_1 = 12$ $V_2 = 6$	$R_{sc}(R_L)$			
		$V_{th}(V_{oc})$			
		I_L			

5. 노턴의 정리에 의한 회로 해석

노턴(Norton)의 정리는 한 쌍의 단자(입력과 출력)에서 여러 개의 저항과 전압원으로 구성된 회로를, 하나의 등가전류원($I_{sc} = I_3$, 출력단 단락전류)과 병렬로 연결된 하나의 등가저항(출력단 저항, $R_{sc} = R_L$, 전압원 short, 전류원 open)으로 변경할 수 있다는 것이다.

양전원 T형 회로를 노턴의 정리를 이용하여 등가회로를 구하여 보자.

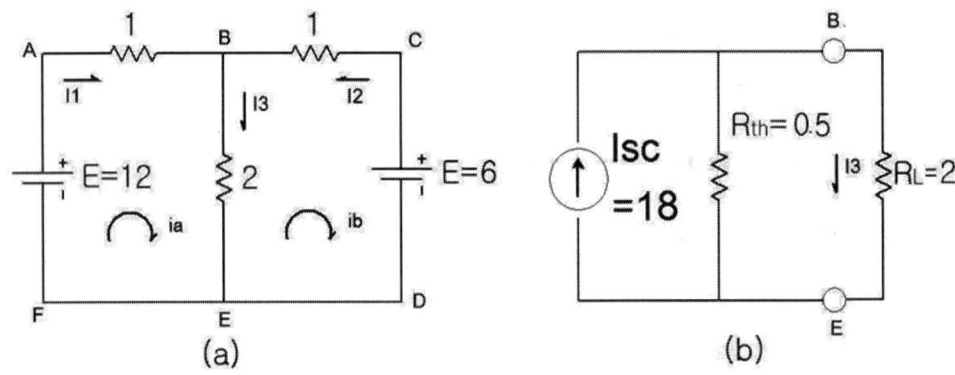

〈그림 9-5 양전원 T형 회로 : 노턴 정리〉

B와 E를 단락한 후, BE점으로 들어오는 출력단의 부하 단락전류 I_{sc}를 계산한다.

$$I_{sc} = I_1 + I_2 = \frac{12}{1} + \frac{6}{1} = 18[A] \qquad (1)$$

다음으로 출력단 저항 $R_{sc}(R_L)$을 계산한다. 이 등가저항은 출력단에서 회로를 바라 본 단락저항이다. 이는, 모든 독립전원을 0으로 하면 되는데, 전압원인 경우 short한 후, 출력단에서 회로를 바라 본 단락저항을 계산하면 아래와 같다.

$$R_{sc} = \frac{1 \times 1}{1 + 1} = 0.5[\Omega] \qquad (2)$$

즉, 양전원 T형 회로는 노턴 정리를 통해, 단락전류원 I_{sc}과 출력단에서 본 단락등가저항 $R_{sc}(R_L)$을 병렬로 연결된 회로와 등가가 된다.

테브난 정리와 노턴 정리는 서로 가변이 가능하며 서로 쌍대성(duality)을 갖는다. 아래의 3개의 회로는 서로 같은 등가회로를 나타낸다. 이 두가지 정리는 복잡한 회로를 간단하게 만들어 줄 수 있다.

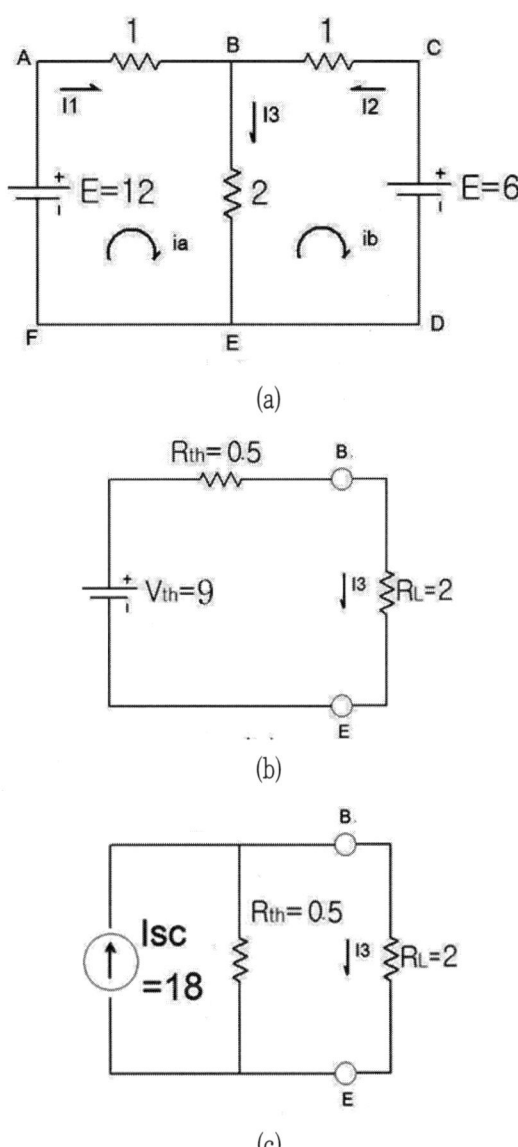

〈그림 9-6 양전원 T형 회로와 등가회로(테브난 정리, 노턴 정리)〉

전기공학 기초실험 with PSCAD

(9장-5) 실험보고서

학과		학년		학번		
조		조원 성명				
실험 일시		제출 일자			기타	

1. 실험제목 : 노턴 정리에 의한 등가회로 실험
2. 계산치 및 실험결과 :

(1) 실제 실험 시의 저항은 $R_1 = 1[k\Omega]$, $R_2 = 1[k\Omega]$, $R_3 = 2[k\Omega]$ 로 한다. 계산치와 실험결과를 비교한다. 노턴정리에 의한 등가회로를 구성하여 본다.

노턴 정리에 의한 실험						
조건	인가전압	구분	이론치	측정치	오차	
$R_1 = 1[k\Omega]$ $R_2 = 1[k\Omega]$ $R_3 = 2[k\Omega]$	$V_1 = 12$ $V_2 = 6$	$R_{sc}(R_L)$				
		I_L				

6. 중첩의 정리에 의한 회로 해석

중첩의 정리(superposition theorem)는 '전원이 1개 이상인 선형회로에서 어떤 부품의 전압과 전류는 전원을 1개씩 동작시킬 때 나타나는 전압 및 전류의 합이다'로 정의된다. 여기서 전원을 1개씩 동작시킨다는 것은 하나의 전원을 동작시킬 때 다른 전원은 제거하는 것이다. 각각 한쪽 전원을 short 한 후, 선형합으로 계산 할 수 있다. 즉, 두 개 전압을 가진 선형회로에서 하나씩 하나씩 회로를 겹쳐서 해석할 수 있다는 것이다.

양전원 T형 회로를 중첩의 정리를 이용하여 해석에 보자.

가장 먼저, 직류전원 중에서 하나를 선택한 후, 나머지 전원을 단락하여 제거한다. 그러면 (a)와 같이 전류가 달라진다. 이는 오옴의 법칙과 분류 및 분압의 법칙을 이용하여 해석하면 된다.

여기서는 먼저, (a)와 같이 $E = 12[V]$를 선택한 후, $E = 6[V]$을 short하여 제거하자. 크기와 방향을 고려하여 달라진 전류($I_1^{'}, I_2^{'}, I_3^{'}$)를 정의한 후, 해석한다.

$$R_T = 1 + \frac{1 \times 2}{1+2} = 1 + \frac{2}{3} = 1.66$$

$$I_T = I_1^{'} = \frac{E}{R_T} = \frac{12}{1.66} = 7.2[A]$$

$$V_{R1} = I_T \times 1 = 7.2[V]$$

$$I_2^{'} = 7.2 \times \frac{2}{1+2} = 4.8[A]$$

$$I_3^{'} = 7.2 \times \frac{1}{1+2} = 2.4[A]$$

$$V_{R2} = 4.8 \times 1 = 4.8[V]$$

$$V_{R3} = 2.4 \times 2 = 4.8[V]$$

다음으로 (b)와 같이 $E = 6[V]$를 선택한 후, $E = 12[V]$를 short하여 제거하자. 크기와 방향을 고려하여 달라진 전류($I_1^{''}, I_2^{''}, I_3^{''}$)를 정의한 후, 해석한다.

$$R_T = 1 + \frac{1 \times 2}{1+2} = 1 + \frac{2}{3} = 1.66$$

$$I_T = I_2'' = \frac{E}{R_T} = \frac{6}{1.66} = 3.6[A]$$

$$V_{R2} = I_T \times 1 = 3.6[V]$$

$$I_1'' = 3.6 \times \frac{2}{1+2} = 2.4[A]$$

$$I_3'' = 3.6 \times \frac{2}{1+2} = 1.2[A]$$

$$V_{R3} = 1.2 \times 2 = 2.4[V]$$

$$V_{R1} = 2.4 \times 1 = 2.4[V]$$

끝으로 상기에서 구한 각각의 전류를 아래와 같이 합산하면 된다. KCL법칙을 통해 확인할 수 있다.

$$I_1 = I_1' + (-I_1'') = 7.15 - 2.38 = 4.8[A]$$

$$I_2 = I_2'' + (-I_2') = 3.58 - 4.8 = -1.2[A]$$

$$I_3 = I_3' + I_3'' = 2.38 + 1.2 = 3.6[A]$$

즉, 양전원 T형 회로를 (a)와 (b)와 같이 중첩의 정리를 통하여 해석할 수 있다.

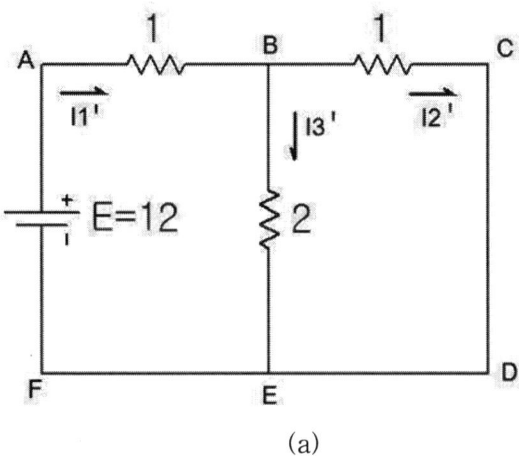

(a)

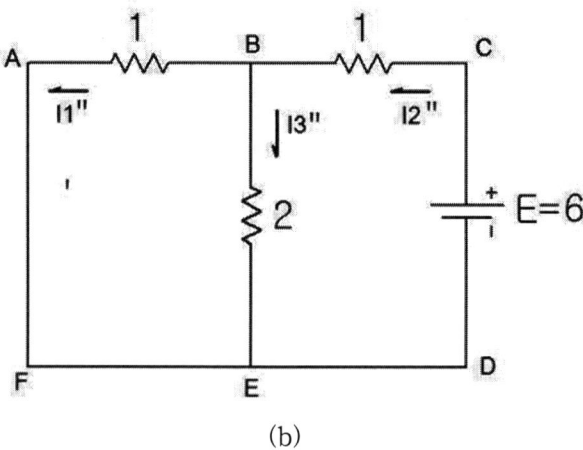

(b)

〈그림 9-7 양전원 T형 회로 : 중첩의 정리〉

(9장-6) 실험보고서

학과		학년		학번		
조		조원 성명				
실험 일시		제출 일자			기타	

1. 실험제목 : 중첩의 정리에 의한 실험
2. 계산치 및 실험결과 :

(1) 실제 실험 시의 저항은 $R_1 = 1[\mathrm{k}\Omega]$, $R_2 = 1[\mathrm{k}\Omega]$, $R_3 = 2[\mathrm{k}\Omega]$ 로 한다. 계산치와 실험결과를 비교한다.

중첩의 정리에 의한 실험				
회로	지로전류	이론치	측정치	오차
(원 회로)	I_1	4.8		
	I_2	-1.2		
	I_3	3.6		
(a) : V_2 short	$I_1^{'}$	7.15		
	$I_2^{'}$	4.8		
	$I_3^{'}$	2.38		
(b) : V_1 short	$I_1^{''}$	2.38		
	$I_2^{''}$	3.58		
	$I_3^{''}$	1.2		
확인				
$I_1 = I_1^{'} - I_1^{''} =$, $I_2 = I_2^{''} - I_2^{'} =$, $I_3 = I_3^{'} + I_3^{''} =$				

7. 가역 정리에 의한 회로 해석

가역정리는 선형 쌍방향성 수동소자로 구성된 회로는 아래와 같은 법칙이 적용된다는 것이다.

$$\frac{V_{AB}}{I_{CD}} = \frac{V_{CD}}{I_{AB}}$$

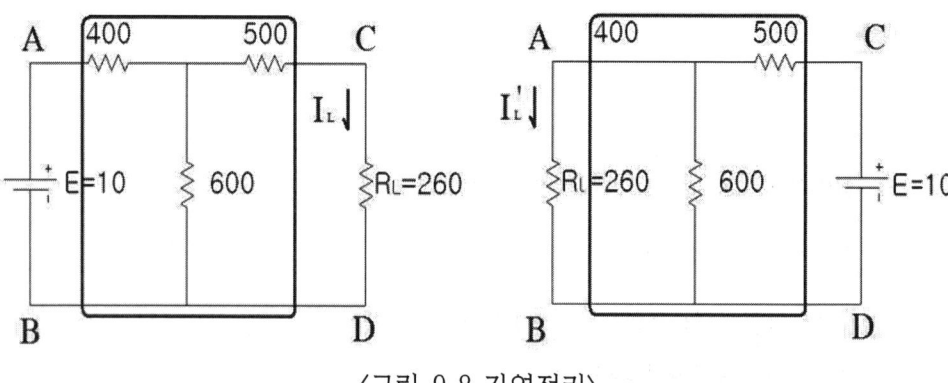

〈그림 9-8 가역정리〉

다음과 같이 테브난 정리를 이용하여 가역정리를 해석하기로 하자.

먼저, 하단의 (b)와 같이 출력단의 개방회로전압과 출력단에서 바라본 저항을 계산한 후, 부하전류를 계산한다.

$$V_{oc} = V_{th} = \frac{3k}{3k+1k} \times 5 = 3.75 [V] \tag{1}$$

$$R_{th} = R_{sc} = 2k + \frac{3k \times 1k}{3k+1k} = 2.75 [k\Omega] \tag{2}$$

$$I_L = \frac{V_{th}}{R_{th}+R_L} = \frac{3.75}{2.75k+1k} = 1 [mA] \tag{3}$$

다음, (b)'와 같이 출력단의 개방회로전압과 출력단에서 바라본 저항을 계산한 후, 부하전류를 계산한다.

$$V_{oc} = V_{th} = \frac{3K}{3K+2K} \times 5 = 3 [V] \tag{4}$$

$$R_{th} = R_{sc} = 1K + \frac{2K \times 3K}{2K + 3K} = 2.2[k\Omega] \qquad (5)$$

$$I_L = \frac{V_{th}}{R_{th} + R_L} = \frac{3}{2.2k + 1k} = 1[mA] \qquad (6)$$

그러므로 (b)와 (b)'로부터 가역정리를 확인할 수 있다.

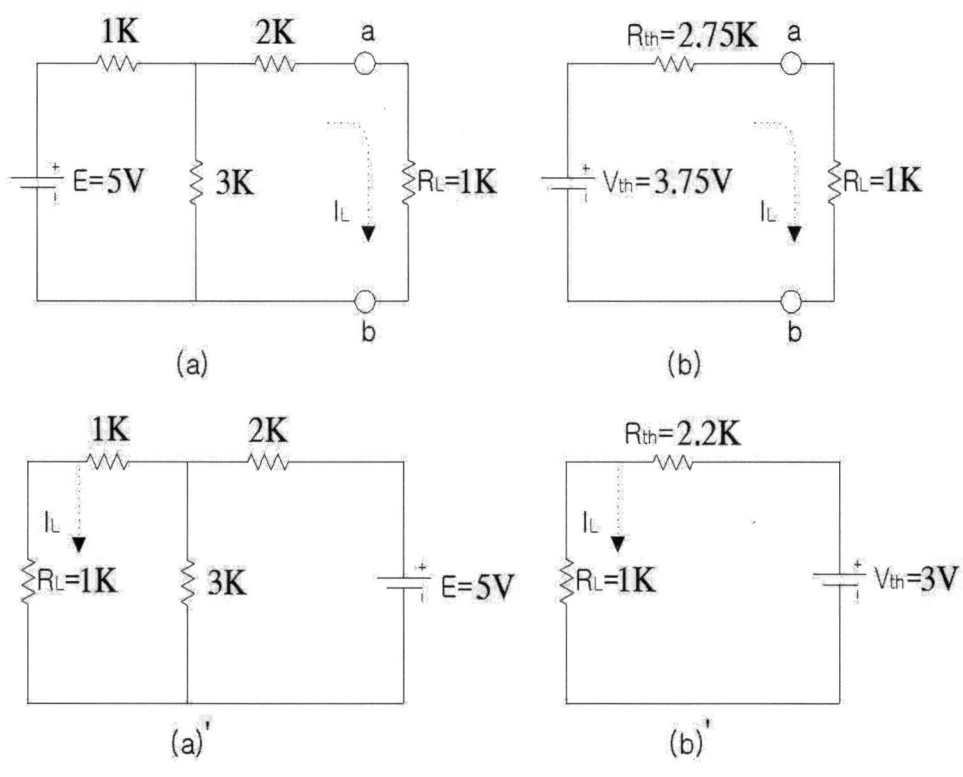

〈그림 9-9 가역정리 과정〉

전기공학 기초실험 with PSCAD

(9장-7) 실험보고서

학과		학년		학번	
조		조원 성명			
실험 일시		제출 일자		기타	

1. 실험제목 : 테브난 정리에 의한 가역정리 실험
2. 계산치 및 실험결과 :

(1) 실제 실험 시의 저항은 $R_1 = 1[k\Omega]$, $R_2 = 2[k\Omega]$, $R_3 = 3[k\Omega]$로 한다. 계산치와 실험결과를 비교한다.

Thevenin's 정리에 의한 가역정리 실험					
조건	인가전압	전류			오차
		구분	이론치	측정치	
$R_1 = 1000$, $R_2 = 2000$, $R_3 = 3000$	$V_1 = 5$	R_{th}			
		V_{th}			
		I_L			

에듀컨텐츠·휴피아
Educontents·Huepia

제10장 분류기를 이용한 전류의 측정

1. 실험 목적

일반적인 전류계는 측정범위가 제한되어 있다. 그러나 분류기(Shunt)를 사용하면 전류의 측정 범위를 확대시킬 수 있다. 실험을 통하여 적절한 분류기를 선택하는 방법을 이해하고 익힌다.

2. 실험 준비물

1. 직류전류계(100 mA)   2대
2. 회로시험기 또는 DMM(Digital Multi Meter)   1대
3. 가변저항기(500Ω)   1개
4. 분류기 저항(10 mΩ)   1개
5. Bread Board, Lead 선   적당량
6. 직류전원공급장치   1대

3. 관련 이론

전류계에서 전류를 인가할 때 크기를 지시하기 위해서는 내부에 가동코일이 있다. 가동코일은 전자석과 비슷하게 동선을 철심에 권선하므로 저항 값을 갖게 된다. 저항이 병렬로 연결되면 전류는 병렬회로를 나뉘어서 흐르게 된다. 그림 10-1에 있는 회로에서 R_A는 전류계의 내부저항이고, R_S, R_L는 각각 분류기의 저항과 부하 가변저항이다. 전류계에 흐르는 전류 I_A는 다음과 같다.

전기공학 기초실험 with PSCAD

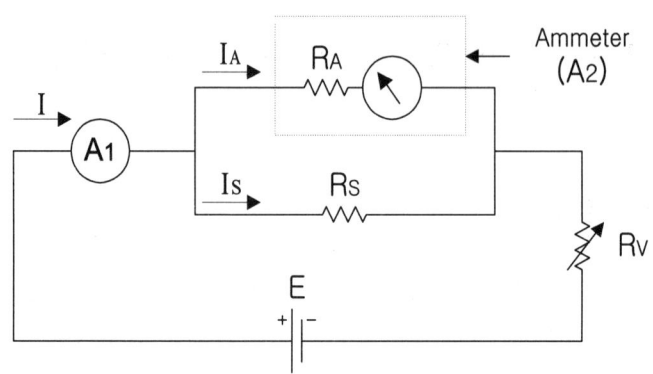

<그림 10-1 분류기를 이용한 전류 측정 회로>

$$I_A = \frac{R_S}{R_A + R_S} I \ [A] \tag{10-1}$$

분류기에 흐르는 전류 I_S 와 전체전류 I 는 다음과 같다.

$$I_S = \frac{R_A}{R_A + R_S} I \ [A] \tag{10-2}$$

$$I = I_A + I_S \ [A] \tag{10-3}$$

식 (10-1)에서 전체 전류 I 를 구하면 다음과 같다.

$$I = \left(\frac{R_A + R_S}{R_S}\right) I_A = \left(1 + \frac{R_A}{R_S}\right) I_A \ [A] \tag{10-4}$$

여기서 $m = \left(1 + \dfrac{R_A}{R_S}\right)$ 를 배율이라고 한다. 즉 분류기를 설치면 배율만큼 전류계의 측정범위를 증가시킬 수 있다.

제10장_분류기를 이용한 전류의 측정

4. 실험 순서

1. 그림 10-1과 같이 회로를 연결하여 실험한다.
2. 전원전압을 5와 10V로 인가한다.
3. 가변저항을 조정하면서 전류계 A1과 A2의 지시치를 측정하여 표에 기록한다.
4. 기록된 저항 값과 전류를 가지고 식 (10-4)을 이용하여 전체 전류 및 배율을 계산한다.
5. 분류기의 저항과 비교하여 전류계의 내부저항 값을 계산하여 표에 기록한다.

5. 실험 결과

〈표 10-1 전류 및 저항의 측정 결과〉

인가전압 E[V]	가변저항 R_L [Ω]	전류 [A]		배율 m	전류계 내부저항 R_A [Ω]
		I	I_A		
5	200				
	300				
	400				
	500				
10	200				
	300				
	400				
	500				

6. 토의 및 고찰

1. 분류기란 무엇인가 ?

2. 측정치와 계산치과 다른 이유는 어떤 원인인지 설명하라.

3. 분류기를 사용할 수 있는 장치에 대하여 설명하라.

(10장) 실험보고서

학과		학년		학번		
조		조원 성명				
실험 일시		제출 일자			기타	

1. 실험제목 : 분류기를 이용한 실험
2. 계산치 및 실험결과 :

(1) 실제 분류기 실험 시의 저항으로 가변저항기는 $R_L = 1[k\Omega]$, 분류기저항은 $R_2 = 10[m\Omega]$으로 한다. 계산치와 실험결과를 비교한다. 배율을 계산하고, 전류계의 내부저항을 계산한다.

인가전압 E[V]	가변저항 R_L [Ω]	전류 [A]		배율 m	전류계 내부저항 R_A [Ω]
		I	I_A		
10	500				
	1000				

에듀컨텐츠·휴피아
Educontents·Huepia

제11장 배율기를 이용한 전압의 측정

1. 실험 목적

일반적인 전압계는 측정범위가 제한되어 있다. 그러나 배율기(Multiplier)를 사용하면 전압의 측정 범위를 확대시킬 수 있다. 실험을 통하여 적절한 배율기를 선택하는 방법을 이해하고 익힌다.

2. 실험 준비물

1. 직류전압계(10V)   각 1대
2. 회로시험기 또는 DMM(Digital Multi Meter)   1대
3. 가변저항기(0~250 kΩ)   1개
4. Bread Board, Lead 선   적당량
5. 직류전원공급장치   1대

3. 관련 이론

전압계에서 전압을 인가할 때 크기를 지시하기 위해서는 내부에 가동코일이 있다. 가동코일은 전자석과 비슷하게 동선을 철심에 권선하므로 저항 값을 갖게 된다. 저항이 직렬로 연결되면 전압은 직렬회로에 나뉘어 인가된다. 그림 11-1에 있는 회로에서 R_V 는 전류계의 내부저항이고, R_M, R_L 는 각각 배율기의 저항과 부하 가변저항이다. 전압계에 걸리는 전압 V_V 는 다음과 같다.

$$V_V = \frac{R_V}{R_V + R_M} E \; [V] \qquad (11\text{-}1)$$

배율기에 걸리는 전압 V_M 과 전체전압 E 는 다음과 같다.

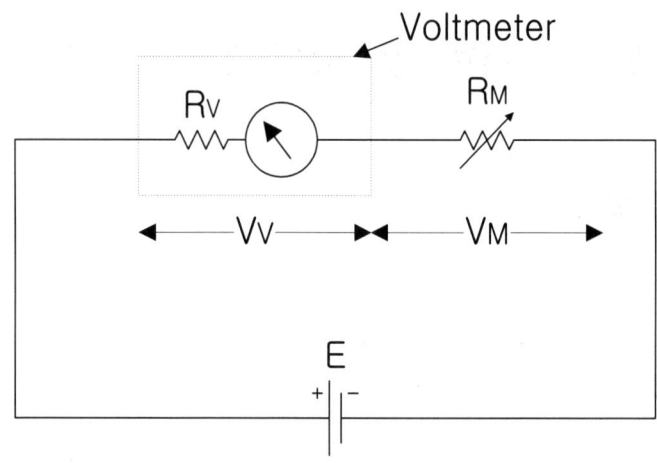

<그림 11-1 배율기를 이용한 전압 측정 회로>

$$V_M = \frac{R_M}{R_V + R_M} \ E \ [V] \tag{11-2}$$

$$E = V_V + V_M \ [V] \tag{11-3}$$

식 (11-1)에서 전체전압 E 를 구하면 다음과 같다.

$$E = \left(\frac{R_V + R_M}{R_V}\right)V_V = \left(1 + \frac{R_M}{R_V}\right)V_V \ [V] \tag{11-4}$$

여기서 $m = \left(1 + \dfrac{R_M}{R_V}\right)$ 를 배율이라고 한다. 즉 배율기를 설치하면 배율만큼 전류계의 측정범위를 증가시킬 수 있다.

4. 실험 순서

1. 그림 11-1과 같이 회로를 연결하여 실험한다.

2. 전원전압을 각각 5와 10V로 인가한다.

3. 가변저항을 조정하면서 전류계 V_V 와 V_M 의 지시치를 측정하여 표에 기록한다.

4. 기록된 저항 값과 전류를 가지고 식 (11-4)을 이용하여 전체 전류 및 배율을 계산한다.

5. 가변저항(배율기)의 저항과 비교하여 전압계의 내부 저항 값을 계산하여 표에 기록한다.

5. 실험 결과

〈표 11-1 전압 및 저항의 측정 결과〉

인가전압 E[V]	가변저항 R_M [kΩ]	전압 V		배율 m	전압계 내부저항 R_V [Ω]
		V_V	V_M		
5	100				
	150				
	200				
	250				
10	100				
	150				
	200				
	250				

6. 토의 및 고찰

1. 분류기란 무엇이며 배율기를 사용할 수 있는 장치에 대하여 설명하라.

(11장) 실험보고서

학과		학년		학번	
조		조원 성명			
실험 일시		제출 일자		기타	

1. 실험제목 : 배율기를 이용한 실험
2. 계산치 및 실험결과 :

(1) 실제 분류기 실험 시의 저항으로 가변저항기는 $R_L = 250 [\text{k}\Omega]$로 한다. 계산치와 실험결과를 비교한다. 배율을 계산하고, 전압계의 내부저항을 계산한다.

인가전압 E[V]	가변저항 R_M [kΩ]	전압 V		배율 m	전압계 내부저항 R_V [Ω]
		V_V	V_M		
10	250				
	500				

에듀컨텐츠·휴피아
Educontents·Huepia

제12장 회로시험기 사용법

1. 실험 목적

회로시험기(Tester)는 직류는 물론 교류 전압 및 전류와 저항 등을 측정할 수 있는 장비이다. 회로시험기의 구조를 이해한 후, 실험을 통하여 적절하게 회로시험기를 사용하는 방법을 이해하고 익힌다.

2. 실험 준비물

1. 회로시험기   1대
2. Resister(100, 300, 500, 1000 Ω)   각 1개
3. 직류전원공급장치   1대
4. 교류전원공급장치(0~100 V)   1대
5. Bread Board, Lead 선   적당량

3. 관련 이론

회로시험기(Tester)는 직류는 물론 교류 전압 및 전류와 저항 등을 측정할 수 있는 장비이다. 회로시험기는 한 개의 계기(구동부)를 가지고 있으며 외부의 로터리 스위치 등에 의하여 측정하고자 하는 특성을 선택할 수 있다.

1. 직류의 측정

회로시험기의 선택 스위치를 직류 전압(DCV)이나 직류전류(DCA)에 위치하면 선택된 배율에 따라 전압과 전류를 측정할 수 있다. 그림 9-1에서 볼 수 있는 것과 같이 전압계는 선택스위치로 측정하고자 하는 전압을 선택하면 배율기를 통하여 하나의 계기를 가지고 여러 가지 범위의 전압 측정이 가능함을 알 수 있다. 또한 전류를 측정할 때에도 분류기를 통하여 여러 가지 전류 측정이 가능하다.

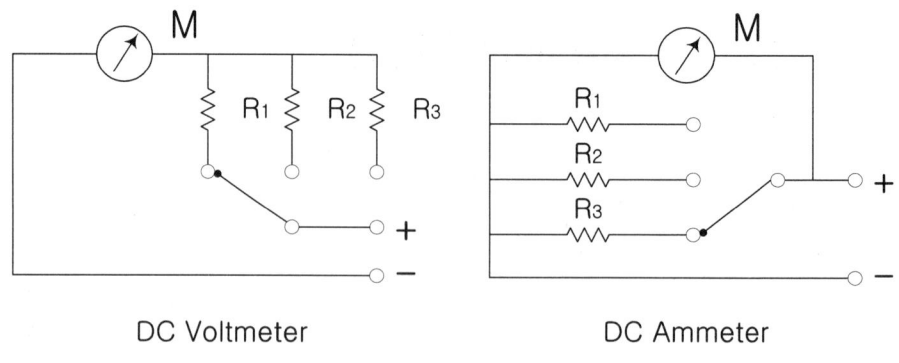

〈그림 12-1 직류 전압, 전류 측정 회로〉

2. 교류의 측정

회로시험기의 선택스위치를 교류 전압(ACV)에 위치하면 선택된 배율에 따라 전압을 측정할 수 있다. 그림 12-2에서 볼 수 있는 것과 같이 교류는 양극성(+)과 음극성(-)이 교번 하므로 계기의 지침이 심하게 교차하여 측정이 불가능하게 된다. 따라서 교류가 입력으로 인가되면 다이오드(Diode)를 통하여 정류(Rectification)하여 직류로 변환하여 측정이 가능하게 한다. 하나의 계기를 가지고 여러 가지 범위의 전압을 측정하는 것은 직류의 경우와 동일하게 배율기를 통하여 가능하다. 일반적으로 다이오드 4개를 이용하여 정류하는 회로를 전파 정류(Full Rectification) 또는 브리지 정류(Bridge Rectification)회로라고 한다.

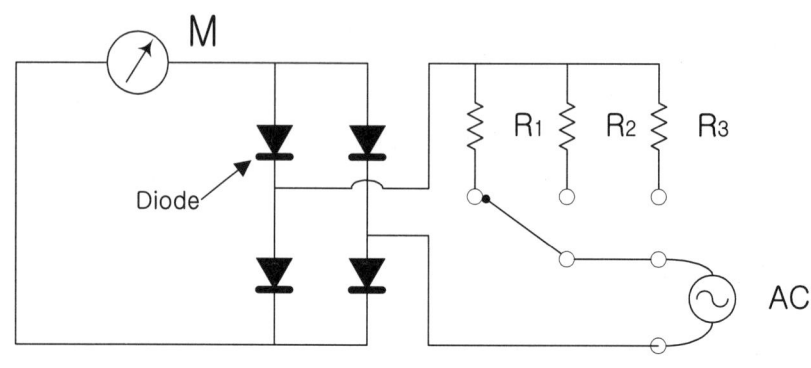

AC Voltmeter

〈그림 12-2 교류 전압 측정 회로〉

3. 저항의 측정

회로시험기의 선택스위치를 저항(R)에 위치하면 선택된 배율에 따라 저항을 측정할 수 있다. 그림 12-3에서 볼 수 있는 것과 같이 저항을 측정하기 위해서는 반드시 전압을 별도로 인가하여야 한다. 따라서 회로시험기의 내부에 별도의 건전지가 내장이 되어 있다. 하나의 계기를 가지고 여러 가지 범위의 저항을 측정하는 것은 직류의 경우와 동일하게 배율기를 통하여 가능하다.

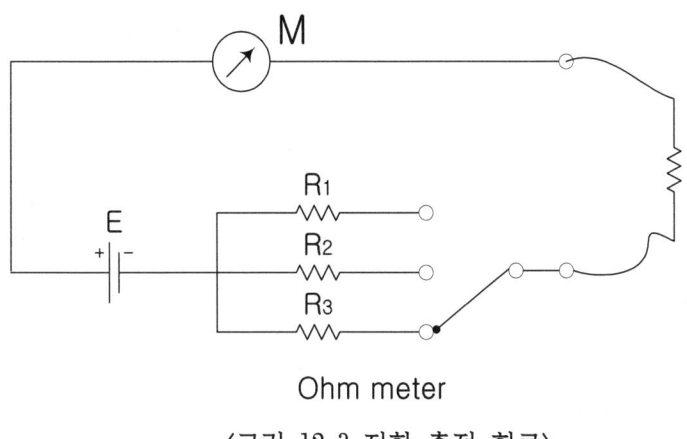

Ohm meter

〈그림 12-3 저항 측정 회로〉

4. 실험 순서

1. 그림 12-4와 같이 회로를 연결하여 실험한다.

2. R_1, R_2, R_3, R_4 저항은 각각 100, 300, 500, 1000 Ω으로 연결한다.

3. 직류 및 교류 전압은 각각 10V로 인가한다.

3. 그림 12-4의 (a)부터 (d)까지 순서대로 측정하여 표에 기록한다.

4. 측정된 각 부분의 전류를 표에 기록한다.

5. 측정된 값과 계산된 값을 비교하고 차이점을 토의 및 고찰란에 기록한다.

전기공학 기초실험 with PSCAD

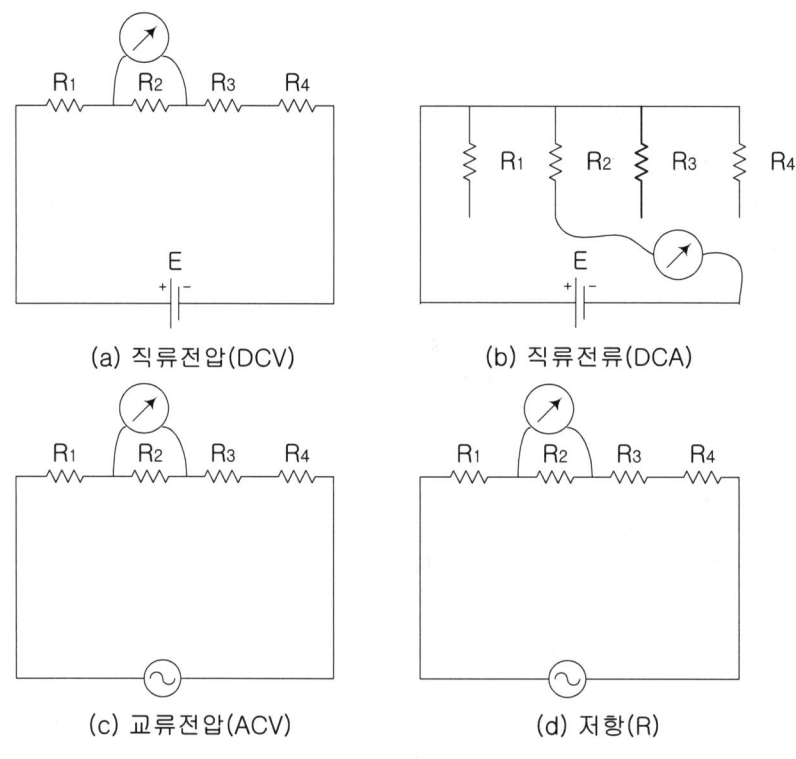

〈그림 12-4 실험 회로〉

5. 실험 결과

<표 12-1 전류 및 저항의 측정 및 계산 결과>

측정 항목		측정값	계산 값	차이
직류전압 E [V]	V_1			
	V_2			
	V_3			
	V_4			
직류전류 I [A]	I_1			
	I_2			
	I_3			
	I_4			
교류전압 E [V]	V_A			
	V_B			
	V_C			
	V_D			
저항 R [Ω]	R_1			
	R_2			
	R_3			
	R_4			

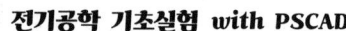

6. 토의 및 고찰

1. 측정치와 계산치과 다른 이유는 어떤 원인인지 설명하라.

2. 회로시험기를 사용하여 측정할 수 없는 것은 무엇인가. 그 이유는 무엇인지 설명하라.

(12장) 실험보고서

학과		학년		학번	
조		조원 성명			
실험 일시		제출 일자		기타	

1. 실험제목 : 회로시험기의 실험

2. 계산치 및 실험결과 :

(1) 실제 회로시험기 실험 시의 저항들은 $R_1 = 1[k\Omega]$, $R_2 = 2[k\Omega]$, $R_3 = 3[k\Omega]$, $R_4 = 4[k\Omega]$으로 한다. 계산치와 실험결과를 비교한다. 직류전압, 직류전류, 교류전압저항을 측정하고 계산하여 비교해본다. 이 실험은 저항의 직병렬실험을 수행하였을 경우, 생략할 수 있다. 교류전압실험은 교류를 배운 후에 전등부하 실험으로 대체할 수 있다.

에듀컨텐츠·휴피아
CH Educontents·Huepia

제13장 오실로스코프 사용법

1. 실험 목적

오실로스코프의 동작원리 및 기능을 이해하고 작동 방법을 습득하는데 목적이 있다. 단상 교류전압인 220[V]를 사용하기 전에 파형발생기를 이용하여 발생된 소신호를 이용하여 교류의 여러 가지 값을 이해하고 측정하고 계산한다.

2. 실험 준비물

1. 오실로스코프   1대
2. AFG(Auto Frequency Generator)   1대
3. 직류전원장치   1대
4. 교류전압조정기(Slidac)   1대
5. Bread Board, Lead 선   적당량

3. 관련 이론

어떤 교류신호의 경우, 순시치(값)(instantaneous value), 실효치(값)(root mean square value), 피크간전압치(값)(peak to peak value), 최대치(값)(maximun value), 평균치(값)(average value) 등을 복습한다. 인가전압의 순시치가 $v = 3\sin120\pi t[V]$일 때 전압의 여러 가지 값은 아래와 같다.

$$V_{pp} = 2 \times V_m = 2 \times 3 = 6[V]$$

$$V_{rms} = \frac{V_m}{\sqrt{2}} = \frac{3}{1.414} = 0.707 \times 3 = 2.121[V]$$

$$V_{av} = \frac{2}{\pi} \times V_m = 0.636 \times V_m = 0.636 \times 3 = 1.9108 [V]$$

$$V_{pp} = 2 \times \sqrt{2} V_{rms} = 2 \times 1.414 \times V_{rms} = 2 \times 1.414 \times 2.121 = 6 [V]$$

오실로스코프는 시간에 따른 파형을 측정하는 장치로 CRO(Cathode Ray Oscilloscope) 또는 스코프로 일반적으로 통칭한다. 그림 13-1에서 보여지는 것과 같이 전자총(Electron gun), 수직 편향판(Vertical deflection plate), 수평 편향판(Horizontal deflection plate) 및 형광면(Fluorescent screen)으로 구성된다.

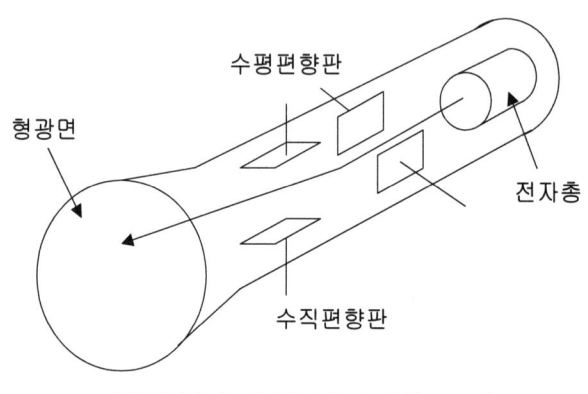

〈그림 13-1 오실로스코프의 구조〉

사용 방법은 다음과 같다.

① INTENSITY: CRT의 휘도를 조절

② TRACE ROTATION: CRT의 수평선과 일치하도록 조정

③ FOCUS: 소인선이 가늘고 선명하게 되도록 조정

④ VOLTS/DIV: 수직 편향감도를 선택하는 단계별 감쇄기로 입력신호의 크기에 관계없이 파형 측정이 가능하며, 파형 관측이 용이하도록 적절한 위치에 놓고 사용

⑤ TIME/DIV: 주시간의 간격을 조정하며 파형 관측이 용이하도록 적절한 위치에 놓고 사용

⑥ VARIABLE: 수직 편향감도를 연속적으로 변화시킬 때 사용하는 미세조정기로서 반시계 방향으로 돌리면 감쇄비가 지시 치의 1/2.5 이하가 됨.

⑦ POSITION: 수직축 파형을 이동시킬 때 사용

⑧ V-MODE: 수직축의 표시형태를 선택하는데 사용

　CH1: CH1에 입력된 신호만 CRT에 표시

　CH2: CH2에 입력된 신호만 CRT에 표시

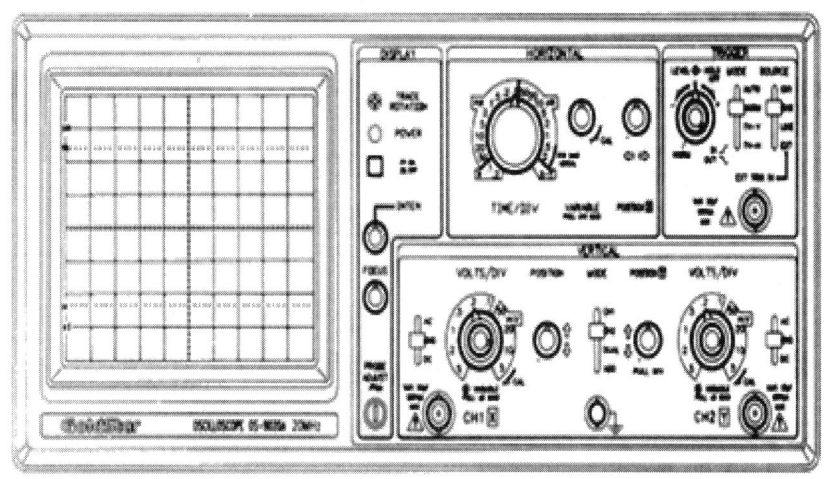

〈그림 13-2 오실로스코프의 전면부〉

전기공학 기초실험 with PSCAD

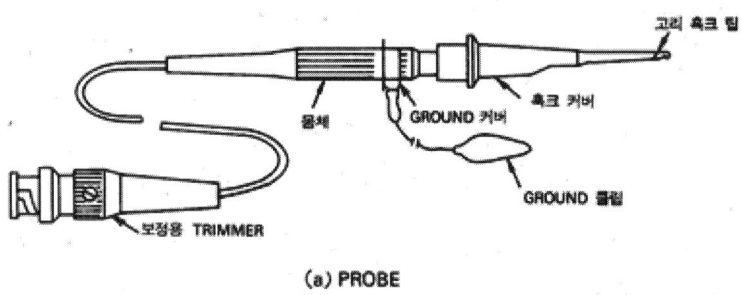

(a) PROBE

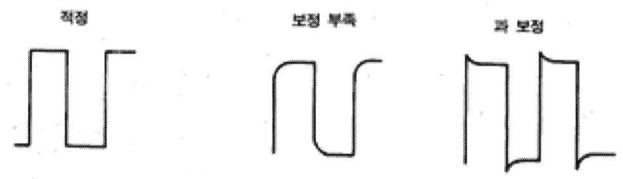

(b) 교정용 구형파에 의한 PROBE 보정

〈그림 13-3 Probe 및 보정 파형〉

　　DUAL: CH1, CH2에 입력된 두신호를 동시에 CRT에 표시

⑨ PULL×10MAG: 스위치를 당기면 소인 시간이 10배가 된다.

⑩ HOLD OFF: 주소인의 HOLD OFF 시간을 변경시킴으로 복잡한 신호를 확실하게 동기시킨다.

⑪ EXT TRIG IN: 외부동기신호를 TRIGGER 회로에 연결할 때 사용

⑫ CAL 단자 :PROBE 보정과 수직증폭기의 교정을 위한 구형파(0.5V, 1kHz)를 출력

⑬ PROBE 사용: 감쇄 스위치를 1×에 놓고 측정할 경우는 직접연결이 되며, 10×에 놓고 측정할 경우는 입력 신호가 1/10으로 감소하므로 측정범위를 10배로 늘릴 수가 있음.

⑭ 그림 13-3에서 보면 구형파의 모양에 따라 보정 여부를 알 수 있으며 필요한 경우에는 프로브의 트리머를 조정하여 보정한다.

제13장_오실로스코프 사용법

4. 실험 순서

1. 교류전압의 측정: SLIDAC를 이용하여 각각 5V, 10V의 AC에 프로브를 연결하고 측정한다. 이때 주의사항은 스코프의 VOLTS/DIV 단자가 반드시 프로브의 배율을 고려하여 CRT 범위를 넘지 않도록 위치하여야 한다. 측정된 파형을 그래프에 그리고 표에 결과를 기록한다. 이때 p-p는 양의 최대치와 음의 최대치의 차이이며, 실효값과 평균치는 주기가 T일 때 아래의 식에 따른다.

$$평균치(mean\ Value) = \frac{1}{T}\int_0^\pi V\ dt \qquad (13\text{-}1)$$

$$실효치(r.m.s.\ Value) = \sqrt{\frac{1}{T}\int_0^\pi V^2\ dt} \qquad (13\text{-}2)$$

2. 직류전압의 측정: 직류전원장치를 이용하여 각각 5V, 10V의 DC에 프로브를 연결하고 측정한다. 이때 주의사항은 스코프의 VOLTS/DIV 단자는 반드시 프로브의 배율을 고려하여 CRT 범위를 넘지 않도록 위치하여야 한다.

3. 구형파의 측정: AFG를 이용하여 각각 1V와 3V의 구형파에 프로브를 연결하고 측정한다. 이때 주의사항은 스코프의 VOLTS/DIV 단자가 반드시 프로브의 배율을 고려하여 1V 이상에 위치하여야 한다. Duty Cycle 계산은 아래의 식에 따른다.

$$Duty\ Cycle = \frac{Pulse\ Width}{Period} \times 100\ [\%] \qquad (13\text{-}3)$$

4. PROBE 2개를 이용하여 직류와 교류를 동시에 측정한다. 인가전압은 표에 따라 각각 인가한다.

5. 주요 실험 사항을 토의 및 고찰란에서 설명한다.

▶ TIP : Phasor

　Magnitude (Amplitude)와 Phase angle로 표시한다.

▶ TIP : 상차각 = 두 신호의 위상차

　어떤 디지털신호의 샘플링주파수가 720[Hz]인 경우(12 Sample/Cycle), 두 신호의 위상차(phase angle difference)는 1 샘플차이가 난다고 한다. 이 때 두 신호는 몇 도의 위상차가 발생하는가?

$$\theta = \frac{time\ difference}{time\ of\ one\ period} \times 360°$$

$$30° = \frac{1.389[ms]}{16.67[ms]} \times 360°$$

5. 실험 결과

1. 교류전압의 측정

<표 13-1 교류전압의 측정>

인가전압 V	OSC 측정하는 전압				주파수[Hz]	DMM 측정 실효값 [V]
	Peak to Peak 전압	실효치	평균치	최대치		
$3\sin 120\pi t$						
$5\sqrt{2}\sin 2000\pi t$						

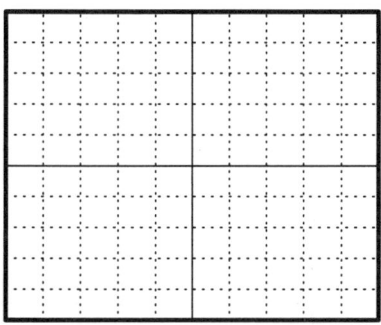

VOLTS/DIV	
TIME/DIV	
PROBE	

VOLTS/DIV	
TIME/DIV	
PROBE	

2. 구형파의 측정

<표 13-2 구형파의 측정>

인가전압 V [rms]	주파수[Hz]	펄스폭	전압 p-p	DUTY CYCLE
3	10			
	100			
	1000			
5	10			
	100			
	1000			

VOLTS/DIV	
TIME/DIV	
PROBE	

VOLTS/DIV	
TIME/DIV	
PROBE	

제13장_오실로스코프 사용법

3. 교류-직류전압의 측정

〈표 13-3 교류-직류전압의 측정〉

인가전압 V		교류실효값 (rms) V	주파수[Hz]
직류	교류		
3	5		
5	10		

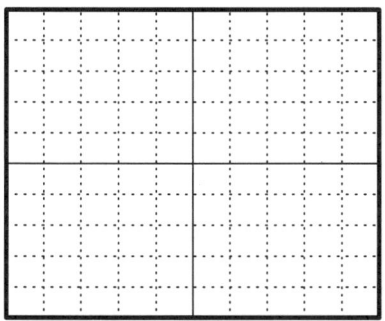

VOLTS/DIV	
TIME/DIV	
PROBE	

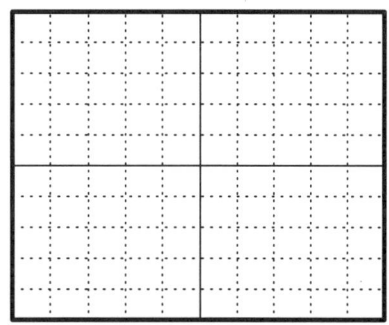

VOLTS/DIV	
TIME/DIV	
PROBE	

6. 토의 및 고찰

1. 오실로스코프의 최대 측정 범위에 대하여 설명하라.

2. 구형파와 정현파의 평균값과 실효값에 대하여 설명하라.

3. 오실로스코프로 전류는 직접 측정할 수 없다. 측정할 수 있는 방법을 조사하라.

(13장) 실험보고서

학과		학년		학번		
조		조원 성명				
실험 일시		제출 일자		기타		

1. 실험제목 : 오실로스코프 실험

2. 계산치 및 실험결과 :

⑴ 파형발생기로 발생시킨 순시치 교류파형의 신호를 측정하고 모눈종이에 옮겨 그린다.

⑵ 파형발생기로 발생시킨 구형파의 여러 가지를 측정하고 모눈종이에 옮겨 그린다.

⑶ 교류신호의 분배법칙을 실험한다. 입력신호와 출력신호를 비교하며, 모눈종이에 옮겨 그린다. 이때 파형은 $3\sin 2\pi ft$일 경우, 주파수(f)를 60[Hz] 또는 1000[Hz]을 선정하여 각각 실험한다. 만약, Vrms값이 이상할 경우, 먼저, Ground를 체크하고, DC → AC x, Probe 적색 +(배율)을 체크한다.

⑷ 교류신호의 분배법칙을 실험한다. 입력 교류신호가 $3\sin 2\pi ft$ 인 경우, 주파수 (f)가 1000[Hz]일 때 교류신호의 분배법칙을 실험한다.

먼저, 두 개의 직렬저항이 동일한 경우를 실험한다.

$R_1 = 1k, R_2 = 1k\Omega$, $f = 1000[Hz]$, $Vpp = 6[V]$, $v = 3\sin wt = 3\sin 2\pi 1000 t [V]$ 일 경우, 실효치는 다음과 같이 된다.

$$V_{rms} = \frac{V_m}{\sqrt{2}} = \frac{\frac{V_{pp}}{2}}{1.414} = \frac{V_{pp}}{2\sqrt{2}} = \frac{6}{2\sqrt{2}} = \frac{3}{\sqrt{2}} = 2.121 [V]$$

$$V_{R1} = 2.121 \times \frac{1}{1+1} = 1.0608[V]$$

$$V_{R2} = 2.121 \times \frac{1}{1+1} = 1.0608[V]$$

그러므로 $E = V_{R1} + V_{R2} = 2.121[V]$가 되는 것을 알 수 있다.

다음은 두 개의 직렬저항이 상이한 경우를 실험한다.

$R_1 = 1k, R_2 = 2k\Omega$, $f = 1000[Hz]$, $Vpp = 6[V]$, $v = 3\sin wt = 3\sin 2\pi 1000t [V]$ 일 경우, 실효치는 다음과 같이 된다.

$$V_{rms} = \frac{V_m}{\sqrt{2}} = \frac{\frac{V_{pp}}{2}}{1.414} = \frac{V_{pp}}{2\sqrt{2}} = \frac{6}{2\sqrt{2}} = \frac{3}{\sqrt{2}} = 2.121[V]$$

$$V_{R1} = 2.121 \times \frac{1}{1+2} = 0.707[V]$$

$$V_{R2} = 2.121 \times \frac{2}{1+1} = 1.414[V]$$

그러므로 $E = V_{R1} + V_{R2} = 2.121[V]$가 되는 것을 확인할 수 있다.

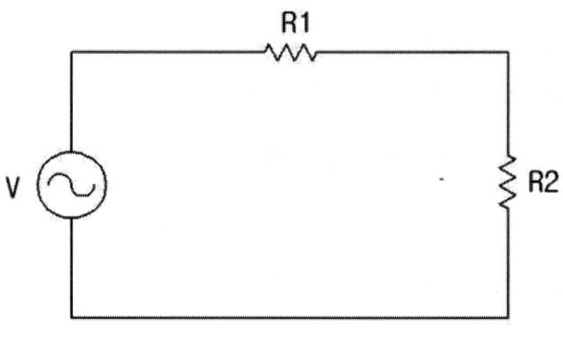

〈그림 13-4 교류의 분배법칙〉

제13장_오실로스코프 사용법

인가전압 신호전압	R1 (고정)	R2 (가변)	R2				
			Vpp	Vrms	Vavg	Vmax	DMM
실효치 2.12[V] 주파수 60[Hz]	1000	1000					
		2000					

인가전압 신호전압	R1 (고정)	R2 (가변)	R2				
			Vpp	Vrms	Vavg	Vmax	DMM
실효치 2.12[V] 주파수 1[kHz]	1000	1000					
		2000					

(5) f = 60Hz인 어떤 두 신호가 있다. 두 신호의 위상차가 10도이다. 이 두 신호의 위상차는 몇 rad인가?

$$10:360 = X:2\pi, \quad X = \frac{10 \times 2 \times 3.1415926}{360} = 0.174533 [\text{rad}]$$

(6) f = 60Hz인 어떤 두 신호가 있다. 두 신호의 위상차가 10도이다. 이 두 신호의 시간차는 몇 ms인가?

$$10:360 = X:16.67\text{ms},$$

$$X = \frac{10 \times 16.67 \times 0.001}{360} = 0.0000463880 = 4.63889 \times 10^{-5} [\text{ms}]$$

(6) 아래의 경우, 실험을 하여 표에 기록한다. 여러 가지 전압의 크기를 계산한 후 실험의 값과 비교한다.

인가입력 신호전압	R1 (고정)	R2 (가변)	R2				
			Vpp	Vrms	Vavg	Vmax	DMM
실효치 5[V] 주파수 60[Hz]	500	250					
		500					
		1000					

제14장_커패시터의 직병렬 접속

제14장 커패시터의 직병렬 접속

1. 실험 목적

커패시터(Capacitor)를 직렬과 병렬로 혼합하여 연결하였을 때 전압계와 전류계를 이용하여 측정된 값을 가지고 저항을 계산하며 이론적으로 계산된 값과 비교하여 일치하는가를 확인하는데 있다.

2. 실험 준비물

1. 교류전압계(0~10V)   1대
2. 교류전류계(0~500mA)   1대
2. 회로시험기 또는 DMM   1대
3. 커패시터(10, 20, 50, 100 μF 등 여러 가지 전압용)   각 1개
4. Bread Board, Lead 선   적당량
5. 교류전원공급장치   1대

3. 관련 이론

커패시터에서 양극의 단면적이 A이고 양극의 거리가 d 일 때 양극사이에 유전율이 ϵ 이라고 하면 정전용량은 다음과 같다.

$$C = \epsilon \frac{A}{d} = \epsilon_0 \epsilon_r \frac{A}{d} \ [F] \tag{14-1}$$

위 식에서 ϵ_0 는 진공의 유전율로 8.854×10^{-12} [F/m]이며, ϵ_r 은 진공을 1로 하였을 때의 물질의 비유전율이다.

커패시터를 직렬과 병렬 혼합하여 연결할 경우 전체 저항은 직렬과 병렬의 저

항을 각각 구한 후 합산하면 되고 다음과 같다.

$$C_T = C_{직렬} + C_{병렬} \ [F] \tag{14-2}$$

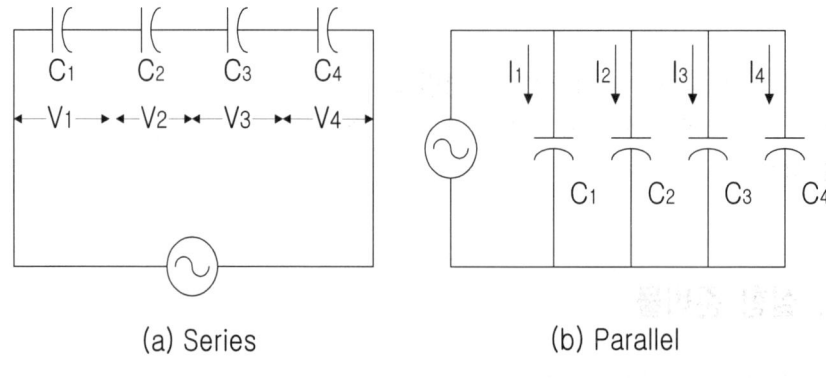

(a) Series (b) Parallel

〈그림 14-1 직렬 및 병렬 커패시터의 측정 회로〉

커패시터가 병렬인 경우에는 식 (14-1)에서 알 수 있듯이 면적 A가 넓어지므로 비례하여 증가하며 다음과 같다.

$$C_T = C_1 + C_2 + C_3 + \ldots \ [F] \tag{14-3}$$

커패시터가 직렬인 경우에는 식 (14-1)에서 알 수 있듯이 거리 d 가 길어지므로 비례하여 감소하며 다음과 같다.

$$\frac{1}{C_T} = \frac{1}{C_1} + \frac{1}{C_2} + \frac{1}{C_3} + \ldots \ [F] \tag{14-4}$$

주파수에 따른 커패시터의 용량성리액턴스(Capacitive reactance)를 구하면 다음과 같다.

$$X_C = \frac{1}{\omega C} = \frac{1}{2\pi fC} \ [\Omega] \tag{14-5}$$

제14장_커패시터의 직병렬 접속

커패시터에 충전된 전하량을 구하면 다음과 같다.

$$Q = CV [C] \qquad (14\text{-}6)$$

커패시터의 병렬 회로에서는 전압 값이 동일하며 직렬의 경우 전압은 다음과 같다.

$$V = V_1 + V_{2+}V_3 + \ldots \qquad (14\text{-}7)$$
$$= I\ X_{CT} = I\ X_{CT1} + I\ X_{CT2} + I\ X_{CT3} + \ldots\ [V]$$

커패시터의 직렬 회로에서는 전류 값이 동일하며 병렬의 경우 전류는 다음과 같다.

$$I = I_1 + I_{2+}I_3 + \ldots \qquad (14\text{-}8)$$
$$= \frac{V}{X_{CT}} = \frac{V}{X_{C1}} + \frac{V}{X_{C2}} + \frac{V}{X_{C3}} + \ldots\ [A]$$

▶ TIP : 인덕터와 커패시터의 특성

교류에서의 커패시터의 값은 용량성리랙턴스로서 직류에서는 무한대 즉, 개방회로이며 교류에서는 제로, 즉, 단락회로를 나타낸다. 교류에서의 인덕터의 값은 유도성리랙턴스로서 직류에서는 제로 즉, 단락회로이며 교류에서는 무한대, 즉, 개방회로를 나타낸다. 교류에서는 전압과 전류의 크기뿐만 아니라 위상도 관찰해야 한다. LCR미터를 이용하여 크기를 측정할 수 있으며 오실로스코프로 위상과 크기를 측정할 수 있다.

---

4. 실험 순서

1. 그림 14-1의 C_1에서 C_4를 각각 10, 20, 50, 100 μF으로 연결하여 실험한다. 전해콘덴서를 사용하는 경우 반드시 극성에 유의하여 결선하여야 한다.

2. 전원전압을 교류 10V로 인가한 후 각 부분의 전압계의 지시치를 표에 기록한다. 실험을 반복할 때에는 커패시터에 충전전하가 남아 있으므로 반드시 커패시터의 양단자를 단락시켜 방전시킨 후에 실험하여야 한다.

3. 주어진 식을 이용하여 측정된 전압과 가지고 커패시터를 계산하여 기록한다.

4. 커패시터의 정격을 이용하여(공차는 무시함) 표에 기록한다.

5. 식 (14-6)에서 전체 C에 의한 Q 계산 시는 커패시터에 주어진 값을 식 (14-3)과 (14-4)를 이용하여 구한다.

6. 측정된 커패시터와 계산된 커패시터의 차이점을 토의 및 고찰란에서 설명한다. 이때는 커패시터의 오차, 계측기의 오차 등을 고려하여야 한다.

먼저, 커패시터의 직렬회로를 통해 분압의 법칙에 대하여 알아보자.

$$V_1 = V_{C1} = jX_{C1}I = \frac{-j}{2\pi fC_1} \times I$$

$$V_2 = V_{C2} = jX_{C2}I = \frac{-j}{2\pi fC_2} \times I$$

KVL에 의하면, $E = V_R + V_{C1} + V_{C2}$가 된다.

$$E = (R + jX_{C1} + jX_{C2})I = (R + \frac{-j}{2\pi fC_1} + \frac{-j}{2\pi fC_2})I$$

제14장_커패시터의 직병렬 접속

커패시터의 저항은 아주 작으므로 무시하면, 전체전압을 E 라고 하면, KVL에 의하여 $E = V_C = V_{C1} + V_{C2}$ 가 된다.

$$V_{C1} = V_C \times \frac{X_{C1}}{X_{C1} \times X_{C2}} = V_C \times \frac{C_2}{C_1 \times C_2}$$

$$V_{C2} = V_C \times \frac{X_{C2}}{X_{C1} \times X_{C2}} = V_C \times \frac{C_1}{C_1 \times C_2}$$

가 되어 각 커패시터에 걸리는 전압은 그 코일의 C값에 반비례한다.

$$V_{C1} \propto \frac{1}{C_1}, \quad V_{C2} \propto \frac{1}{C_2}$$

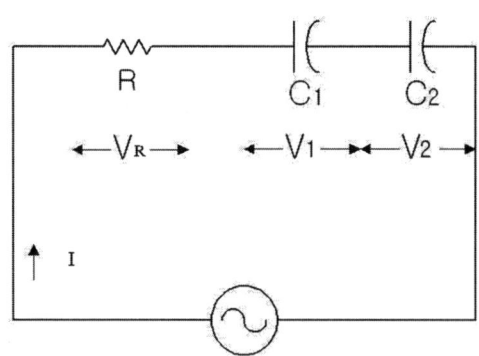

〈그림 14-2 커패시터의 직렬회로〉

다음으로, 커패시터의 병렬회로를 통해 분류의 법칙에 대하여 알아보자.

전체전류를 I 라고 하면, KCL에 의하여 아래와 같다. 커패시터의 저항은 아주 작으므로 무시하면,

$$I = I_1 + I_2 = I_{C1} + I_{C2}$$

$$E = V_R + V_C = IR + I \times \frac{1}{jX_C}$$

가 된다. 그러므로

$$I = I_1 + I_2 = I_{C1} + I_{C2}$$

$$\frac{V_R}{R} = (\frac{1}{jX_{C1}} + \frac{1}{jX_{C2}})V_C = \frac{V_{C1}}{jX_{C1}} + \frac{V_{C2}}{jX_{C2}} = \frac{V_C}{jX_{C1}} + \frac{V_C}{jX_{C2}}$$

$$I_1 = I \times \frac{C_1}{C_1 + C_2}, \quad I_2 = I \times \frac{C_2}{C_1 + C_2}$$

그러므로, 커패시터의 직병렬의 특성은 인덕턴스와 저항의 성질과 상반되는 것을 알 수 있다.

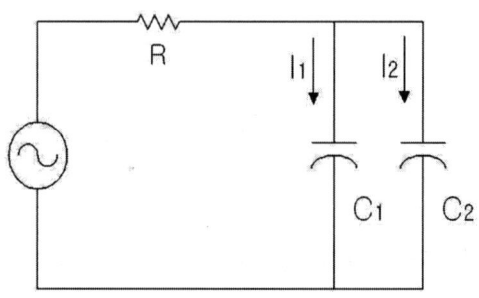

〈그림 14-3 커패시터의 병렬회로〉

제14장_커패시터의 직병렬 접속

5. 실험 결과

〈표 14-1 커패시터 직렬회로 결과〉

측정전류	측정전압	시험에 의한 커패시터	정격에 의한 커패시터	커패시터의 차이 값
I	V_1	C_1	C_1	C_1
	V_2	C_2	C_2	C_2
	V_3	C_3	C_3	C_3
	V_4	C_4	C_4	C_4

〈표 14-2 커패시터 병렬회로 결과〉

측정전압	측정전류	시험에 의한 커패시터	정격에 의한 커패시터	커패시터의 차이 값
V	I_1	C_1	C_1	C_1
	I_2	C_2	C_2	C_2
	I_3	C_3	C_3	C_3
	I_4	C_4	C_4	C_4

전기공학 기초실험 with PSCAD

〈표 14-3 커패시터의 직렬회로 결과〉

측정전류 I [A]	측정전압 [V]	시험치 용량리액턴스, 커패시턴스		이론치 용량성 리액턴스 [Ω]	(정격) 이론치 정전용량 [uF]	합성 리액턴스와 정전용량
	V_{C1}	r_1		$XC_1 = \dfrac{V_{C1}}{I}$	$C_1 = \dfrac{1}{\omega X_{C1}}$	XC
		XC_1				
		C_1				
	V_{C2}	r_2		$XC_2 = \dfrac{V_{C2}}{I}$	$C_2 = \dfrac{1}{\omega X_{C2}}$	C
		XC_2				
		C_2				

〈표 14-4 커패시터의 직렬회로 결과〉

측정전류 I [A]	측정전압 [V]	시험치		정격값(이론치)		커패시터의 차이값
		정전용량 [uF]	리액턴스 [Ω]	정전용량 [uF]	리액턴스 [Ω]	
	V_{C1}	C_1	X_{C1} $\dfrac{V_{C1}}{I}$	C_1 $\dfrac{1}{\omega X_{C1}}$	X_{C1}	
	V_{C2}	C_2	X_{C2} $\dfrac{V_{C2}}{I}$	C_2 $\dfrac{1}{\omega X_{C2}}$	X_{C2}	

〈표 14-5 커패시터의 병렬회로 결과〉

측정전압 V [V]	측정전류 [A]	시험치		정격값(이론치)		커패시터의 차이값
		정전용량 [uF]	리액턴스 [Ω]	정전용량 [uF]	리액턴스 [Ω]	
	I_{C1}	C_1	X_{C1}	C_1	X_{C1}	
	I_{C2}	C_2	X_{C2}	C_2	X_{C2}	

6. 토의 및 고찰

1. 측정치와 계산치과 다른 이유는 어떤 원인인지 설명하라.

2. 커패시터의 종류에 대하여 설명하라.

3. 커패시터의 직병렬 회로와 저항의 직병렬 회로의 관계를 비교하라.

4. 커패시터가 직류와 교류일 때의 특성에 대하여 생각한다.

전기공학 기초실험 with PSCAD

(14장) 실험보고서

학과		학년		학번		
조		조원 성명				
실험 일시		제출 일자			기타	

1. 실험제목 : 커패시터의 직병렬 실험

2. 계산치 및 실험결과 :

(1) 커패시터 두 개가 직렬연결되어 있을 경우, 전체전류는 일정하고 커패시터에 걸리는 전압의 합은 전체전압의 합과 동일한지를 계산과 실험으로 확인한다. 또한, 커패시터의 직렬연결에서 분압의 법칙을 확인한다.

여기서, $E = V_s = 5V, C_1 = 40\mu F, C_2 = 20\mu F, f = 60Hz$인 경우는 아래와 같다.

$$C_T = \frac{C_1 \times C_2}{C_1 + C_2} = \frac{40\mu \times 20\mu}{40\mu + 20\mu} = 0.0001[F]$$

$$X_{C1} = \frac{1}{2\pi f C_1} = 66.314596[\Omega]$$

$$X_{C2} = \frac{1}{2\pi f C_2} = 132.629119[\Omega]$$

$$X_C = \frac{X_{C1} \times X_{C2}}{X_{C1} + X_{C2}} = 44.20972256[\Omega] = Z$$

$$I = \frac{E}{Z} = \frac{5}{Z} = \frac{5}{44.20972256} = 0.113097294[A]$$

$$V_{C1} = V_C \times \frac{X_{C2}}{X_{C1} + X_{C2}} = 5 \times \frac{132.629119}{66.314596 + 132.629119} = 3.3333[V]$$

$$V_{C2} = V_C \times \frac{X_{C1}}{X_{C1} + X_{C2}} = 5 \times \frac{66.314596}{66.314596 + 132.629119} = 1.6667[V]$$

$$E = V_{C1} + V_{C2} = 5[V]$$

측정전류 I [A]	측정전압 [V]	시험치		정격값(이론치)		커패시터의 차이값
		정전용량 [μF]	리액턴스 [Ω]	정전용량 [μF]	리액턴스 [Ω]	
	V_{C1}	C_1	X_{C1} $\frac{V_{C1}}{I}$	C_1 $\frac{1}{\omega X_{C1}}$	X_{C1}	
	V_{C2}	C_2	X_{C2} $\frac{V_{C2}}{I}$	C_2 $\frac{1}{\omega X_{C2}}$	X_{C2}	

(2) 커패시터 두 개가 병렬연결되어 있을 경우, 전체전압은 일정하고 커패시터에 흐르는 전류의 합은 전체전류의 합과 동일한지를 계산과 실험으로 확인한다. 또한, 커패시터의 병렬연결에서 분류의 법칙을 확인한다.

여기서, $E = 5V, C_1 = 40\mu F, C_2 = 20\mu F, f = 60Hz$인 경우는 아래와 같다.

$$C_T = C_1 + C_2 = 40\mu F + 20\mu F = 60[\mu F]$$

$$X_{C1} = \frac{1}{2\pi f C_1} = 66.314596[\Omega]$$

$$X_{C2} = \frac{1}{2\pi f C_2} = 132.629119[\Omega]$$

$$X_C = X_{C1} + X_{C2} = 66.314596 + 132.629119 = 198.943715[\Omega] = Z$$

제14장_커패시터의 직병렬 접속

$$I = \frac{E}{Z} = \frac{5}{Z} = \frac{5}{198.943715} = 0.025132737[A]$$

$$I_{C1} = I \times \frac{X_{C2}}{X_{C1} + X_{C2}} = I \times \frac{C_1}{C_1 + C_2} = 0.008377579[A]$$

$$I_{C2} = I \times \frac{X_{C1}}{X_{C1} + X_{C2}} = I \times \frac{C_2}{C_1 + C_2} = 0.01675518[A]$$

$$I = I_{C1} + I_{C2} = 0.0025132737[A]$$

측정전압 E[V]	측정전류 [A]	시험치		정격값(이론치)		커패시터의 차이값
		정전용량 [μF]	리액턴스 [Ω]	정전용량 [μF]	리액턴스 [Ω]	
	I_{C1}	C_1	X_{C1}	C_1	X_{C1}	
	I_{C2}	C_2	X_{C2}	C_2	X_{C2}	

(3) $E = V_{rms} = 5V, C_1 = 10uF, C_2 = 10uF, f = 60Hz$인 경우, 직렬연결과 병렬연결인 경우, 커패시터의 값, 분압되는 전압 및 분류되는 전류를 계산하여 본다.

(4) $E = V_{rms} = 5V, C_1 = 10uF, C_2 = 20uF, f = 60Hz$인 경우, 직렬연결과 병렬연결인 경우, 커패시터의 값, 분압되는 전압 및 분류되는 전류를 계산하여 본다.

제15장 인덕터(Inductor)의 직병렬 접속

1. 실험 목적

인덕터(일반적으로 코일이라고 함.)를 직렬과 병렬로 혼합하여 연결하였을 때 전압계와 전류계를 이용하여 측정된 값을 가지고 저항을 계산하며 이론적으로 계산된 값과 비교하여 일치하는가를 확인하는데 있다.

2. 실험 준비물

1. 교류전압계(10 V)   1대
2. 교류전류계(1 A)   1대
3. 회로시험기 또는 DMM   1대
4. 인덕터(10, 20 mH)   각 1개
5. Bread Board, Lead 선   적당량
6. 교류전원공급장치   1대

3. 관련 이론

N 턴의 코일에 전류 I 가 인가되면 총쇄교자속수(Total flux linkage)는 다음과 같다.

$$\Lambda = N\Phi = LI \tag{15-1}$$

인덕터가 충분한 거리를 가지고 solenoid 형태로 구성되었을 때 코일의 단면적이 A이고 감겨진 거리가 l 일 때 내부 자성재료의 투자율이 μ 라고 하면 인덕턴스는 다음과 같다.

$$L = \frac{\Lambda}{I} = \frac{\mu_0 \mu_r N^2 A}{l} = [H] \tag{15-2}$$

위 식에서 μ_0 는 진공의 투자율이고 μ_r 은 진공을 1로 할 때의 비투자율이다.

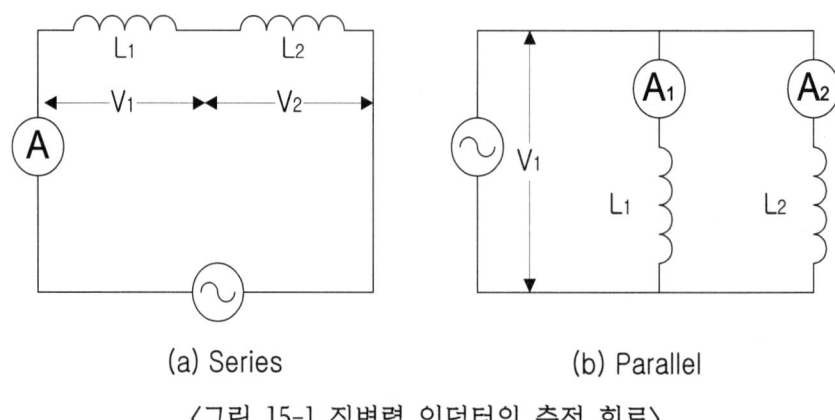

(a) Series   (b) Parallel

〈그림 15-1 직병렬 인덕터의 측정 회로〉

인덕터를 직렬과 병렬 혼합하여 연결할 경우 전체 저항은 직렬과 병렬의 저항을 각각 구한 후 합산하면 되고 다음과 같다.

$$L_T = L_{직렬} + L_{병렬} [H] \tag{15-3}$$

인덕터가 직렬인 경우에는 비례하여 증가하며 다음과 같다.

$$L_T = L_1 + L_2 + L_3 + \dots [H] \tag{15-4}$$

인덕터가 병렬인 경우에는 비례하여 감소하며 다음과 같다.

$$\frac{1}{L_T} = \frac{1}{L_1} + \frac{1}{L_2} + \frac{1}{L_3} + \dots [H] \tag{15-5}$$

제15장_인덕터(Inductor)의 직병렬 접속

$$L_T = 1/(\frac{1}{L_1} + \frac{1}{L_2} + \frac{1}{L_3} + ...) \ [H] \tag{15-6}$$

주파수에 따른 인덕터의 유도성 리액턴스(Inductive reactance)를 구하면 다음과 같다.

$$X_L = \omega L = 2\pi f L \ [\Omega] \tag{15-7}$$

또한 인덕터 내부 저항 r 이 존재할 경우 전류 I 와 X_L 은 다음과 같다.

$$I = \frac{V}{Z} = \frac{V}{\sqrt{X^2 + r^2 L^2}} \ [A] \tag{15-8}$$

$$X_L = \sqrt{\left(\frac{V}{I}\right)^2 - r^2} \ [\Omega] \tag{15-9}$$

먼저, 코일의 직렬회로를 통해 분압의 법칙에 대하여 알아보자.

전체전압을 V라고 하면, KVL에 의하여 $E = V_1 + V_2$가 된다.

$$Z_1 = r_1 + j\omega L_1 = r_1 + j2\pi f L_1$$

$$V_1 = Z_1 I = (r_1 + j2\pi f L_1)I$$

$$V_2 = Z_2 I = (r_2 + j2\pi f L_2)I$$

코일의 저항은 아주 작으므로 무시하면, 다음과 같다.

$$I = \text{const} = \frac{E}{j2\pi f(L_1 + L_2)} = \frac{E}{Z}$$

$$V_1 = Z_1 I = jX_{L1} I = j2\pi f L_1 I = j2\pi f L_1 I \times \frac{E}{j2\pi f(L_1 + L_2)}$$

$$V_1 = \frac{L_1}{L_1 + L_2} \times E, \quad V_2 = \frac{L_2}{L_1 + L_2} \times E$$

가 되어 각 코일에 걸리는 전압은 그 코일의 L값에 비례한다.

$$V_1 \propto L_1, \quad V_2 \propto L_2$$

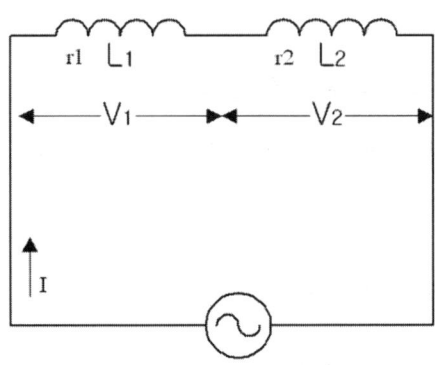

⟨그림 15-2 인덕터의 직렬회로⟩

다음으로, 코일의 병렬회로를 통해 분류의 법칙에 대하여 알아보자.
전체전압을 V라고 하면, 병렬회로이기 때문에 동일하게 된다.

제15장_인덕터(Inductor)의 직병렬 접속

$$E = V = \text{const} = V_1 = V_2$$

전체전류를 I 라고 하면, KCL에 의하여

$$I = I_1 + I_2 = \frac{E}{Z_1} + \frac{E}{Z_2} \text{가 된다.}$$

$$I_1 = \frac{L_2}{L_1 + L_2} \times I, \quad I_2 = \frac{L_1}{L_1 + L_2} \times I$$

가 되어 각 코일로 나뉘어 흐르는 전류는 그 코일의 L값에 반비례한다.

$$I_1 \propto \frac{1}{L_1}, \quad I_2 \propto \frac{1}{L_2}$$

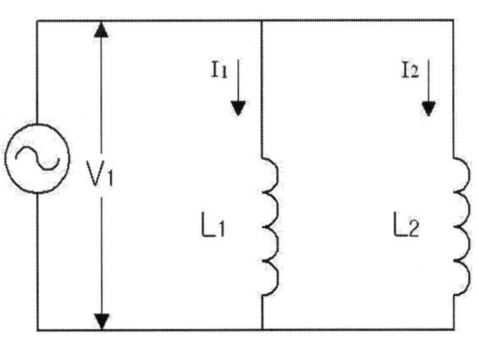

〈그림 15-3 인덕터의 병렬회로〉

즉, 직류회로에서의 저항은, 교류에서의 임피던스와 유사하고, 인턱터의 직병렬연결시 총인덕턴스의 값의 변화는 저항의 경우와 유사하다.

4. 실험 순서

1. 그림 15-1의 L_1 과 L_2 를 각각 10, 20mH로 연결하여 실험한다.

2. 전원전압을 교류 10V로 인가한 후 각 부분의 전압계의 지시치를 표에 기록한다.

3. 주어진 식을 이용하여 측정된 전압을 가지고 인덕터를 계산하여 기록한다. 이때 회로시험기를 이용하여 인덕터의 자체 저항 값도 기록하여야 한다.

4. 인덕터의 정격을 이용하여(공차는 무시함) 표에 기록한다. 식 (15-6)에서 전체 L 에 의한 X_L 계산 시는 식 (15-8)을 이용하여 구한다.

5. 측정된 인덕터와 계산된 인덕터의 차이점을 토의 및 고찰란에서 설명한다. 이때는 인덕터의 오차, 계측기의 오차 등을 고려하여야 한다.

5. 실험 결과

〈표 15-1 인덕터 직렬회로 결과〉

전체전류 I [A]	측정전압V	시험에 의한 인덕터		정격에 의한 인덕터	인덕터의 차이 값
	V_1	r_1		L_1	L_1
		XL_1			
		L_1			
	V_2	r_2		L_2	L_2
		XL_2			
		L_2			

제15장_인덕터(Inductor)의 직병렬 접속

〈표 15-2 인덕터 병렬회로 결과〉

전압 V	측정전류[A]	시험에 의한 인덕터		정격에 의한 인덕터	인덕터의 차이 값
	I_1	r_1		L_1	L_1
		XL_1			
		L_1			
	I_2	r_2		L_2	L_2
		XL_2			
		L_2			

6. 토의 및 고찰

1. 측정치와 계산치과 다른 이유는 어떤 원인인지 설명하라.

2. 인덕터에서 동일한 크기에서 용량을 증가시킬 수 있는 방법에 대하여 설명하라.

3. 커패시터와 인덕터는 각각 어떤 물리량을 저장하는 소자인지 비교 설명하라.

전기공학 기초실험 with PSCAD

제15장_인덕터(Inductor)의 직병렬 접속

(15장) 실험보고서

학과		학년		학번	
조		조원 성명			
실험 일시		제출 일자		기타	

1. 실험제목 : 인덕터의 직병렬 실험

2. 계산치 및 실험결과 :

(1) 인덕터 두 개가 직렬연결되어 있을 경우, 전체전류는 일정하고 인덕터에 걸리는 전압의 합은 전체전압의 합과 동일한지를 계산과 실험으로 확인한다. 또한, 커패시터의 직렬연결에서 분압의 법칙을 확인한다.

여기서, $E = V_s = 5V, L_1 = 100mH, L_2 = 100mH, f = 60Hz$인 경우는 아래와 같다.

$$L_T = L_1 + L_2 = 100 + 100 = 200 [mH]$$

$$X_{L1} = 2\pi f L_1 = 2 \times 3.1415926 \times 60 \times 10 \times 10^{-3} = 37.69911 [\Omega]$$

$$X_{L2} = 2\pi f L_2 = 2 \times 3.1415926 \times 60 \times 10 \times 10^{-3} = 37.69911 [\Omega]$$

$$X_L = X_{L1} + X_{L2} = 75.39822 [\Omega] = Z$$

$$I = \frac{E}{Z} = \frac{5}{Z} = \frac{5}{75.39822} = 0.066314563 [A]$$

$$V_{L1} = E \times \frac{X_{L1}}{X_{L1} + X_{L2}} = 5 \times \frac{37.69911}{37.69911 + 37.69911} = 2.5 [V] = E \times \frac{L_1}{L_1 + L_2}$$

전기공학 기초실험 with PSCAD

$$V_{L2} = E \times \frac{X_{L2}}{X_{L1}+X_{L2}} = 5 \times \frac{37.69911}{37.69911+37.69911} = 2.5[V] = E \times \frac{L_2}{L_1+L_2}$$

$$E = V_{L1} + V_{L2} = 5[V]$$

전체전류 I [A]	측정전압V	시험에 의한 인덕터		정격에 의한 인덕터	인덕터의 차이 값
	V_{L1}	r_1		L_1	L_1
		X_{L1}			
		L_1			
	V_{L2}	r_2		L_2	L_2
		X_{L2}			
		L_2			

(2) 인덕터 두 개가 병렬연결되어 있을 경우, 전체전압은 일정하고 인덕터에 흐르는 전류의 합은 전체전류의 합과 동일한지를 계산과 실험으로 확인한다. 또한, 인덕터의 병렬연결에서 분류의 법칙을 확인한다.

여기서, $E = V_s = 5V, L_1 = 100mH, L_2 = 100mH, f = 60Hz$인 경우는 아래와 같다.

$$L_T = \frac{L_1 \times L_2}{L_1 + L_2} = \frac{100mH \times 100mH}{100mH + 100mH} = 0.05[H] = 50[mH]$$

$$X_{L1} = 2\pi f L_1 = 2 \times 3.1415926 \times 60 \times 10 \times 10^{-3} = 37.69911[\Omega]$$

$$X_{L2} = 2\pi f L_2 = 2 \times 3.1415926 \times 60 \times 10 \times 10^{-3} = 37.69911[\Omega]$$

$$X_T = \frac{X_{L1} \times X_{L2}}{X_{L1} + X_{L2}} = \frac{37.69911 \times 37.69911}{37.69911 + 37.69911} = 19.84956[\Omega] = Z$$

제15장_인덕터(Inductor)의 직병렬 접속

$$I = \frac{E}{Z} = \frac{5}{Z} = \frac{5}{19.84956} = 0.251895 [A]$$

$$I_{L1} = I \times \frac{X_{L2}}{X_{L1} + X_{L2}} = 0.251895 \times \frac{37.69911}{37.69911 + 37.69911} = 0.125947 [A] = I \times \frac{L_2}{L_1 + L_2}$$

$$I_{L2} = I \times \frac{X_{L1}}{X_{L1} + X_{L2}} = 0.251895 \times \frac{37.69911}{37.69911 + 37.69911} = 0.125947 [A] = I \times \frac{L_1}{L_1 + L_2}$$

$$I = I_{L1} + I_{L2} = 0.251895 [A]$$

전압 V	측정전류[A]	시험에 의한 인덕터		정격에 의한 인덕터	인덕터의 차이 값
	I_{L1}	r_1		L_1	L_1
		X_{L1}			
		L_1			
	I_{L2}	r_2		L_2	L_2
		X_{L2}			
		L_2			

(3) $E = V_{rms} = 5V$, $L_1 = 100mH$, $L_2 = 200mH$, $f = 60Hz$인 경우, 직렬연결과 병렬연결인 경우, 인덕터의 값, 분압되는 전압 및 분류되는 전류를 계산하여 본다.

에듀컨텐츠·휴피아
CH Educontents·Huepia

제16장 키르히호프의 법칙

1. 실험 목적

저항으로 회로망을 구성하여 전압계와 전류계를 이용하여 측정된 값과 키르히호프의 법칙(Kirchhoff's law)을 사용하여 이론적으로 계산된 값과 비교하여 일치하는가를 확인하는데 있다.

2. 실험 준비물

1. 직류전류계(0~500mA)　　　　　　　　　　　　　2대
3. 회로시험기 또는 DMM　　　　　　　　　　　　　1대
4. 저항(30, 50, 100 Ω 각 1/2W)　　　　　　　　　각 1개
5. Bread Board, Lead 선　　　　　　　　　　　　　적당량
6. 직류전원공급장치　　　　　　　　　　　　　　　1대

3. 관련 이론

1. 키르히호프의 전류법칙 (KCL: Kirchhoff's Current Law)

키르히호프의 전류법칙은 "도선의 임의의 접합 점에 유입되는 전류의 대수 합은 각 순간에 있어서 0이다"로 정의된다. 이 법칙을 적용하려면 접합 점으로 유입되는 전류와 유출되는 전류의 부호를 달리 생각하여야 한다. 그림 16-1의 예를 들면 접합 점 0로 유입되는 전류를 +로 잡으면 전류의 합은 다음과 같다.

$$i_1 - i_2 - i_3 + i_4 - i_5 = 0 \qquad (16\text{-}1)$$

전기공학 기초실험 with PSCAD

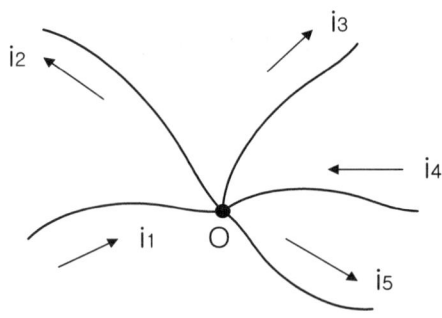

〈그림 16-1 키르히호프의 전류법칙〉

2 키르히호프의 전압법칙 (KVL: Kirchhoff's Voltage Law)

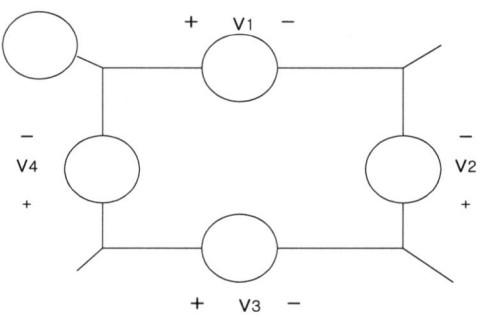

〈그림 16-2 키르히호프의 전압법칙〉

 키르히호프의 전압법칙은 "임의의 폐회로를 따라 한 방향으로 일주하면서 취한 전압강하의 대수 합은 각 순간에 있어서 0이다"로 정의된다. 이 법칙을 적용하려면 한 방향으로 정한 방향과 같은 경우는 전압상승을 +로 하고 전압강하는 -로 해야 한다. 그림 16-2의 예를 들면 시계 방향으로 일주하면서 전압의 합을 구하면 다음과 같다.

$$-V_1 + V_2 + V_3 - V_4 = 0 \qquad (16\text{-}2)$$

 그림 16-3의 측정회로 (a)에 KVL를 적용하면 i_1, i_2 가 흐르는 2개의 루프에서 방정식을 세울 수 있다.

$$R_1 i_1 + R_2(i_1 - i_2) = E \qquad (16\text{-}3)$$

$$R_3 i_2 + R_2(i_2 - i_1) = 0 \qquad (16\text{-}4)$$

식 (16-4)과 (16-5)를 연립하여 풀면 $i_1,\ i_2$ 의 값을 구할 수 있다.

4. 실험 순서

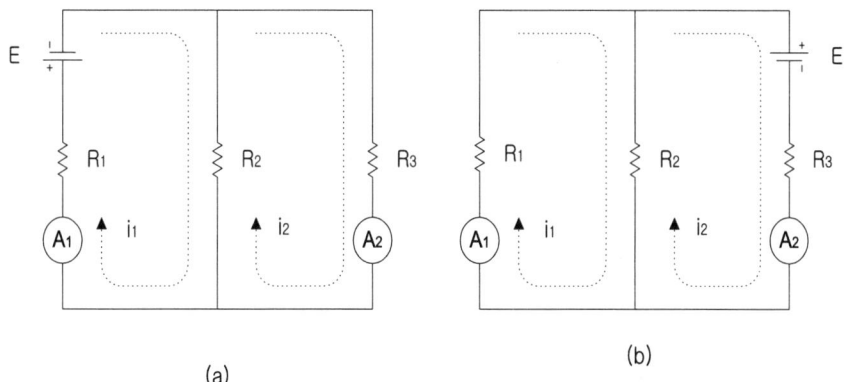

〈그림 16-3 키르히호프의 법칙 측정 회로〉

1. 그림 16-3의 R_1 에서 R_3 를 각각 30, 50, 100 Ω으로 연결하여 실험한다.

2. 전원 전압을 각각 5와 10V로 인가한 후 각 부분의 전류계의 지시치를 표에 기록한다.

3. 주어진 식을 이용하여 측정된 전류를 표에 기록한다.

4. 저항의 정격을 이용하여(공차는 무시함) 표에 기록한다.

5. 식 (16-4), (16-5)를 이용하여 전류 값을 구한다.

6. 측정회로 (b)도 동일한 방법으로 반복한다.

전기공학 기초실험 with PSCAD

7. 측정된 전류와 계산된 전류의 차이점을 토의 및 고찰란에서 설명한다. 이때는 저항의 오차, 계측기의 오차 등을 고려하여야 한다.

5. 실험 결과

〈표 16-1 키르히호프의 법칙 실험 결과〉

측정회로	인가전압 V	전류 [A]			전류의 차이 값
		구분	측정치	계산치	
(a)	5	i_1			
		i_2			
	10	i_1			
		i_2			
(b)	5	i_1			
		i_2			
	10	i_1			
		i_2			

6. 토의 및 고찰

1. 측정치와 계산치과 다른 이유는 어떤 원인인지 설명하라.

2. KCL를 이용하여 측정회로인 그림 16-3 (b)의 전류를 계산하라.

(16장) 실험보고서

학과		학년		학번	
조		조원 성명			
실험 일시		제출 일자		기타	

1. 실험제목 : 키르히호프의 법칙 실험

2. 계산치 및 실험결과 :

(1) 제9장 중요한 회로법칙의 실험을 수행한 경우, 본 실험은 계산만 하고 실험을 생략할 수 있다.

제17장 테브난(Thèvenin)의 정리

1. 실험 목적

저항으로 회로망을 구성하여 전압계와 전류계를 이용하여 측정된 값과 테브난의 정리(Thèvenin's theorem)사용하여 이론적으로 계산된 값과 비교하여 일치하는가를 확인하는데 있다.

2. 실험 준비물

1. 직류전류계(0~1A)   1대
1. 직류전압계(0~15 V)   1대
3. 회로시험기 또는 DMM   1대
4. 저항(30, 50, 100, 200 Ω 각 1/2W)   각 1개
5. Bread Board, Lead 선   적당량
6. 직류전원공급장치   1대

3. 관련 이론

전원을 포함하는 저항회로는 임의의 지점 a-b 외측에 대하여 등가 적으로 하나의 저항 R_{th} 과 전압 V_{th} 로 대치할 수 있다. 여기서 V_{th} 는 원회로에서 단자 a-b를 개방하였을 때의 a-b 간의 전압이고 R_{th} 는 회로 내부의 전압전원을 단락을 하고 전류 전원은 개방한 상태에서 독립 전원을 0으로 하고 단자 a-b에서 회로 쪽으로 본 저항과 같다. 그림 17-1에서 (a)는 원래의 회로이고 (b)는 테브난의 정리를 이용한 등가회로이다. R_L 에 흐르는 전류 I_L 를 구하는 방법은 다음과 같다.

a-b 단자에서 테브난의 등가저항과 전압을 구한다.

$$V_{th} = \frac{600}{400+600} \times 10 = 6V \tag{17-1}$$

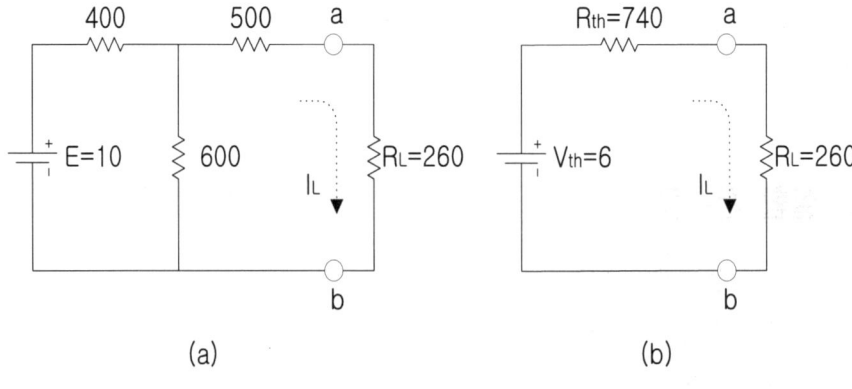

〈그림 17-1 테브난의 정리〉

$$R_{th} = 500 + \frac{400 \times 600}{400+600} = 740[\Omega] \tag{17-2}$$

구해진 테브난의 등가저항과 전압을 이용하여 부하에 흐르는 전류를 구한다.

$$I_L = \frac{V_{th}}{R_{th}+R_L} = \frac{6}{740+260} = 6[mA] \tag{17-3}$$

4. 실험 순서

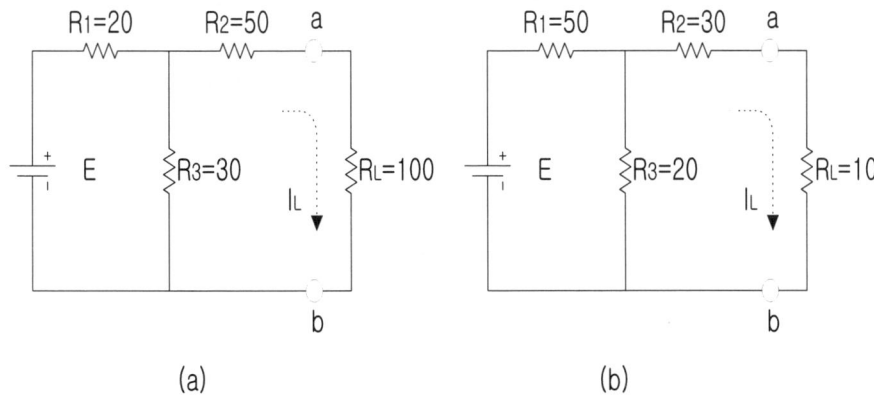

〈그림 17-2 테브난의 정리 실험 회로〉

1. 그림 17-1에 주어진 대로 저항을 연결하여 실험한다.

2. 전원전압을 표에 주어진 값으로 인가한 후 각 부분의 전류계의 지시치를 표에 기록한다.

3. 주어진 식을 이용하여 측정된 전류를 표에 기록한다.

4. 저항의 정격을 이용하여(공차는 무시함) 표에 기록한다.

5. 식 (17-3)을 이용하여 전류 값을 구한다.

6. 전압을 변경하면서 동일한 방법으로 반복한다.

7. 측정된 전류와 계산된 전류의 차이점을 토의 및 고찰란에서 설명한다. 이때는 저항의 오차, 계측기의 오차 등을 고려하여야 한다.

5. 실험 결과

〈표 17-1 테브난의 정리 실험 결과〉

측정 회로	인가 전압 V	계산 값			측정 값			전류의 차이 값
		R_{th}	V_{th}	I_L	R_{th}	V_{th}	I_L	
(a)	5							
	10							
(b)	5							
	10							

6. 토의 및 고찰

1. 측정치와 계산치과 다른 이유는 어떤 원인인지 설명하라.

2. 노턴(Norton)의 정리를 사용하여 그림 17-2를 구하여라.

(17장) 실험보고서

학과		학년		학번	
조		조원 성명			
실험 일시		제출 일자		기타	

1. 실험제목 : 테브난의 정리 실험

2. 계산치 및 실험결과 :

(1) 제9장 중요한 회로법칙의 실험을 수행한 경우, 본 실험은 계산만 하고 실험을 생략할 수 있다.

제18장 절연 저항 측정

1. 실험 목적

절연저항계(Megger)를 이용하여 장비 및 배선 등의 절연 저항 값을 측정하므로 측정법을 습득하고 법규적으로 문제가 없는가를 토의 및 고찰하는데 있다.

2. 실험 준비물

    1. 절연저항계(500V)   1대
    3. 회로시험기 또는 DMM   1대
    4. 측정물(전동기, 변압기, 배선)   각 1개
    5. Bread Board, Lead 선   적당량

〈그림 18-1 메거의 외관〉

전기공학 기초실험 with PSCAD

3. 관련 이론

절연저항은 대단히 큰 저항 값을 가지므로 일반 회로시험기 등으로 측정이 불가능하다. 오옴의 법칙을 보면 절연 저항은 다음과 같다.

$$R = \frac{V}{I} [\Omega] \tag{18-1}$$

식 (18-1)에서도 알 수 있듯이 높은 값의 저항을 알기 위해서는 인가되는 전압이 커야한다. 이러한 목적으로 개발된 장비가 메가이다. 구형메거는 수동식 발전기가 내장되어 절연저항을 측정하도록 되어 있으나, 현재의 대부분의 메거는 내장된 건전지의 전압을 DC-DC Converter(DC Chopper)를 이용하여 승압하므로 매우 간단한 구조를 가지고 있다. 메거는 인가되는 전압에 따라 아래와 같이 용도를 표 15-1과 같이 구분시킬 수 있다.

〈표 18-1 절연저항의 규제치〉

인가전압V	용 도
100	절연저항 20 [MΩ] 이내의 저압 배선
250	절연저항 50 [MΩ] 이내의 저압 배선
500	절연저항 100 [MΩ] 이내의 일반 절연
1000	절연저항 1000 [MΩ] 이내의 고압 기기

<표 18-2 절연저항의 규제치>

전압의 구분	절연 저항치[MΩ]
150V 이하	0.1
150 초과 300V 이하	0.2
300 초과 400V 미만	0.3
400V 이상~저압	0.4
고압	3
신설시	1

만약에 절연저항이 법규 값 이하로 낮은 경우에는 기기의 파손은 물론 누전으로 인한 화재의 발생과 감전으로 인한 인명의 해가 발생하므로 철저한 관리가 필수적이다. 표 18-2는 대표적으로 관리하여야 하는 절연저항 값의 규제치이다.

4. 실험 순서

1. 그림 18-2와 같이 (a)모터 및 (b)변압기의 배선과 외함 등에 메거를 연결하여 실험한다.

2. 권선 저항을 회로시험기로 측정하여 표에 기록한다.

3. 전동기와 변압기를 순차적으로 측정하여 표에 기록한다.

4. 표 18-2에 주어진 법규 치와 비교하여 만족하는 여부를 판정한다.

5. 법규 치에 미달하는 경우는 원인 및 대책을 토의 및 고찰란에서 설명한다.

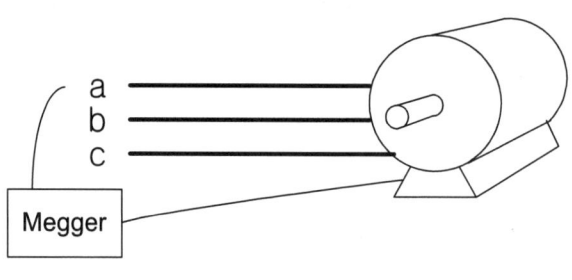

(a) Motor

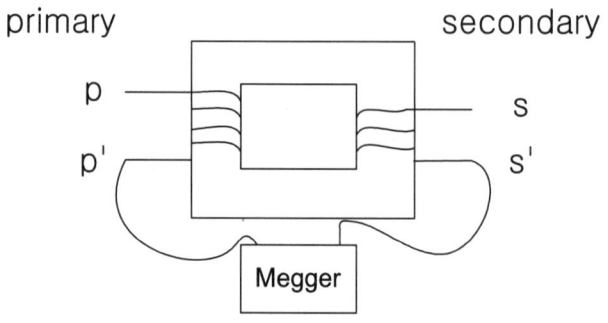

(b) Transformer

〈그림 18-2 절연저항 측정〉

5. 실험 결과

〈표 18-3 권선 및 절연저항 결과〉

구분	권선 저항 [Ω]		절연저항 [MΩ]		
	측정 부위	측정값	측정 부위	측정값	판정
Motor	a-b		a-접지		
	b-c		b-접지		
			c-접지		
	c-a		a-외함		
Transformer	p-p′ (primary)		p-접지		
			s-접지		
	s-s′ (secondary)		p-s		
			p-외함		

6. 토의 및 고찰

1. 절연저항 값이 법규에 미달하는 경우의 대책에 대하여 설명하라.

전기공학 기초실험 with PSCAD

(18장) 실험보고서

학과		학년		학번		
조		조원 성명				
실험 일시		제출 일자		기타		

1. 실험제목 : 절연저항의 측정 실험

2. 계산치 및 실험결과 :

(1) 변압기와 전동기의 권선저항과 절연저항을 측정한다.

에듀콘텐츠·휴피아
ECH Educontents·Huepia

제19장 RL 직렬회로

1. 실험 목적

저항과 인덕턴스를 이용한 RL 회로를 해석하여 유도성 리액턴스의 주파수 연관성과 위상에 대하여 이해하고 수식적으로 일치하는지를 확인하는데 목적이 있다.

2. 실험 준비물

1. AFG(Auto Frequency Generator)   1대
2. 오실로스코프   1대
3. 저항(5Ω)   1개
4. 인덕터(250mH)   1개
5. Bread Board, Lead 선   적당량

3. 관련 이론

직렬회로에서는 전류가 R,L 에 흐르는 전류가 같으며 전류는 다음과 같다.

$$i = \sqrt{2} I \sin \omega t \qquad (19\text{-}1)$$

그림 19-1의 R,L 직렬회로에 각각의 전압강하는 다음과 같다.

전기공학 기초실험 with PSCAD

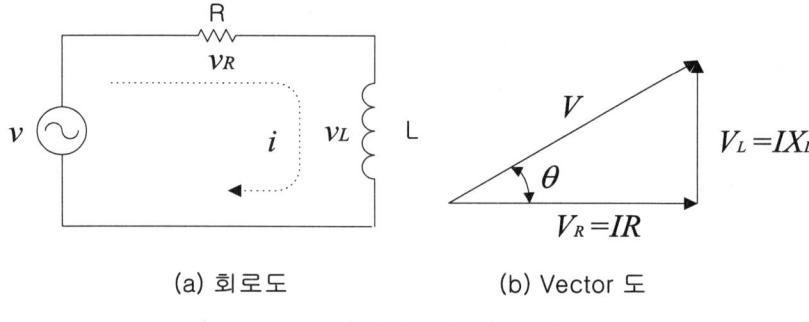

(a) 회로도　　　　　　(b) Vector 도

〈그림 19-1 RL 직렬회로의 회로 및 벡터도〉

$$V_R = \sqrt{2}\,IR\sin\omega t \tag{19-2}$$

$$V_L = \sqrt{2}\,I\omega L\sin(\omega t + 90°) = \sqrt{2}\,I\omega L\cos\omega t$$

키르히호프의 전압법칙(KVL)을 적용하여 전체 전압 구하면 다음과 같다.

$$V = V_R + V_L \tag{19-3}$$
$$= \sqrt{2}\,I(R\sin\omega t + X_L\cos\omega t)$$

식 (19-3)에 삼각함수의 공식을 통하여 정리하면 다음과 같은 결과를 얻을 수 있다.

$$V = \sqrt{2}\,IZ\sin(\omega t + \theta) \tag{19-4}$$

$$Z = \sqrt{R^2 + X_L^2}$$

$$\theta = \tan^{-1}\left(\frac{X_L}{R}\right)$$

식 (19-4)에서 θ 는 저항과 유도성 리액턴스에 따른 위상차이며 그림 19-1의 벡터도를 보면 유도성 리액턴스는 저항에 비하여 위상이 90° 만큼 늦은 것을 알 수 있다. 주파수에 따른 인덕터의 유도성 리액턴스(Inductive reactance)를 구하면 다음과 같다.

$$X_L = \omega L = 2\pi fL\,[\Omega] \qquad (19\text{-}5)$$

실효값(rms)을 기준하여 전압의 관계를 보면 그림 16-1의 (b)에서 보여지는 것과 같이 벡터의 합으로 구할 수 있으며 다음과 같다.

$$V_R = IR \qquad (19\text{-}6)$$

$$V_L = IX_L$$

$$V = \sqrt{V_R^2 + V_L^2}$$

4. 실험 순서

1. R=5Ω, L=250mH를 직렬로 연결하여 실험한다.

2. 표에 주어진 주파수 값을 AFG를 이용하여 전압은 실효값 기준으로 3V를 유지하면서 주파수를 바꾸어 가면서 측정을 반복한다.

3. 전압을 측정할 때는 오실로스코프의 값을 읽은 뒤 실효값으로 환산하여 기록한다.

4. 시험을 재차 반복 시에는 인덕터 양단을 단락시켜 초기 값을 0으로 만든 뒤 시험을 실시한다.

5. 식 (19-4)에 의하여 전압, 전류 및 위상차를 계산하고 표에 기록한다.

6. 측정된 전압과 전류 값을 이용하여 임피던스와 위상차를 계산하여 표에 기록한다.

7. 측정치와 계산치를 비교하여 차이점을 토의 및 고찰란에서 설명한다.

5. 실험 결과

〈표 19-1 RL직렬회로의 측정 및 계산 결과〉

주파수 [Hz]	V_R	V_L	R	X_L	Z	θ	$\cos\theta$
500							
1000							
2000							
3000							
5000							
10000							

6. 토의 및 고찰

1. 측정치와 계산치과 다른 이유는 어떤 원인인지 설명하라.

2. 인덕턴스의 증감에 따른 역률에 대하여 설명하라.

(19장) 실험보고서

학과		학년		학번		
조		조원 성명				
실험 일시		제출 일자			기타	

1. 실험제목 : RL 직렬회로의 실험

2. 계산치 및 실험결과 :

(1) $R = 1[k\Omega]$, $L = 100[mH]$의 직렬회로에 파형발생기로 V_{rms}=1.765[V], f=1000[Hz]를 발생시켜 인가한 후 RL 직렬 교류회로의 실험을 다음과 같이 계산하며 측정한다.

$$X_L = \omega L = 2\pi fL = 2 \times 3.14 \times 1000 \times 100 \times 10^{-3} = 628[\Omega]$$

$$Z = \sqrt{R^2 + (\omega L)^2} = \sqrt{1000^2 + 628^2} = 1180.84[\Omega]$$

$$V_R = IR = 1.2[V], \quad V_L = V_X = IX = 0.6[V]$$

$$V_T = V_S = V_{in} = 1.76[V]$$

$$I_T = 1.5[mA], \quad I = \frac{V}{Z} = 0.001495[A]$$

$$V_R = IR = \quad [V], \quad V_L = V_X = IX = \quad [V]$$

주파수 [Hz]	V_R	V_L	R	X_L	Z	θ	$\cos\theta$
60							
1000							

복소평면에서 R, X_L, Z를 이용하여 임피던스 삼각형(벡터도)을 도시한다.

$$\tan\theta = \frac{\omega L}{R} = \frac{628}{1000} = 0.628$$

$$\theta = \tan\theta^{-1} 0.628 = 32.12882$$

$V_T(E)$, V_R, V_L를 이용하여 전압삼각형(벡터도)을 도시한다.

유효전력(P), 무효전력(Q), 피상전력(P_{app}), 복소전력(S) 및 역률(PF)을 계산한다.

P =   [W]

Q =   [Var]

P_{app} =   [W]

S = P + jQ[W] =   [W]

$$\cos\theta = \frac{P}{VI} = \cos(32.1282) =$$

P, Q, S, $\cos\theta$를 이용하여 전력삼각형(벡터도)을 도시한다.

(2) $R = 1[k\Omega], L = 100[mH]$의 직렬회로에 파형발생기로 V_{rms}=3.5[V], f=1000[Hz]를 발생시켜 인가한 후 RL 직렬 교류회로를 계산하여 해석한다.

에듀컨텐츠·휴피아
ECH Educontents·Huepia

제20장 RC 직렬회로

1. 실험 목적

저항과 커패시터를 이용한 RC 회로를 해석하여 용량성리액턴스의 주파수 연관성과 위상에 대하여 이해하고 또한 페이저(Phasor)를 이용하여 수식적으로 전개하며 실험치와 일치하는지를 확인하는데 목적이 있다.

2. 실험 준비물

1. AFG(Auto Frequency Generator)   1대
2. 오실로스코프   1대
3. 저항(1 kΩ)   1개
4. 커패시터(10 µF)   1개
5. Bread Board, Lead 선   적당량

3. 관련 이론

그림 20-1의 회로에 키르히호프의 전압법칙(KVL)을 적용하여 전체 전압을 구하면 다음과 같다.

$$V = RI + \frac{I}{j\omega C} \tag{20-1}$$

식 (20-1)에서 전류를 구하면 다음과 같은 결과를 얻을 수 있다.

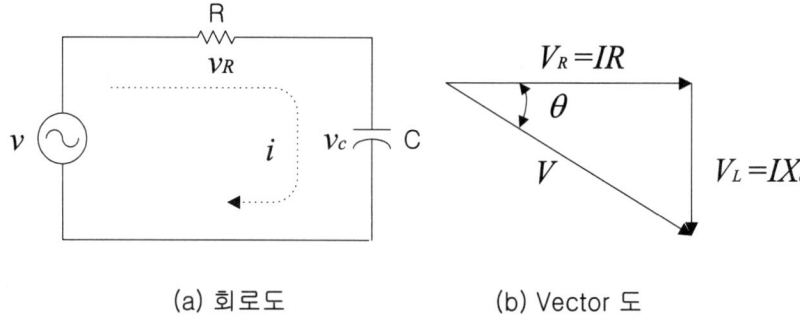

(a) 회로도　　　　　　(b) Vector 도

〈그림 20-1 RC 직렬회로의 회로 및 벡터도〉

$$I = \frac{V}{R + \frac{1}{j\omega C}} \tag{20-2}$$

$$= \frac{j\omega C}{1 + j\omega C} V$$

식 (20-2)를 정리하면 다음과 같다.

$$I = \frac{V}{\sqrt{R^2 + \frac{1}{\omega^2 C^2}}} \angle \frac{\pi}{2} - \tan^{-1} \omega RC \tag{20-3}$$

식 (20-3)에서 $Z = \sqrt{R^2 + \frac{1}{\omega^2 C^2}}$ 이며 $\theta = \frac{\pi}{2} - \tan^{-1}\omega RC$ 이다. 저항과 용량성 리액턴스에 따른 위상차는 이며 그림 20-1의 벡터도를 보면 용량성 리액턴스는 저항에 비하여 위상이 90° 만큼 빠른 것을 알 수 있다. 주파수에 따른 커패시터의 용량성 리액턴스(Capacitive reactance)를 구하면 다음과 같다.

$$X_L = \frac{1}{\omega C} = \frac{1}{2\pi fC} [\Omega] \tag{20-4}$$

실효값(rms)을 기준하여 전압의 관계를 보면 그림 20-1의 (b)에서 보여지는 것과 같이 벡터의 합으로 구할 수 있으며 다음과 같다.

$$V_R = IR \tag{20-5}$$

$$V_C = IX_C$$

$$V = \sqrt{V_R^2 + V_C^2}$$

4. 실험 순서

1. R=1 kΩ, C=10 µF를 직렬로 연결하여 실험한다.

2. 표에 주어진 주파수 값을 AFG를 이용하여 전압은 실효값 기준으로 3V를 유지하면서 주파수를 바꾸어 가면서 측정을 반복한다.

3. 전압을 측정할 때는 오실로스코프의 값을 읽은 뒤 실효값으로 환산하여 기록한다.

4. 시험을 재차 반복 시에는 커패시터 양단을 단락시켜 초기 값을 0으로 만든 뒤 시험을 실시한다.

5. 식 (20-4)에 의하여 전압, 전류 및 위상차를 계산하고 표에 기록한다.

6. 측정된 전압과 전류 값을 이용하여 임피던스와 위상차를 계산하여 표에 기록한다.

7. 측정치와 계산치를 비교하여 차이점을 토의 및 고찰란에서 설명한다.

5. 실험 결과

〈표 20-1 RC 직렬회로의 측정 및 계산 결과〉

주파수 [Hz]	V_R	V_C	R	X_C	Z	θ	$\cos\theta$
30							
60							
100							
300							
500							
1000							

6. 토의 및 고찰

1. 측정치와 계산치과 다른 이유는 어떤 원인인지 설명하라.

2. 커패시터의 증감에 따른 역률에 대하여 설명하라.

(20장) 실험보고서

학과		학년		학번		
조		조원 성명				
실험 일시		제출 일자			기타	

1. 실험제목 : RC 직렬회로의 실험
2. 계산치 및 실험결과 :

(1) $R = 100[\Omega], C = 50[\mu F]$의 직렬회로에 파형발생기로 V_{rms}=3.5[V], f=60[Hz]를 발생시켜 인가한 후 RC 직렬 교류회로의 실험을 다음과 같이 계산하며 측정한다.

$$X_C = \frac{1}{\omega C} = \frac{1}{2\pi fC} = \frac{1}{2 \times 3.14 \times 60 \times 50 \times 10^{-6}} = 53.07856[\Omega]$$

$$Z = \sqrt{R^2 + X_C^2} = \sqrt{100^2 + 53.07856^2} = 113.2137[\Omega]$$

$$V_R = IR = 0.030915 \times 100 = 3.0915[V]$$

$$V_C = IX_C = 0.030915 \times 53.07856 = 1.640923[V]$$

$$V_T = V_S = V_{in} = \quad [V]$$

$$I_T = \quad [mA], \quad I = \frac{V}{Z} = \frac{3.5}{113.2137} = 0.030915[A]$$

$$V_R = IR = \quad [V], \quad V_L = V_X = IX = \quad [V]$$

주파수 [Hz]	V_R	V_L	R	X_L	Z	θ	$\cos\theta$
60							
1000							

복소평면에서 R, X_C, Z를 이용하여 임피던스 삼각형(벡터도)을 도시한다.

$$\tan\theta = \frac{X_C}{R} = \frac{53.07856}{100} = 0.5307856$$

$$\theta = \tan\theta^{-1} 0.5307856 = 27.95871$$

$V_T(E)$, V_R, $V_X(V_C)$를 이용하여 전압삼각형(벡터도)을 도시한다.

유효전력(P), 무효전력(Q), 피상전력(P_{app}), 복소전력(S) 및 역률(PF)을 계산한다.

P =   [W]

Q =   [Var]

P_{app} =   [W]

S = P + jQ[W] =   [W]

$$\cos\theta = \frac{P}{VI} = \cos(27.9581) =$$

P, Q, S, $\cos\theta$를 이용하여 전력삼각형(벡터도)을 도시한다.

(2) $R = 1[\text{k}\Omega]$, $L = 100[\text{mH}]$의 직렬회로에 파형발생기로 V_{rms}=3.5[V], f=1000[Hz]를 발생시켜 인가한 후 RL 직렬 교류회로를 계산하여 해석한다.

에듀컨텐츠·휴피아
Educontents·Huepia

제21장 단상 전력 측정

1. 실험 목적

단상 전력을 측정하고 이론치와 비교하여 실험치가 일치하는지를 확인하는데 목적이 있다. 전등부하에 교류전압을 인가하여 단상전력을 측정하고 계산하여 확인한다.

2. 실험 준비물

1. 단상전압조정기 (Slidac) 1대
2. 단상교류전력계(0~100W) 1대
3. 교류전압계(0~220V) 1개
4. 교류전류계(0~1A) 1개
5. 가변저항(0~1000Ω) 1개
6. 여러 가지 전구(60W, 110V, 20W, 220V) 각 1개
5. Bread Board, Lead 선 적당량

3. 관련 이론

교류에서 부하에 흐르는 전류와 전압은 역률인 cosθ 만큼 위상의 차이가 생긴다. 부하가 R-L로 구성되어 있으면 전압의 위상이 빠르고, R-C로 구성되어 있으면 전류의 위상이 빠르게 된다. 그림 21-1의 회로에서 단상전력계의 지시치는 유효전력인 W를 나타내게 되고 다음과 같다.

$$P = VI\cos\theta \ [W] \qquad (21-1)$$

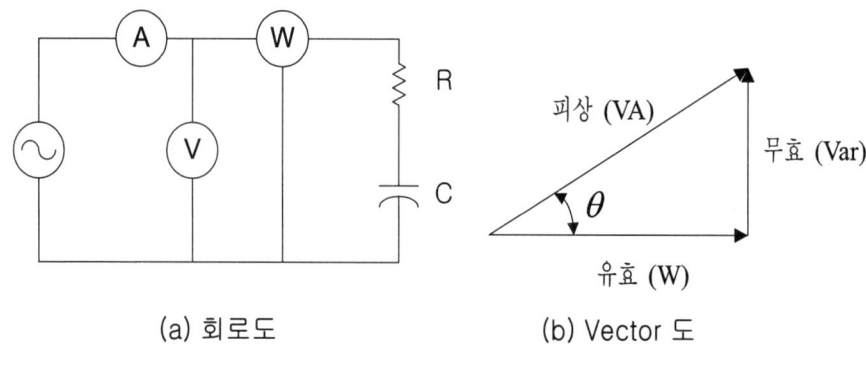

〈그림 21-1 단상교류전력 측정 회로〉

또한 전류계와 전압계로 각각 전류와 전압 값을 측정하여 곱하면 피상전력인 VA를 알 수 있으며 역률를 구하면 다음과 같다.

$$\cos\theta = \frac{P}{VI} \tag{21-2}$$

또한 무효전력의 값은 그림 21-1에서도 볼 수 있듯이 다음과 같이 구할 수 있다.

$$무효전력 = VI\sin\theta \ [Var] \tag{21-3}$$

4. 실험 순서

1. R=1000Ω, C=10㎌를 직렬로 연결하여 실험하며 표에 주어진 대로 가변 저항의 값을 조정하여 실험을 반복한다.

2. 단상전원의 출력 전압은 20V로 유지한다.

3. 시험을 재차 반복 시에는 커패시터 양단을 단락시켜 초기 값을 0으로 만든 뒤 시험을 실시한다.

4. 전력계 등을 이용하여 전압, 전류 및 유효전력을 측정하고 표에 기록한다.

5. 측정된 전압과 전류 값을 이용하여 역률과 무효 전력을 계산하여 표에 기록한다.

6. 측정치와 계산치를 비교하여 차이점을 토의 및 고찰란에서 설명한다.

5. 실험 결과

〈표 21-1 단상 전력의 측정 및 계산 결과〉

R	V	I	유효전력 P [W]	역률 $\cos\theta$	θ	무효전력 [Var]
300						
500						
600						
700						
800						
1000						

6. 토의 및 고찰

1. 측정치와 계산치과 다른 이유는 어떤 원인인지 설명하라.

2. 무효 전력을 측정할 수 있는 방법에 대하여 설명하라.

에듀컨텐츠·휴피아
CH Educontents·Huepia

(21장) 실험보고서

학과		학년		학번	
조		조원 성명			
실험 일시		제출 일자		기타	

1. 실험제목 : 단상 전력 측정 실험

2. 그림 21-2와 같이 전등부하에 변압기를 통하여 교류전압을 인가하여 전압계, 전류계 및 단상전력계를 결선한다. 정격전압의 50%, 75%, 100%의 전압을 가변하면서 전류계, 전압계 및 단상전력계의 지침을 표 21-2에 기록한다. 측정치와 계산치를 비교 검토한다. 이때 전등부하는 60W, 110V인 전구와 20W, 220V 또는 60W, 220V인 전구 등을 이용한다.

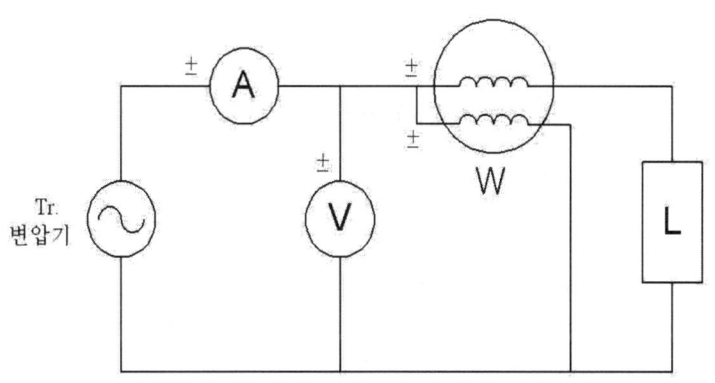

〈그림 21-2 전등부하의 단상교류전력 측정 회로〉

(1) 아래의 각 전구의 저항과 정격전압인가 시의 정격전류 계산을 참조하시오. 각 전구에 대하여 정격전압에 대한 비율로 인가할 때 전류, 전압 및 단상전력의 이론치를 계산하시오.

전기공학 기초실험 with PSCAD

전구 1: 60W, 110V → $R_1 = \dfrac{V^2}{p} = \dfrac{110^2}{60} = 201.7\ [\Omega]$

전구 2: 15W, 110V → $R_2 = \dfrac{V^2}{p} = \dfrac{110^2}{15} = 806.7\ [\Omega]$

전구 3: 18W, 110V → $R_3 = \dfrac{V^2}{p} = \dfrac{110^2}{18} = 672.2\ [\Omega]$

전구 4: 20W, 220V → $R_4 = \dfrac{V^2}{p} = \dfrac{220^2}{20} = 2{,}420\ [\Omega]$

전구 5: 60W, 220V → $R_5 = \dfrac{V^2}{p} = \dfrac{220^2}{60} = 806.7\ [\Omega]$

전구 1(60W, 220V)의 경우 → $I_1 = \dfrac{V}{R} = \dfrac{220}{201.7} = 1.09072\,[A]$

전구 1(60W, 110V)의 경우 → $I_1 = \dfrac{V}{R} = \dfrac{110}{201.7} = 0.54536\,[A]$

전구 4(20W, 220V)의 경우 → $I_4 = \dfrac{V}{R} = \dfrac{220}{2{,}420} = 0.0909\,[A]$

예) 전등부하일 경우 (전구 60W, 220V)

$P = VI = \dfrac{V^2}{R}\,[W]$

$R = \dfrac{V^2}{P} = \dfrac{220^2}{60} = 806.7\ [\Omega]$

$I = \dfrac{V}{R} = \dfrac{110}{806.7} = 0.136358\ [A]\,(50\%)$

$I = \dfrac{V}{R} = \dfrac{165}{806.7} = 0.204537\ [A]\,(75\%)$

$I = \dfrac{V}{R} = \dfrac{220}{806.7} = 0.272716\ [A]\,(100\%)$

제21장_단상 전력 측정

인가전압 (정격전압에 대한 비율)		전류계	전압계	단상전력계	이론치와 오차
60W 220V	50% (110V)				
	75% (165V)				
	100% (220V)				
60W 110V	50% (55V)				
	75% (82.5V)				
	100% (110V)				
20W 220V	50% (110V)				
	75% (165V)				
	100% (220V)				

제22장 최대 전력 전달

1. 실험 목적

직류부하에서 전력의 의미를 이해하고 전력전달에서의 최대전력전달조건을 실험을 통해서 확인한다.

2. 실험 준비물

1. 직류전원공급장치 — 1대
2. 멀티테스터 — 1대
3. 가변저항(1kΩ) — 1개
4. 저항 (400Ω, 1kΩ 1/2W) — 각 1개
5. Bread Board, Lead 선 — 적당량

3. 관련 이론

부하저항은 회로저항(내부저항)과 같을 때 최대전력을 전송할 수 있다. 회로저항은 전원저항과 선로저항의 합으로 나타난다.

$$P_{max} = \frac{V_o^2}{4\,R_0} = \frac{V_o^2}{4\,R_L} \tag{22-1}$$

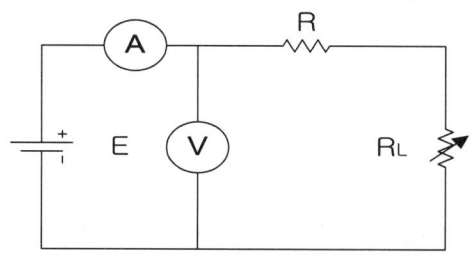

〈그림 22-1 최대전력 전달조건 측정회로〉

전기공학 기초실험 with PSCAD

4. 실험 순서

1. 그림 22-1과 같이 회로를 결선하고, 전압을 0V에서 10V까지 2V씩 증가시키고, 그 결과를 표에 기록하라

2. 그림 22-1의 회로를 결선하고, 가변저항을 0Ω에서 1000Ω까지 100Ω씩 단위로 증가시키며 측정한 결과를 표 22-1에 기록하고 최대전력전달조건을 찾아라. $R_0 = R_L$ 일때 최대전력전달이 되는지를 확인한다.

3. 측정치와 계산치를 비교하여 차이점을 토의 및 고찰란에서 설명한다.

5. 실험 결과

〈표 22-1 최대전력 전달조건 측정 및 계산 결과〉

R_L	V_L (측정)	$P_L = \dfrac{V_L^2}{4R_L}$ [A]
700		
800		
900		
1000		
1100		
1200		
1300		

6. 토의 및 고찰

1. 부하저항은 회로저항과 같으며 전원저항과 선로저항의 합으로 나타나는지를 확인하라.

제22장_최대 전력 전달

(22장) 실험보고서

학과		학년		학번	
조		조원 성명			
실험 일시		제출 일자		기타	

1. 실험제목 : 최대전력전달조건 실험

2. 간편하게 그림 22-1과 같이 직류전압 5V를 회로에 인가할 때, 저항을 가변하면서 가변저항의 양단의 전압 V_L을 측정하여 기록한 후, P_L 을 계산한다. 이때 고정저항 R은 1000Ω으로 한다. 즉 고정저항의 근처의 저항값을 가변하면서 실험을 한다.

에듀컨텐츠·휴피아
CH Educontents·Huepia

제23장 이상적인 전압원과 전류원

1. 실험 목적

이상적인 전압원과 이상적인 전류원에 이해하고, 회로에서의 종속전원의 특성을 이해한다.

2. 실험 준비물

1. 직류전원공급장치   1대
2. 멀티테스터   1대
3. 가변저항(470Ω)   1개
4. 저항(470Ω, 10kΩ)   각 1개
5. Bread Board, Lead 선   적당량

3. 관련 이론

회로망에서 그 내부의 임의의 전류 혹은 전압에 비례하는 크기를 갖는 전류 전원 혹은 전압원을 종속전원이라 하는데, 종속전원의 효과는 회로를 해석하면, 손쉽게 이해할 수 있다.

1. 이상적인 전압원

전압원으로부터 전류와 무관하게 전압이 일정하며 그러나 실제 전압원은 직렬 내부저항 고려하여야 한다.

$$V_0 = V - ir \tag{23-1}$$

$$= e - ir \text{ (출력전압 = 기전력 - 내부저항에 의한 전압강하)}$$

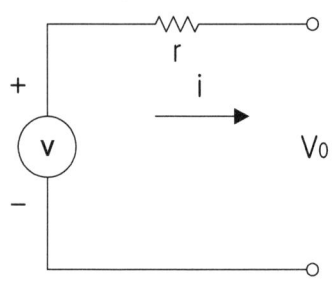

〈그림 23-1 이상적인 전압원〉

2. 이상적인 전류원

전류원으로부터 흘러나오는 전류가 회로에 의해 영향이 없으나 그러나 실제 전류원은 병렬내부저항을 고려하여야 한다.

$$i_0 = i - \text{내부저항에 의한 전류성분} \qquad (23\text{-}2)$$

$$= i - \frac{v_0}{r}\left(\text{외부로 흐르는 전류} - \frac{\text{출력단자의 전위차}}{\text{내부저항}}\right)$$

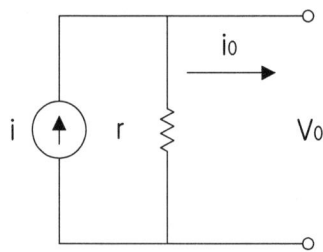

〈그림 23-2 이상적인 전류원〉

4. 실험 순서

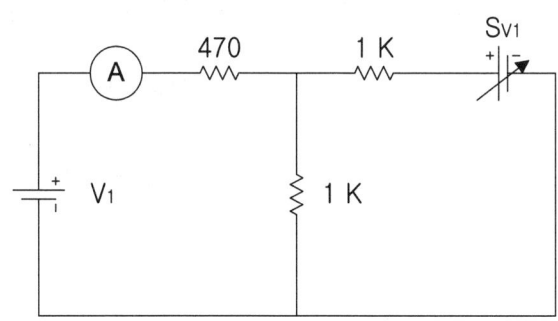

〈그림 23-3 종속 전원 실험 회로도〉

1. 그림 23-3의 회로에서 S=0 일 때 V_1이 0에서 5V까지 1V 단위로 증가할 때 I_1의 크기를 계산해서 표에 기록하라.

2. S = 0, 1, 2, 3, 4 일 때 실험 1을 반복하고, 그 결과를 표에 기록하라.

3. S = 0, 1, 2, 3, 4 일 때 R_{th}의 크기를 계산하고 결과를 표에 기록하라. (S = 0 는 SV_1 의 단락을 의미한다.)

5. 실험 결과

<표 23-1 종속 전원의 측정 및 계산 결과>

V_1	I_1 (측정값)					I_1 (계산값)					R_{th}				
	S=0	S=1	S=2	S=3	S=4	S=0	S=1	S=2	S=3	S=4	S=0	S=1	S=2	S=3	S=4
0															
1															
2															
3															
4															
5															

6. 토의 및 고찰

1. 측정값과 계산값이 일치하는가, 일치하지 않으면 그 원인은 무엇인가?

제23장_이상적인 전압원과 전류원

(23장) 실험보고서

학과		학년		학번	
조		조원 성명			
실험 일시		제출 일자		기타	

1. 실험제목 : 이상적인 전압과 전류원의 실험

2. 그림 23-3과 같은 회로에서 S=0 일 때 V_1이 0에서 5V까지 1V 단위로 증가할 때 I_1의 크기를 계산해서 표에 기록하라. 상기 실험순서대로 실험을 한 후 기록한다.

에듀컨텐츠·휴피아
Educontents·Huepia

제24장 중저항 측정법

1. 실험 목적

전압 강하법에 의하여 저항의 근사값을 구하는 기능을 습득한다. 전압계, 전류계에 의한 백열전구의 저항이나 또는 전기기기의 계자코일 등의 저항 측정은 회로를 구성한 후, 전압을 인가하여 간접으로 측정한다.

2. 실험 준비물

1. 직류전압계(0~10V)   1대
2. 직류전류계(0~500mA)   1대
3. 직류전원공급장치   1대
4. 가변저항(100Ω, 10kΩ)   각 1개
5. 저항(500Ω, 50kΩ)   각 1개
6. Bread Board, Lead 선   적당량

3. 관련 이론

측정할 저항 R_x에 흐르는 전류와 저항 단자 전압을 전류계 및 전압계로 각각 측정하였을 때 I[A], E[V]라 하면, R_x는 다음과 같다.

전기공학 기초실험 with PSCAD

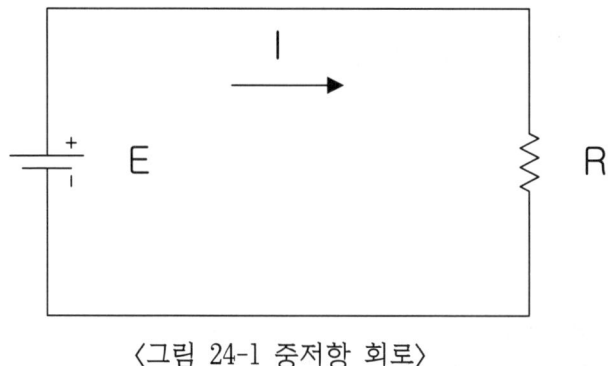

〈그림 24-1 중저항 회로〉

$$R_x = \frac{E}{I} [\Omega] \qquad (24\text{-}1)$$

그림 24-2 (a)와 같이 전류계 및 전압계를 접속하였을 때에는 전류계의 내부저항 $r_a[\Omega]$에 의한 내부 전압강하가 전압계의 측정값에 포함되므로, 전류계 및 전압계의 측정값을 각각 I[A], E[V]라 하면, 측정할 저항 R_x은 다음과 같다.

$$R_x = \frac{E}{I} - r_a [\Omega] \qquad (24\text{-}2)$$

그림 24-2 (b)와 같은 회로에서 전류계의 측정값에 내부 저항 $r_a[\Omega]$의 전압계에 흐르는 전류가 포함되므로, 전류계 및 전압계의 측정값을 각각 I[A], E[V]라 하면, 측정할 저항 R_x은 다음과 같다.

$$R_x = \frac{E}{I - \dfrac{E}{r_a}} [\Omega] \qquad (24\text{-}3)$$

식 (24-2)과 식 (24-3)에서는 각각 전류계 및 전압계의 내부저항을 알아서 측정할 저항값에 보정하게 되는데, 보통 전압 강하법에서는 이와 같이 정밀한 측정을 하지 않고, 식 (24-1)과 같은 방법으로 계산한다.

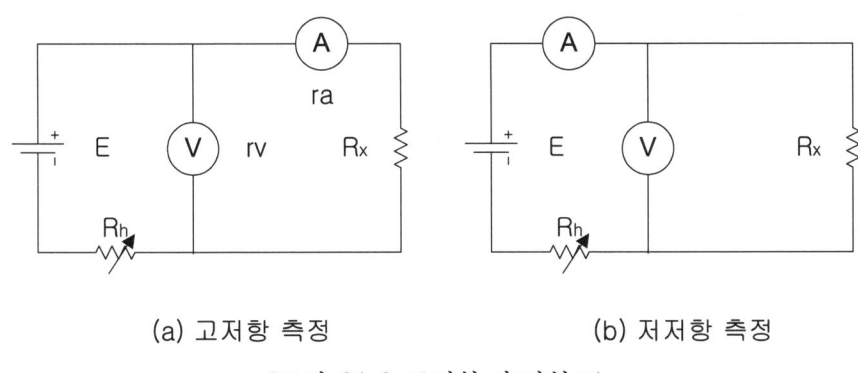

(a) 고저항 측정   (b) 저저항 측정

〈그림 24-2 중저항 측정회로〉

고저항을 측정할 때에는 그림 24-2 (a)와 같이 회로를 접속하고, 측정할 전류 및 전압을 식 (24-2)에 대입하여 계산한다.(전압을 높게 하고, 전류를 적게 흘려서)

저저항을 측정할 때에는 그림 24-2(b)와 같이 회로를 접속하고, 측정할 전류 및 전압을 식 (24-3)에 대입하여 계산한다.(전압을 낮게 하고, 전류를 많이 흘려서) 전압강하법은 전기기기의 권선 저항 또는 전구의 필라멘트와 같이 전류에 의한 주울열로 저항값이 변화하는 것의 저항을 측정하는데 적당하다.

전류계는 부하와 직렬로 접속하고, 모든 계기는 정격을 초과하지 않도록 사용하여야 한다. 직류전류계 및 직류 전압계는 극성이 틀리지 않도록 회로에 접속하여야 한다. 계산 예는 다음과 같다.

① 전류계의 내부저항이 1[Ω]인 경우

전류 = 10mA, 전압 = 5V

미지의 저항 : $R_x = \dfrac{E}{I} \times R_a = \dfrac{5}{10 \times 10^{-3}} \times 1 = 500 \,[\Omega]$

② 전압계의 내부저항이 10[Ω]인 경우

전류 = 5A, 전압 = 10V

미지의 저항 : $R_x = \dfrac{E}{I - \dfrac{E}{R_v}} = \dfrac{10}{5 - \dfrac{10}{10}} = \dfrac{10}{4} = 2.5\ [\Omega]$

$I = \dfrac{V}{R} = \dfrac{5}{100} = 0.05\ [A] = 50\ [mA]$

$I = \dfrac{V}{R} = \dfrac{5}{10000} = 0.0005\ [A] = 500\ [\mu A]$

4. 실험 순서

1. 직류 전류계(500[mA]), 전압계, 가변저항기(30[Ω]), 저항(수십[Ω])을 그림 24-2와 같이 접속한다.

2. 가변저항 R_h를 최대로 되게 조정하고, 스위치 S을 닫는다.

3. 가변저항기 R_h의 값을 천천히 감소시켜서 전류계가 적당한 값을 지시하였을 때 그 값을 표에 기입한다.

4. 이때 전압계의 지시값도 함께 표에 기입한다.

5. 측정한 값을 식 (24-1)과 식 (24-2)에 대입하여 저항값을 계산한 후, 표에 기입한다.

6. 회로를 그림 24-2(b)와 같이 바꾸어 접속하고, 위와 같은 방법으로 전류계 및 전압계의 지시를 측정하고, 표에 기입한 다음, 식 (24-1)과 식 (24-3)에 의하여 저항값을 계산한다.

7. 전류계, 가변저항기, 저항을 그림 24-2(a)와 그림 24-2(b)와 같이 접속하고 위와 같은 시험을 반복한다.

5. 실험 결과

<표 24-1 회로(a)의 측정 결과 및 계산>

측정할 저항	회로도 (a)					비고
	I [A]	V [V]	r_e [Ω]	$R = \dfrac{V}{I}$	$R = \dfrac{V}{I} - r_e$	

<표 24-2 회로(b)의 측정 결과 및 계산>

측정할 저항	회로도 (b)					비고
	I [A]	V [V]	r_e [Ω]	$R = \dfrac{V}{I}$	$R = \dfrac{V}{I - \dfrac{V}{r_e}}$	

6. 토의 및 고찰

1. 측정결과에서 오차를 각각 비교하여 보아라.

2. 저저항을 측정할 때와 고저항을 측정할 때 그림 24-2(a)와 그림 24-2(b)의 회로를 선택하는 이유를 설명하시오.

3. 전압 강하법으로 저항을 측정할 때 전원으로 직류를 쓰는 이유를 설명하시오.

4. 일반적으로 전기기기의 권선저항을 전압강하법으로 측정하는 이유를 알아보자.

제24장_중저항 측정법

(24장) 실험보고서

학과		학년		학번		
조		조원 성명				
실험 일시		제출 일자			기타	

1. 실험제목 : 중저항 측정법의 실험

2. 실험방법 :

(1) 그림 24-2와 같이 접속한 후 가변저항기 R_h의 값을 천천히 감소시켜서 전류계가 적당한 값을 지시하였을 때 그 값을 표에 기입한다. 이때 전압계의 지시값도 함께 표에 기입한다. 측정한 값을 식 (24-1)과 식 (24-2)에 대입하여 저항값을 계산한 후 표에 기입한다.

(2) 그림 24-2(b)와 같이 접속한 후 가변저항기 R_h의 값을 천천히 감소시켜서 전류계가 적당한 값을 지시하였을 때 그 값을 표에 기입한다. 이때 전압계의 지시값도 함께 표에 기입한다. 측정한 값을 식 (24-1)과 식 (24-3)에 대입하여 저항값을 계산한 후 표에 기입한다.

에듀컨텐츠·휴피아
Educontents·Huepia

제25장 미분기와 적분기

1. 실험 목적

CR 직렬회로인 미분기와 RC 직렬회로인 적분기를 비교하고, RLC 직렬회로를 이해하기 위한 기초를 다진다.

2. 실험 준비물

1. AFG   1대
2. 직류전류계 및 직류전압계   각 1대
4. 저항(Ω, kΩ)   각 2개
5. 커패시터(μF, μFΩ)   각 2개
6. Bread Board, Lead 선   적당량

3. 관련 이론

1. CR 미분기(CR미분회로: differentiator) :

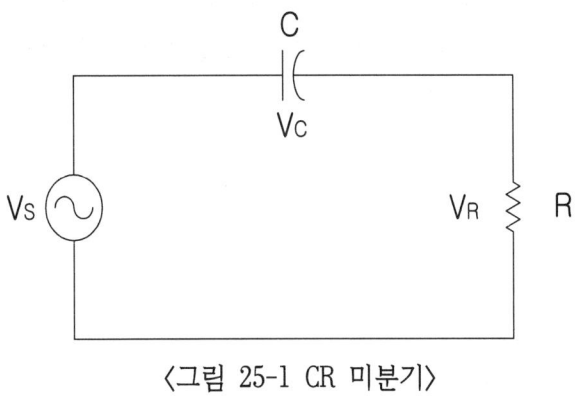

〈그림 25-1 CR 미분기〉

KVL에 의하면,

$$V_S = \frac{1}{C} \int i\, dt + V_R \tag{25-1}$$

만약 $V_C \gg V_R$ 이면 $V_S \fallingdotseq V_C$ 가 된다. 양변을 미분하면 다음과 같다.

$$\frac{dV_S}{dt} = \frac{1}{C} i \tag{25-2}$$

$$i \fallingdotseq C \frac{dV_S}{dt} \tag{25-3}$$

R에 걸리는 전압, 즉 출력은

$$V_R = Ri \fallingdotseq RC \frac{dV_S}{dt} \tag{25-4}$$

식 (22-4)을 보면 출력전압은 회로의 입력전압의 미분값 × RC(시상수)이 된다. 커패시터에 인가되는 전압강하가 저항에 인가되는 전압보다 커지는 조건은 RC 가 작아서 커패시터가 매우 빠르게 충전 또는 방전될 때 발생된다.

2. RC 적분기(RC적분회로: integrator) :

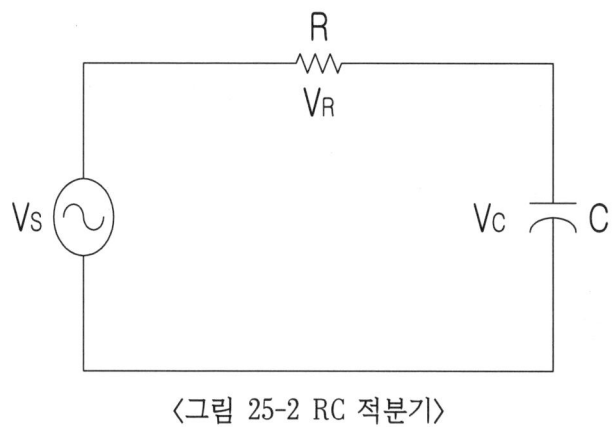

〈그림 25-2 RC 적분기〉

KVL에 의하면,

$$V_S = V_R + V_C = V_R + \frac{1}{C} \int i\, dt \qquad (25\text{-}5)$$

만약 $V_R \gg V_C$ 이면 $V_S \fallingdotseq V_R$ 가 된다. 양변을 미분하면 식은 다음과 같다.

$$\frac{dV_S}{dt} = \frac{1}{C} i \qquad (25\text{-}6)$$

회로에 흐르는 전류 i 는

$$i \fallingdotseq \frac{V_S}{R} \qquad (25\text{-}7)$$

C에 걸리는 전압은

$$V_C = \frac{1}{C}\int i\,dt \fallingdotseq \frac{V_S}{R}\frac{1}{C}\int dt \fallingdotseq \frac{1}{RC}\int V_S\,dt \tag{25-8}$$

식 (22-8)을 보면 V_C 는 입력전압(V_S)의 적분값 ×1/RC 이 됨을 알 수 있다. 저항에 인가된 전압이 커패시턴스에 인가된 전압보다 훨씬 클 경우에는 회로 시정수가 커야한다. 그래야만 커패시턴스가 충전 또는 방전되는 시간이 많이 걸린다.

4. 실험 순서

Sw1 : 단락	Sw2 : 개방
Sw1 : 개방	Sw2 : 개방
Sw1 : 개방	Sw2 : 단락
Sw1 : 단락	Sw2 : 단락

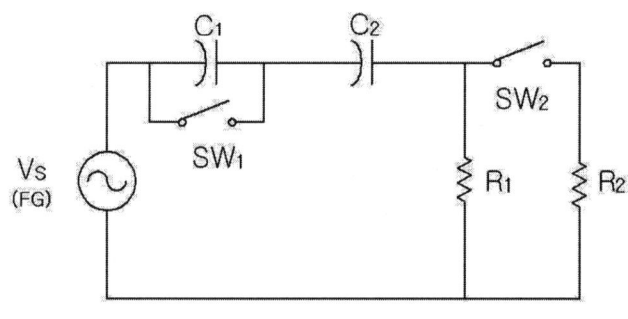

〈그림 25-3 CR 미분기〉

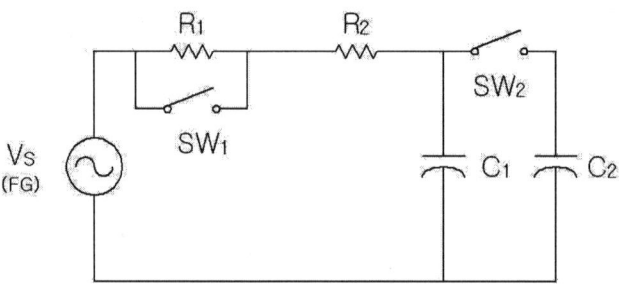

〈그림 25-4 RC 적분기〉

제25장_미분기와 적분기

1. 그림 25-3과 같이 결선한다.

2. 1kHz, 0~10V 사인파 인가, sw가 다음 위치에 있을 경우 B-C간의 양단 전압파형 그리고 관찰하고, 시상수를 측정한다.

3. RC 미적분실험회로에서는, R1, C2 제거하고, Sw1을 short, Sw2 open을 한 후, R2 = 1kΩ위치로 놓고, FG발생기를 이용하여, 1kHz, 10Vpp(-5~5V) sine파인가 한 후, A-B양단 전압 파형을 관찰한다.

5. 실험 결과

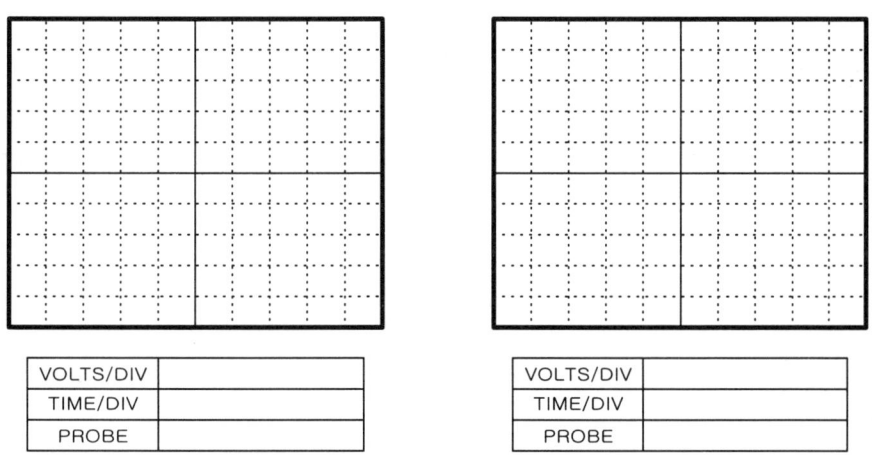

〈그림 25-5 미분기의 실험 결과〉

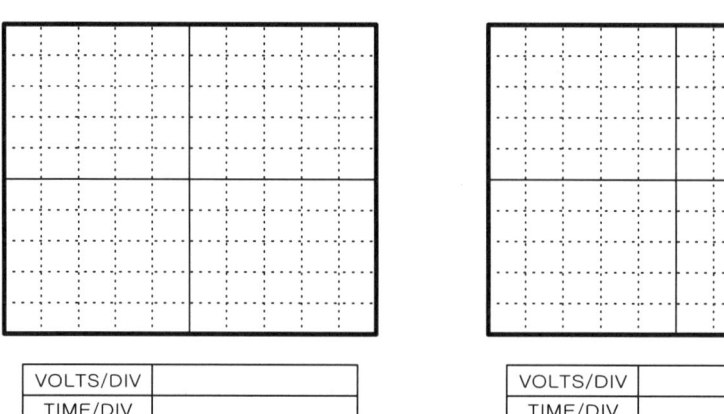

<그림 25-6 적분기의 실험 결과>

6. 토의 및 고찰

1. FG의 출력신호를 수동소자로 구성된 미분기 및 적분기 회로를 통과한 후 파형을 관찰하시오.

(25장)

학과		학년		학번		
조		조원 성명				
실험 일시		제출 일자			기타	

1. 실험제목 : 미분기와 적분기 실험

2. 실험방법 :

(1) 미분기실험은, 그림 24-3과 같이 접속한 후 FG를 이용하여 주파수는 60Hz(100Hz 또는 1kHz), 전압의 실효치 $V_{rms} = 5[V](V_{max} 7.07[V])$인 정현파신호를 인가한다. 이때 $C_1 = 1\mu F$(또는 $2\mu F$), $C_1 = 1\mu F$(또는 $2\mu F$)이고 $1k\Omega k$인 가변저항기를 이용하여 가변하면서 실험을 수행한다. 미분기의 실험 결과를 그린다.

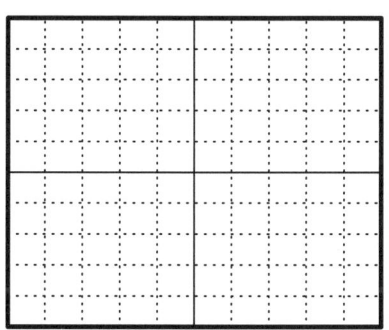

VOLTS/DIV	
TIME/DIV	
PROBE	

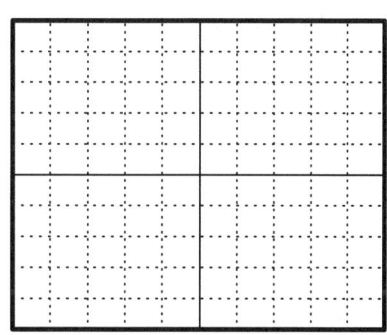

VOLTS/DIV	
TIME/DIV	
PROBE	

(2) 적분기실험은, 그림 24-4와 같이 접속한 후 FG를 이용하여 주파수는 60Hz (100Hz 또는 1kHz), 전압의 실효치 $V_{rms} = 5[V](V_{max} 7.07[V])$)인 정현파신호를 인가한다. 이때 $C_1 = 1\mu F$(또는 $2\mu F$), $C_1 = 1\mu F$(또는 $2\mu F$)이고 $1k\Omega k$인 가변저항기를 이용하여 가변하면서 실험을 수행한다. 적분기의 실험 결과를 그린다.

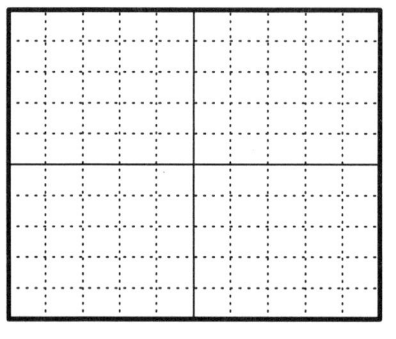
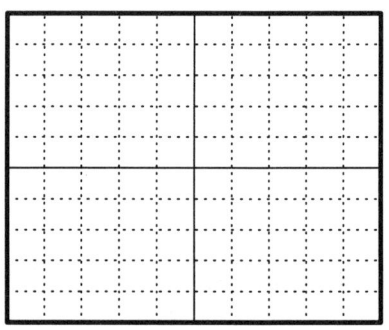
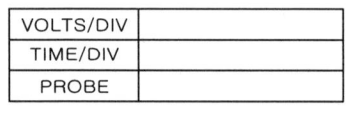

(3) 동일한 방법으로 구형파와 삼각파 신호에 대하여 미분기 및 적분기 실험을 수행한다.

제26장 임피던스 부하의 전력측정

1. 실험 목적

단상전력계, 단상역률계를 사용하여 단상 회로의 부하를 변화시켜 전력과 역률로 측정한다.

2. 실험 준비물

1. 단상 전압조정기   1대
2. 교류 단상 전력계   1대
3. 교류 전압계 및 교류 전류계   1대
4. 부하   1대
5. 저항기   1대
6. 전열부하 또는 전등부하   1대
7. 가변 콘덴서   1대
8. Bread Board, Lead 선   적당량

3. 관련 이론

부하가 임피던스로 구성될 때에는 전력은 역률에 관계된다. 부하임피던스는 저항 R, 인덕턴스 L, 커패시턴스가 직렬로 회로를 구성할 때 유도성리액턴스는 다음과 같다.

$$X_L = 2\pi f L \qquad (26\text{-}1)$$

또한 용량성리액턴스는 다음과 같다.

$$X_C = 1/2\pi fC \tag{26-2}$$

전체 임피던스는 $Z = \sqrt{R^2 + (X_L - X_c)^2}$ 으로 나타나며 전류 및 소비전력은 다음과 같다.

$$I = \frac{E}{Z}[A] \tag{26-3}$$

$$P = EI\cos\theta = I^2 R \ [W] \tag{26-4}$$

여기서, 역률 $\cos\theta = R/Z = R/\sqrt{R^2 + X^2} = P/EI$ 이 된다.

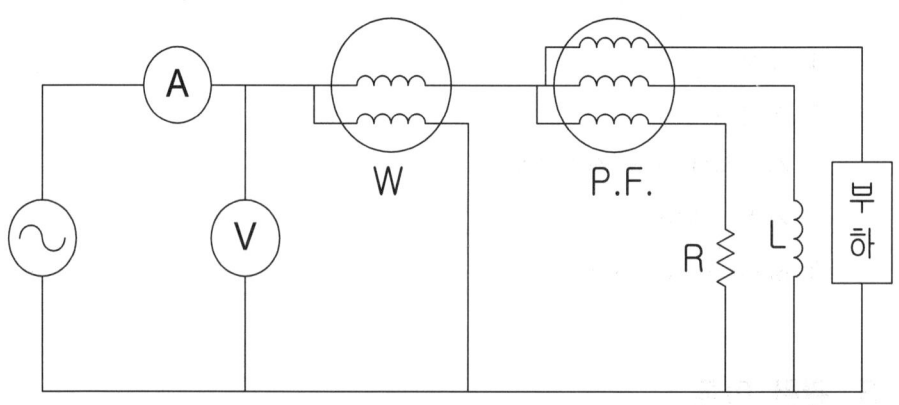

〈그림 26-1 임피던스 부하의 전력 측정회로〉

4. 실험 순서

1. 시험계기의 접속은 스위치, 전류계, 전력계와 역률계의 전류코일을 R-L 부하에 직렬로 결선한다.

2. 전압계와 전력계, 역률계의 전압 코일은 부하와 병렬로 결선한다.

제26장_임피던스 부하의 전력측정

3. 그림 26-1과 같이 회로를 결선한다.

4. 검사를 받는다.

5. 전압조정기를 최저 전압값으로 놓고 스위치를 넣는다.

6. 전압계의 지시를 보면서 천천히 상승시킨다.

7. 부하 단자에 나타난 각 계기의 지시를 표에 기입한다.

8. 유도성 부하의 단자전압을 변화시키면서 각 계기의 지시값을 관찰한다.

9. 임피던스 부하에서 유도성 부하를 용량성 부하와 바꾸어 저항과 접속한다.

10. 가변 콘덴서를 변화시키면서 각 계기의 지시를 표에 기입한다.

11. 표에서 전력과 역률과의 관계를 그래프로 그린다.

5. 실험 결과

〈표 26-1 전력과 역률과의 관계(R-L회로)〉

부 하	전압 E[V]	전류 I[A]	역률 $\cos\theta$	계산 역률 $\cos\theta = \dfrac{P}{EI} \times 100$	계산 전력 $EI\cos\theta$ [W]	비고

〈표 26-2 전력과 역률과의 관계(R-C회로)〉

부 하	전압 E[V]	전류 I[A]	역률 $\cos\theta$	계산 역률 $\cos\theta = \dfrac{P}{EI} \times 100$	계산 전력 $EI\cos\theta$ [W]	비고

6. 토의 및 고찰

1. 부하임피던스는 얼마인가?

2. 전압 100[V], 전류 5[A], 전력 750[W]를 지시했다면, 부하의 역률은 얼마인가?

3. 피상전력과 유효전력이 같다면, 부하역률은 얼마인가?

(26장) 실험보고서

학과		학년		학번	
조		조원 성명			
실험 일시		제출 일자		기타	

1. 실험제목 : 임피던스 부하의 전력측정

2. 실험방법 :

(1) 본 실험은 제21장 단상전력측정을 수행한 경우 생략한다.

제27장 3전압계법에 의한 단상전력 측정

1. 실험 목적

3개의 전압계를 이용하여 단상전력을 측정한다.

2. 실험 준비물

1. 단상 전압조정기   1대
2. 교류 전류계, 교류 전압계 및 교류 단상 전력계   각 1대
3. 가변 저항기   1대
4. 임피던스 부하(전동기, 코일, 콘덴서)   1대
5. 나이프 스위치   1대
6. Lead 선   약간

3. 관련 이론

3개의 전압계와 무유도 저항이 있으면, 단상전력을 측정할 수 있다. 전력의 측정방법은 부하와 알고 있는 저항을 직렬로 접속한다. 공급전압을 E_0 [V], 저항의 전압강하를 E_R [V], 부하단자전압을 E_L [V]라 하면 공급전압은 다음과 같다.

$$E_0^2 = E_R^2 + E_L^2 + 2 E_R E_L \cos\theta \qquad (27-1)$$

부하 역률은 다음과 같다.

$$\cos\theta = \frac{(E_0^2 - E_R^2 - E_L^2)}{2 E_R E_L} \qquad (27-2)$$

그러므로 부하전력은 다음과 같이 된다.

$$P = \frac{1}{2R} (E_0^2 - E_R^2 - E_L^2) \qquad (27\text{-}3)$$

알고 있는 저항 R는 부하 임피던스와 비슷한 값으로 한다.

4. 실험 순서

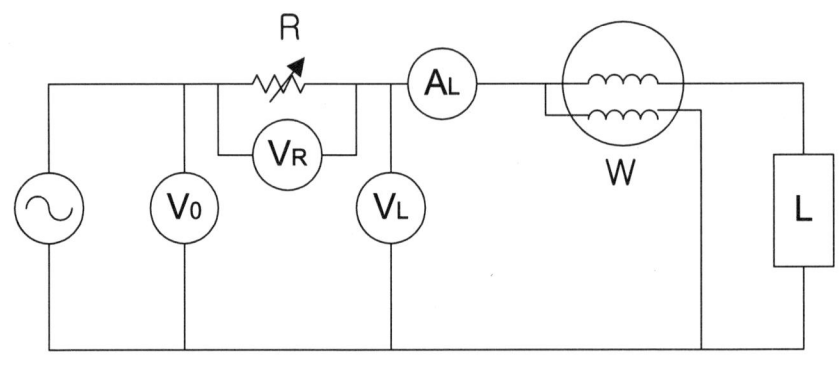

〈그림 27-1 3전압계법에 의한 전력 측정 회로도〉

1. 그림 27-1과 같이 회로를 결선한다.
2. 저항 R은 어느 정도 일정값에 고정하여 넣는다.(예 : 전구 1개의 저항값)
3. 전압조정기를 낮은 전압에서 천천히 증가시켜 100[V]까지 변화시킨다.(예 2 0~100)
4. 이때, 각 계기의 지시를 표 27-1에 기입한다.
5. 표 27-1이 완성되었으면, 전압조정기를 일정전압(100[V])으로 고정하여 놓고, 저항 R을 변화시키면서 각 계기의 지시를 표 27-2에 기입한다.
6. 이때, 저항 R을 너무 작게 하지 말고, 어느 정도 저항값을 가지는 위치로 변화시킨다.

5. 실험 결과

〈표 27-1 3전압계법에 의한 전력측정(전원 가변)〉

전압계 [V]			저항 R[Ω]	전력 P[W]	전압 V[V]	계산 역률 $\cos\theta = \dfrac{P}{EI} \times 100$	계산 전력 $EI\cos\theta$ [W]
V0	V1	V2					

〈표 27-2 3전압계법에 의한 전력측정(저항 가변)〉

전압계 [V]			저항 R[Ω]	전력 P[W]	전압 V[V]	계산 역률 $\cos\theta = \dfrac{P}{EI} \times 100$	계산 전력 $EI\cos\theta$ [W]
V0	V1	V2					

6. 토의 및 고찰

1. 표 27-1에서 평균 역률은 몇 [%] 인가?

2. 표 27-2에서 평균전력과 역률은 얼마인가?

3. $V_1 = 120\,[V]$, $V_2 = 30\,[V]$, $V_3 = 100\,[V]$, $R = 20\,[\Omega]$일 때, 유효전력과 역률은?

4. 전구 1개의 저항값은?

제27장_3전압계법에 의한 단상전력 측정

(27장) 실험보고서

학과		학년		학번	
조		조원 성명			
실험 일시		제출 일자		기타	

1. 실험제목 : 3전압계법에 의한 단상전력 측정 실험

2. 실험방법 :

(1) 그림 27-1과 같이 회로를 결선한 후, 실험순서에 따라 전원을 가변하면서 표 27-1에 기록한 후, 저항을 가변하면서 표 27-1에 기록한다. 최종적으로 역률과 전력을 계산한다.

에듀컨텐츠·휴피아

제28장 3전류계법에 의한 단상전력 측정

1. 실험 목적

3개의 전류계를 이용하여 단상전력을 측정한다.

2. 실험 준비물

1. 단상 전압조정기	1대
2. 교류 전류계, 교류 전압계 및 교류 단상 전력계	각 1대
3. 가변 저항기	1대
4. 임피던스 부하(전동기, 코일, 콘덴서)	1대
5. 나이프 스위치	1대
6. Lead 선	약간

3. 관련 이론

3개의 전류계와 값을 알고 있는 저항을 이용하여 전력을 측정할 수 있다. 부하측에 무유도 저항 R을 병렬로 연결한다. 이때, 저항 R은 부하임피던스의 값과 너무 차이가 나지 않는 비슷한 크기의 값으로 한다. 부하전류를 I_1, 저항 R에 흐르는 전류를 I_2, I_1과 I_2의 합성전류를 I_0 측정한다. 부하 단자전압을 V[V] 라 하면, R에 흐르는 전류 I_2는 V와 동상이고, I_1은 V와 θ 만큼의 위상차가 있으므로 I_1과 I_2는 θ 만큼의 위상차가 있다. 이들, 전류값에 대한 벡터값 I_0은 다음과 같다.

$$I_0^2 = I_1^2 + I_2^2 + 2 I_1 I_2 \cos \theta \qquad (28\text{-}1)$$

$V = I_2 R$ 이므로 $P = V I_1 \cos\theta$ 로 표시된다.

그러므로 부하전력은 다음과 같다.

$$P = (I_0^2 - I_1^2 - I_2^2) \times \frac{R}{2} = V I_1 \cos\theta \tag{28-2}$$

부하 역률은 다음과 같이 된다.

$$\cos\theta = \frac{I_0^2 - I_1^2 - I_2^2}{2 I_1 I_2} \tag{28-3}$$

4. 실험 순서

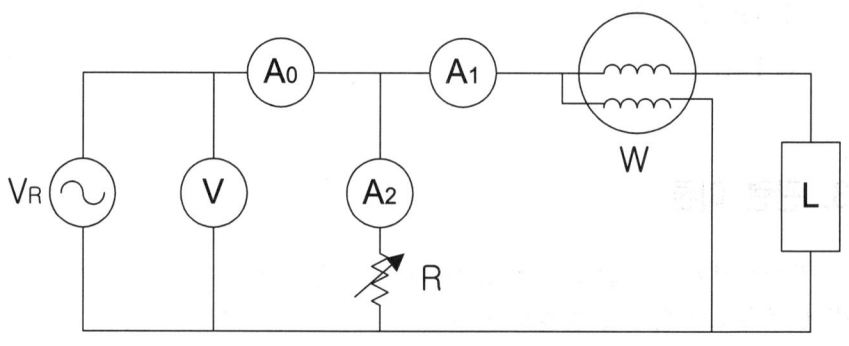

〈그림 28-1 3전류계에 의한 측정 회로도〉

1. 전류계 A_0, A_1 전력계 전류코일을 부하와 직렬로 연결한다.

2. 전류계 A_2 와 저항 R을 직렬로 연결하여 전원에 병렬로 연결하고, 전력계의 전압 코일도 병렬로 연결한다.

3. 그림 28-1과 같이 회로를 결선한다.

4. 전압조정기를 조정하면서 각 계기의 지시를 표에 기입한다.

제28장_3전류계법에 의한 단상전력 측정

5. 각 계기의 지시에 의하여 역률과 전력을 계산하여 표에 기입한다.

6. 다음은 부하 전력을 일정하게 놓고 저항 R을 변화시키면서 각 계기의 지시를 표에 기입한다.

7. 이때, 저항 R값은 부하임피던스의 값의 1/3 이상의 값에서부터 변화시킨다. 저항이 너무 작으면 전류계 A_2가 타게 될 염려가 있다.

5. 실험결과

〈표 28-1 3전류계법에 의한 전력측정(전원 가변)〉

전류계 [A]			저항 $R[\Omega]$	전력 P[W]	전압 V[V]	계산 역률 $\cos\theta = \dfrac{P}{EI} \times 100$	계산 전력 $EI\cos\theta$ [W]
I0	I1	I2					

〈표 28-2 3전류계법에 의한 전력측정(저항 가변)〉

전류계 [A]			저항 $R[\Omega]$	전력 P[W]	전압 V[V]	계산 역률 $\cos\theta = \dfrac{P}{EI} \times 100$	계산 전력 $EI\cos\theta$ [W]
I0	I1	I2					

6. 토의 및 고찰

1. 표 28-2에서 전력의 평균값과 역률의 평균값을 구하여라.

2. I_1, I_2, I_0, V 의 관계를 벡터그림으로 나타내어라.

3. $I_1 = 13\,[A]$, $I_2 = 4\,[A]$, $I_3 = 10\,[A]$, $R = 50\,[\Omega]$일 때, 유효전력과 역률은?

제28장_3전류계법에 의한 단상전력 측정

(28장) 실험보고서

학과		학년		학번	
조		조원 성명			
실험 일시		제출 일자		기타	

1. 실험제목 : 3전류계법에 의한 단상전력 측정 실험

2. 실험방법 :

(1) 그림 28-1과 같이 회로를 결선한 후, 실험순서에 따라 전원을 가변하면서 표 28-1에 기록한 후, 저항을 가변하면서 표 28-1에 기록한다. 최종적으로 역률과 전력을 계산한다.

에듀컨텐츠·휴피아
Educontents·Huepia

제29장 전등 부하의 결선과 실험

1. 실험 목적

전등부하를 합판에 결선하는 작업방법을 익히고, 전등부하의 직렬·병렬연결에 의한 전압·전류 그리고 단상전력을 측정한다. 교류에서의 오옴의 법칙, KCL 및 KVL를 확인한다.

2. 실험 준비물

1. 전구(60W/15W/18W 110V, 20W/60W 220V) 및 리셉터클	각 3개
2. 플러그, 합판(or 아크릴판) 및 단자대	각 1대
3. 나사	10개
4. 전선	약간
5. U단자	34개
6. 전동드릴, 스트립퍼, 압착펜치, 니퍼, 펜치 공구	각 1대
7. 누전차단기(or 스위치)	1개
8. 변압기	1대
9. 전압계	4대
10. 전류계	4대
11. 단상 전력계	1대

3. 관련 이론

저항의 직·병렬 회로와 동일하다. 계산 예를 AC 전원 110V 기준으로 보면 다음과 같다.

전구 1: 60W, 110V → $R_1 = \dfrac{V^2}{p} = \dfrac{110^2}{60} = 201.7 \ [\Omega]$

전구 2: 15W, 110V → $R_2 = \dfrac{V^2}{p} = \dfrac{110^2}{15} = 806.7 \ [\Omega]$

전구 3: 18W, 110V → $R_3 = \dfrac{V^2}{p} = \dfrac{110^2}{18} = 672.2 \ [\Omega]$

각 저항이 병렬인 경우를 등가회로로 나타내어 각 지로의 전류를 구하면,

$I_1 = \dfrac{V}{R_1} = \dfrac{110}{201.7} = 0.55 \ [A]$

$I_2 = \dfrac{V}{R_2} = \dfrac{110}{806.7} = 0.14 \ [A]$

$I_3 = \dfrac{V}{R_3} = \dfrac{110}{672.2} = 0.16 \ [A]$

KCL에 의하여 전체전류는 다음과 같이 된다.

$I = I_1 + I_2 + I_3 = 0.55 + 0.14 + 0.16 = 0.85 \ [A]$

각 저항을 직렬로 접속된 경우를 등가회로로 나타낸 후, 전류 및 전압강하를 구하면,

$R = R_1 + R_2 + R_3 = 201.7 + 806.7 + 672.7 = 1680.6 \ [\Omega]$

$I = \dfrac{V}{R} = \dfrac{110}{1680.6} = 0.065 \ [A]$

$V_1 = I\,R_1 = 0.065 \times 201.7 = 13.11 \ [V]$

$V_2 = I\,R_2 = 0.065 \times 806.7 = 52.43 \ [V]$

$V_3 = I\,R_3 = 0.065 \times 672.2 = 43.69 \ [V]$

제29장_전등 부하의 결선과 실험

KVL에 의하여 전체의 전압은 다음과 같이 된다.

$V = V_1 + V_2 + V_3 = 13.11 + 52.43 + 43.69 = 109.23\,[\mathrm{V}]$

4. 실험 순서

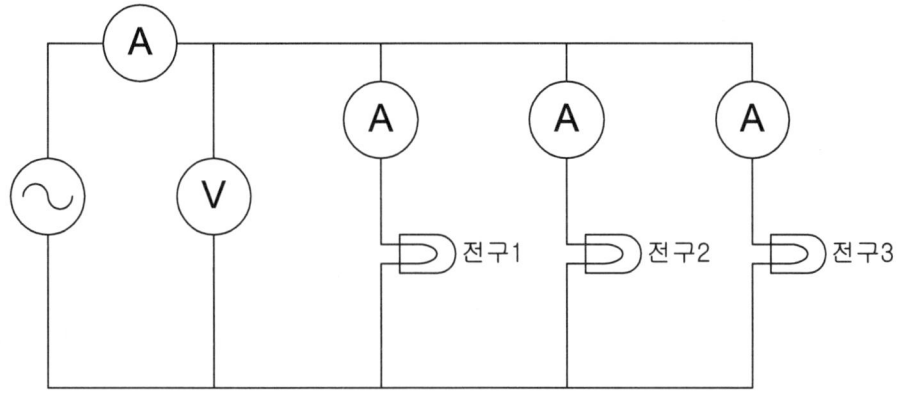

〈그림 29-1 전등부하의 병렬 결선도〉

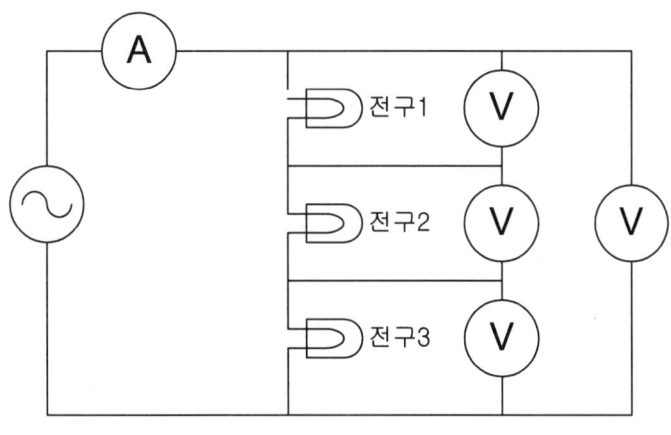

〈그림 29-2 전등부하의 직렬 결선도〉

1. 합판이나 아크릴 판에 전구를 이용하여 직렬회로와 병렬회로를 제작한다.
2. 전구의 직렬회로에서는 전구의 개수를 가변하면서 전압과 전류를 관찰하여 표에 기록한다. (먼저, 전압계 및 전류계를 실험대에 수평으로 놓고, 영점을

조정한다. 다음, 교류전압계 및 교류전류계를 그림과 같이 연결하여 전등에 걸리는 전압을 측정한다. 물론, 교류전압계는 회로와 병렬이다.)
3. 전구의 병렬회로에서도 전구의 개수를 가변하면서 전압과 전류를 측정하여 표에 기록한다. (단, 교류전압계 및 교류전류계를 그림 과 같이 연결한 후, 각 부하의 단자전압을 각각 측정하고 이것의 합이 전원전압과 일치하는가를 확인한다.)
4. 전구를 이용한 직렬회로 또는 교류회로에서 전압, 전류, 단상전력을 측정하여 표에 기록한다.

5. 실험 결과

〈표 29-1 전등부하의 직렬회로 실험결과〉

	V_1	V_2	V_3	V	E	I
전구1개						
전구2개						
전구3개						

〈표 29-2 전등부하의 병렬회로 실험결과〉

	I_1	I_2	I_3	I	E	V
전구1개						
전구2개						
전구3개						

제29장_전등 부하의 결선과 실험

〈표 29-3 전등부하의 단상전력 측정결과〉

	I_1	I_2	I_3	I	E	V	P
전구1개							
전구2개							
전구3개							

6. 실험 고찰

1. 전류계의 내부저항이 전압계의 내부저항에 비하여 극히 작은 이유는 무엇인가?

2. 직류회로일 경우와 동일하게 오옴의 법칙의 성립하는가?

전기공학 기초실험 with PSCAD

(29장) 실험보고서

학과		학년		학번	
조		조원 성명			
실험 일시		제출 일자		기타	

1. 실험제목 : 전등부하의 결선과 실험

2. 실험방법 :

(1) 전등부하의 직렬회로를 그림 29-3과 같이 결선한 후, 표에 기록한다. 이때, 사용 전구는 60[W], 110[V](또는 20[W], 220[V])로 실험한다. 이론치를 계산한 후, 오옴의 법칙과 KVL을 확인한다.

60[W], 110[V]의 경우, 이론치 계산은 다음과 같다.

$$p = VI = V\frac{V}{R} = \frac{V^2}{R}[W]$$

$$R_1 = \frac{V^2}{p} = \frac{110^2}{60} = 201.7[\Omega]$$

$$R_t = R_1 + R_2 = 403.4[\Omega]$$

$$I_t = \frac{V}{R_t} = \frac{110}{403.4} = 0.272682[A]$$

$$V_1 = IR_1 = 0.272682 \times 201.7 = 54.9996[V]$$

$V_2 = IR_2 = 0.272682 \times 201.7 = 54.9996 [V]$

$E = V_1 + V_2 \simeq 110 [V]$

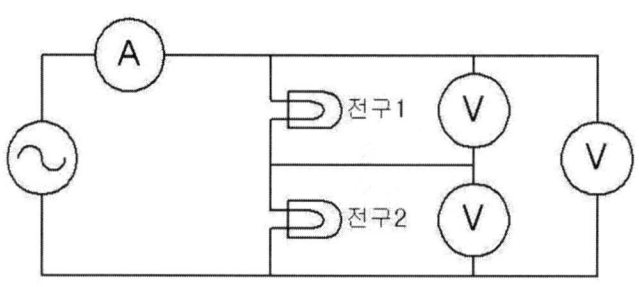

〈그림 29-3 전등부하 2개의 직렬회로〉

	V_1	V_2	V	E [인가전압]	I
전구1개					
전구2개					

(2) 전등부하의 병렬회로를 그림 29-4와 같이 결선한 후, 표에 기록한다. 이때, 사용 전구는 60[W], 110[V](또는 20[W], 220[V])로 실험한다. 이론치를 계산한 후, 오옴의 법칙과 KCL을 확인한다.

60[W], 110[V]의 경우, 이론치 계산은 다음과 같다.

$R_1 = \dfrac{V^2}{p} = \dfrac{110^2}{60} = 201.7 [\Omega]$

$R_t = \dfrac{R_1 + R_2}{R_1 \times R_2} = 100.85 [\Omega]$

제29장_전등 부하의 결선과 실험

$$I_t = \frac{V}{R_t} = \frac{110}{100.85} = 1.090729[A]$$

$$I_1 = \frac{V}{R_1} = \frac{110}{201.7} = 0.55[A] = I_2$$

$$I_t = I_1 + I_2 \simeq 1.1[A]$$

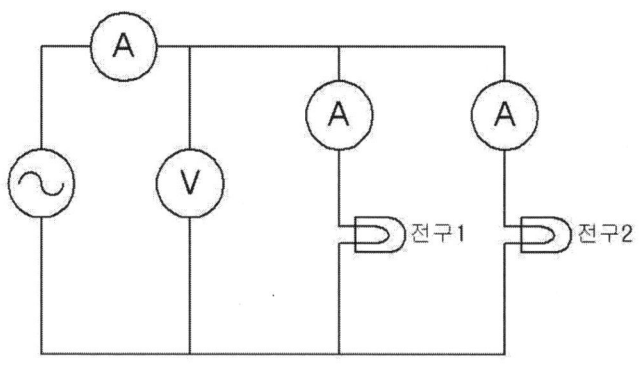

〈그림 29-4 전등부하 2개의 병렬회로〉

	I_1	I_2	I	E (인가전압)	V
전구1개					
전구2개					

(3) 전등부하의 직렬회로를 그림 29-3과 같이 결선한 후, 표에 기록한다. 이때, 사용 전구는 60[W] 220[V]와 20[W] 220[V]로 상이한 경우 직렬회로 실험을 한다. 이론치를 계산한 후, 오옴의 법칙과 KVL을 확인한다.

이론치 계산은 다음과 같다.

$$R_{60W} = \frac{V^2}{p} = \frac{220^2}{60} = 806.667[\Omega]$$

$$R_{20W} = \frac{V^2}{p} = \frac{220^2}{20} = 2420[\Omega]$$

$$R_t = R_{60W} + R_{20W} = 806 + 2420 = 3226[\Omega]$$

$$I_t = \frac{V}{R_t} = \frac{220}{3226} = 0.0681818[A]$$

$$V_{60W} = E \times \frac{R_{60W}}{R_{60W} + R_{20W}} = 220 \times \frac{806}{3226} = 55[V]$$

$$V_{60W} = IR_{60W} = 0.0681818 \times 806 = 55[V]$$

$$V_{20W} = IR_{20W} = 0.0681818 \times 2420 = 165[V]$$

$$E = V_{60W} + V_{20W} \simeq 220[V]$$

	V_1	V_2	V	E [인가전압]	I
전구1개					
전구2개					

(4) 전등부하의 병렬회로를 그림 29-4와 같이 결선한 후, 표에 기록한다. 이때, 사용 전구는 60[W] 220[V]와 20[W] 220[V]로 상이한 경우 병렬회로실험을 한다. 이론치를 계산한 후, 오옴의 법칙과 KVL을 확인한다.

이론치 계산은 다음과 같다.

$$R_{60W} = \frac{V^2}{p} = \frac{220^2}{60} = 806.667[\Omega]$$

제29장_전등 부하의 결선과 실험

$$R_{20W} = \frac{V^2}{p} = \frac{220^2}{20} = 2420[\Omega]$$

$$R_t = \frac{R_{60W} + R_{20W}}{R_{60W} \times R_{20W}} = \frac{806 + 2420}{806 \times 2420} = 605[\Omega]$$

$$I_t = \frac{V}{R_t} = \frac{220}{605} = 0.363636364[A]$$

$$I_{60W} = I \times \frac{R_{20W}}{R_{60W} + R_{20W}} = 0.363636364 \times \frac{2420}{3226} = 0.272727273[A]$$

$$I_{20W} = I \times \frac{R_{60W}}{R_{60W} + R_{20W}} = 0.363636364 \times \frac{806}{3226} = 0.0909091[A]$$

$$I_t = I_{60W} + I_{20W} \simeq 0.363636364[A]$$

	I_1	I_2	I	E (인가전압)	V
전구1개					
전구2개					

(5) 20[W], 220[V] 2개의 전구를 직렬회로로 연결한 경우 이론치를 계산한 후, 오옴의 법칙과 KVL을 확인한다.

(6) 20[W], 220[V] 2개의 전구를 병렬회로로 연결한 경우 이론치를 계산한 후, 오옴의 법칙과 KCL을 확인한다.

에듀컨텐츠·휴피아
CH Educontents·Huepia

제30장_PSCAD를 이용한 기초전기 실험

제30장 PSCAD를 이용한 기초전기 실험

1. PSCAD의 설치

1. PSCAD USB를 드라이브에 넣는다. 파일의 내용물은 V5 Base, V5 x64 HotFix 1 Installer, License_4302005.txt, BOOTEX.LOG 4개의 폴더 및 파일로 구성되어 있다.

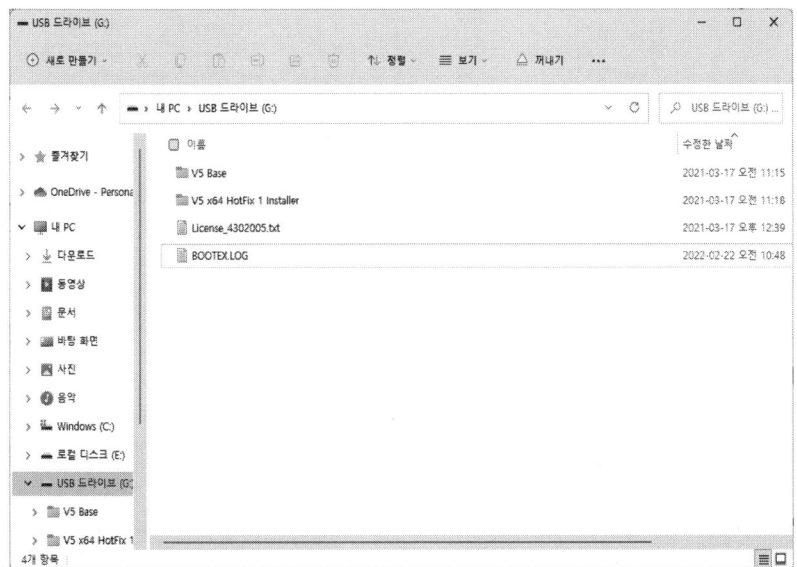

〈그림 30-1 PSCAD 5.0〉

2. 위 폴더에서 V5 Base 폴더 안에 setup.exe를 관리자 권한으로 실행한다.

3. 실행 후 〈그림 30-3〉의 화면이 나오면 추가정보를 클릭하고 실행을 누른다.

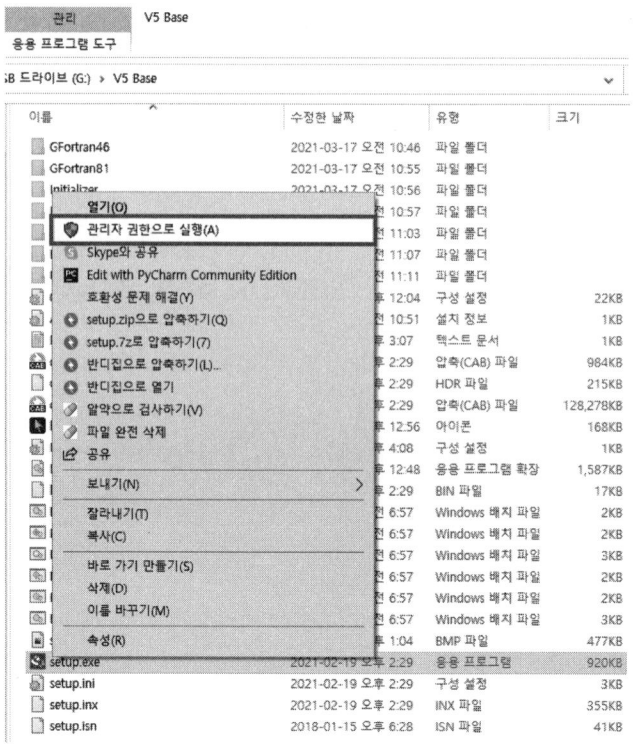

〈그림 30-2 V5 Base 폴더〉

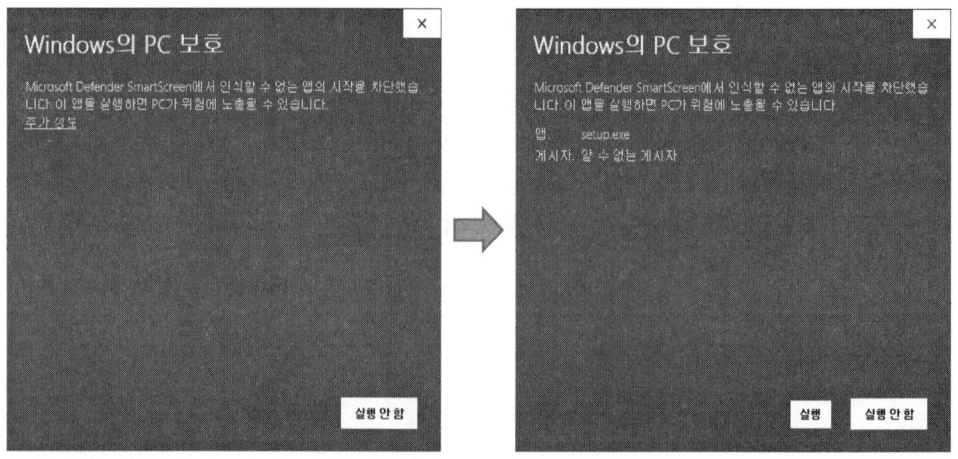

〈그림 30-3〉

제30장_PSCAD를 이용한 기초전기 실험

4. 보안창 실행을 누르고 Install을 누른다.

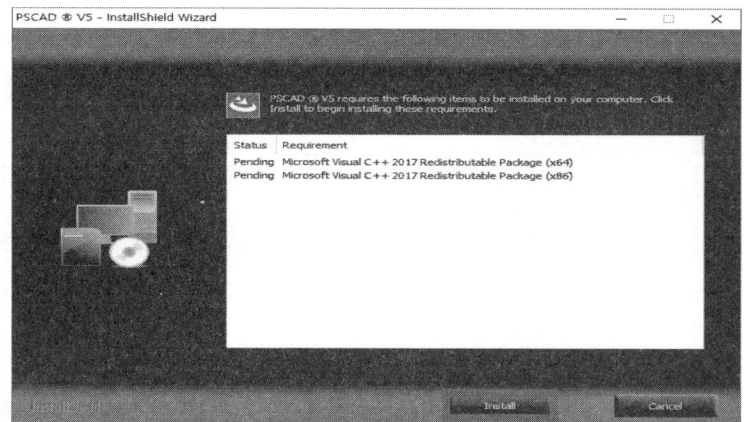

〈그림 30-4 PSCAD 설치마법사〉

5. Next

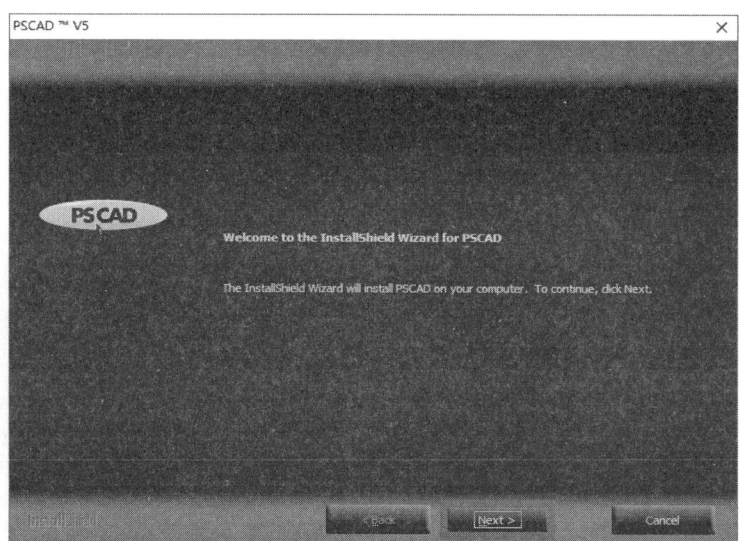

〈그림 30-5〉

전기공학 기초실험 with PSCAD

6. I accept the terms of the license agreement → Next

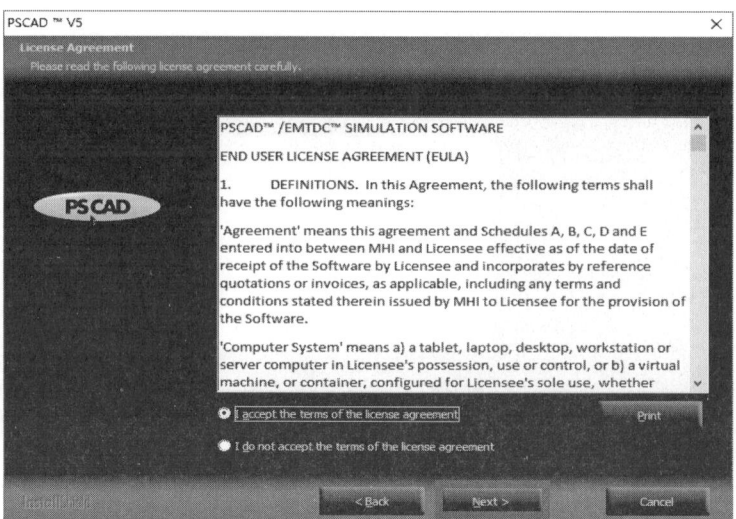

〈그림 30-6 I accept the terms of the license agreement → Next〉

7. 보안창 실행 누르고 Install 누르기, 이때 설치위치는 폴더경로에 한글로 구성된 경로가 존재하지 않도록 주의해야 한다. 앞으로 모든 설치경로 또한 마찬가지이다.

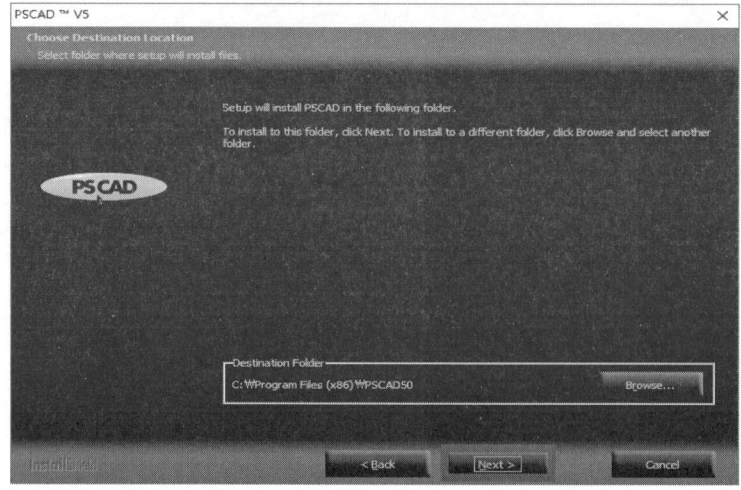

〈그림 30-7 보안창 실행 누르고 Install 누르기〉

제30장_PSCAD를 이용한 기초전기 실험

8. License Manager 체크 → Next

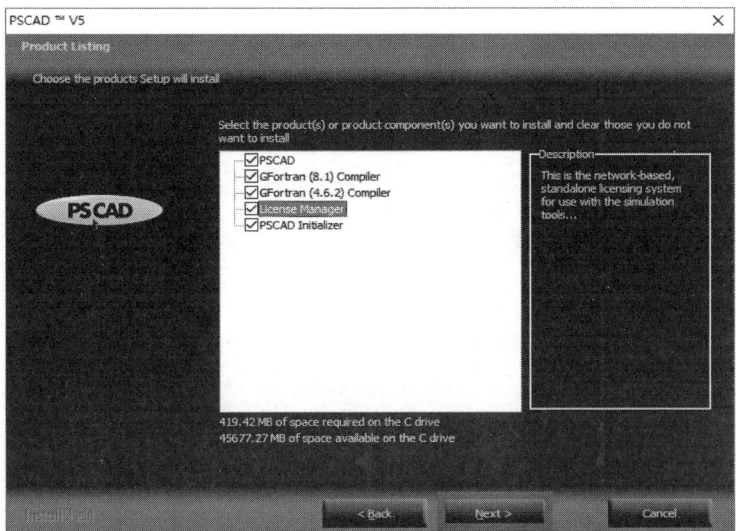

〈그림 30-8 License Manager 체크 → Next〉

9. Lock-based self-licensing → Next

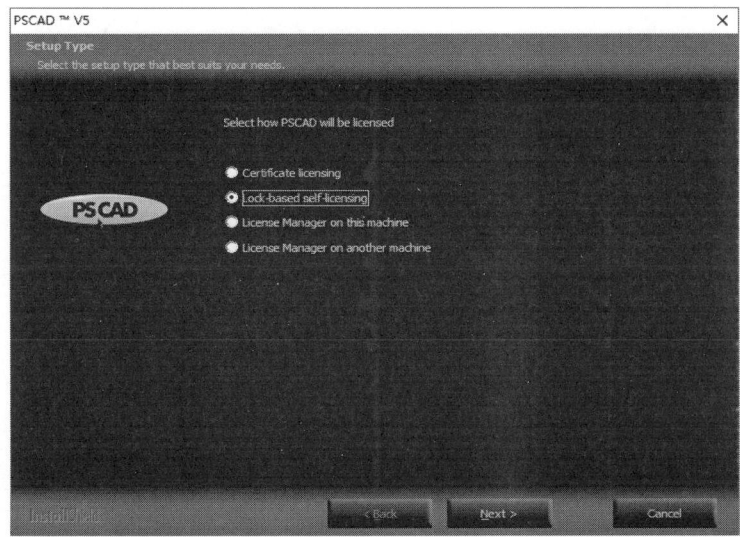

〈그림 30-9 Lock-based self-licensing → Next〉

전기공학 기초실험 with PSCAD

10. Next

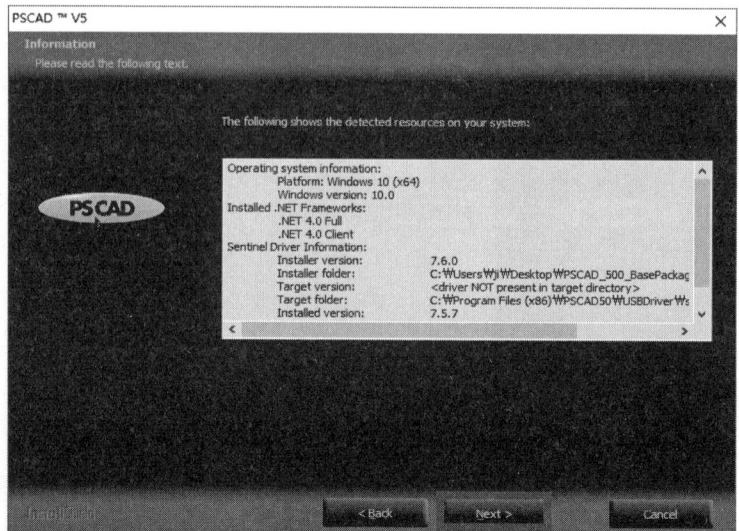

〈그림 30-10〉

11. 설치중

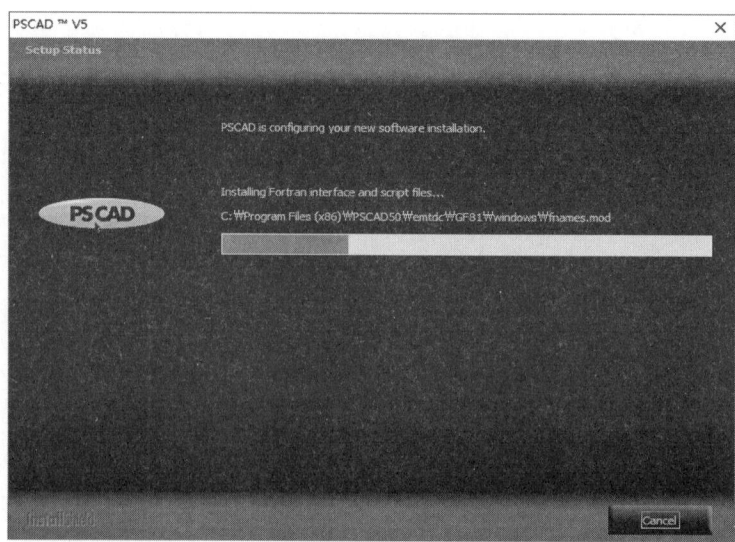

〈그림 30-11〉

제30장_PSCAD를 이용한 기초전기 실험

12. PSCAD의 License Manger 설치 마법사 Install 실행

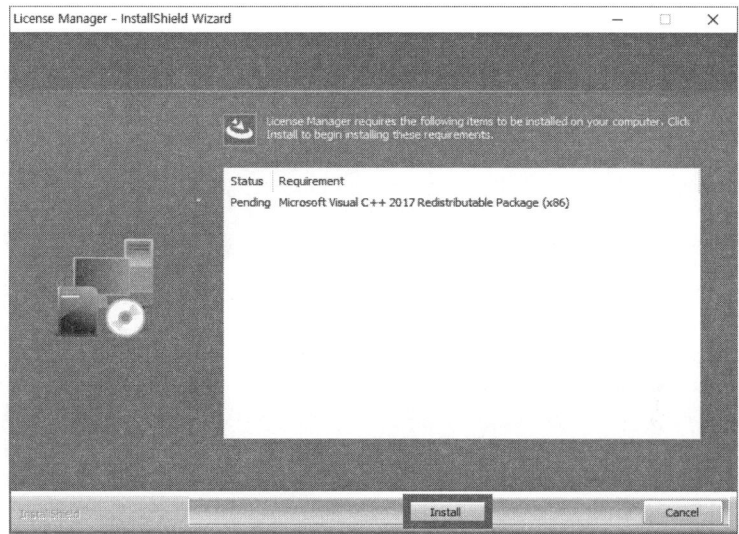

〈그림 30-12 License Manager 설치마법사〉

13. License Manager 체크 → Next

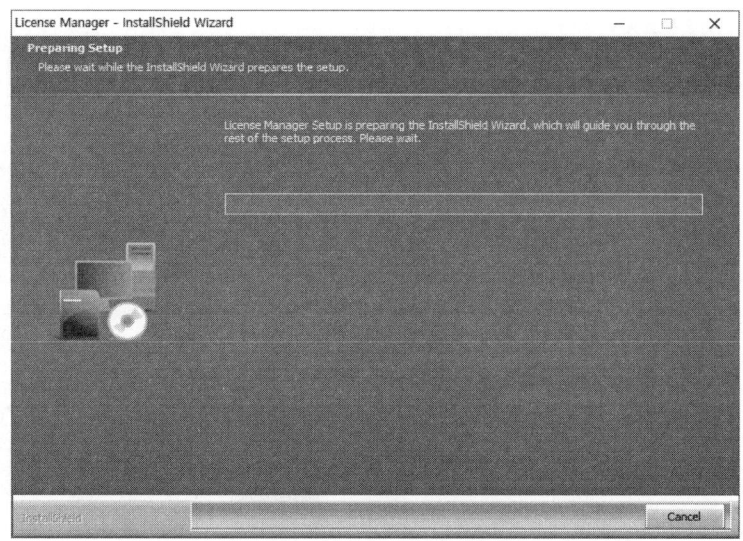

〈그림 30-13 License Manager 체크 → Next〉

__ 283

14. Next

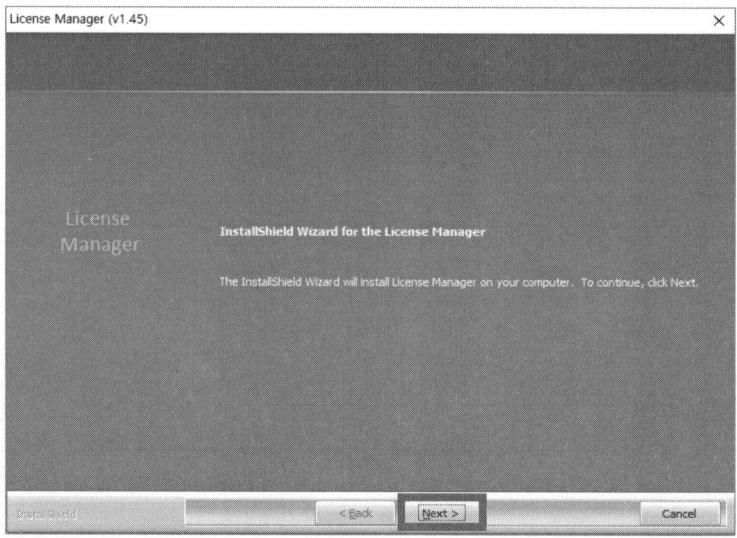

〈그림 30-14〉

15. I accept the terms of the license agreement 체크 → Next

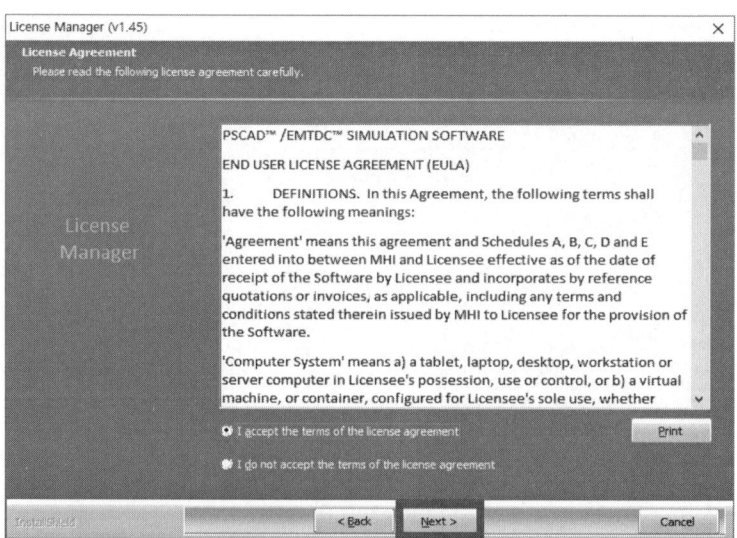

〈그림 30-15 I accept the terms of the license agreement → Next〉

제30장_PSCAD를 이용한 기초전기 실험

16. Next

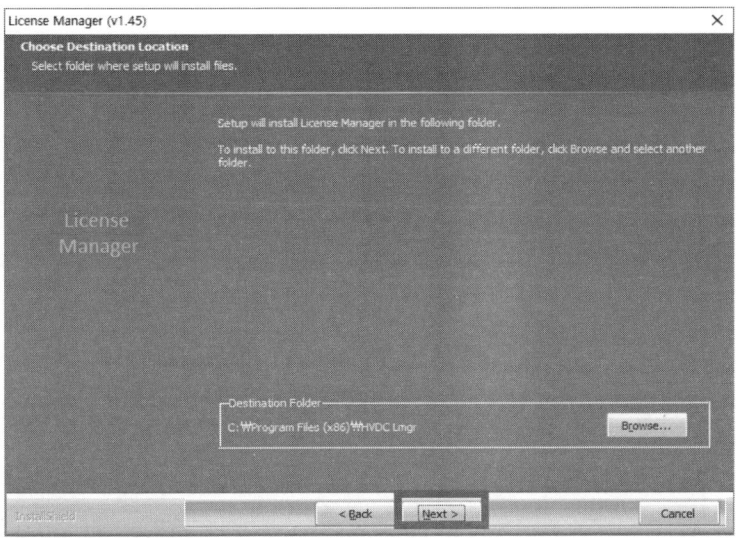

〈그림 30-16〉

17. Next

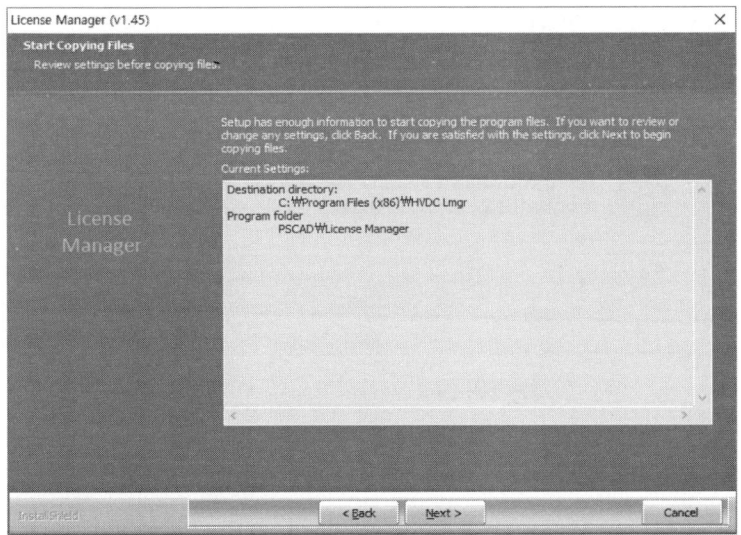

〈그림 30-17〉

18. 설치중

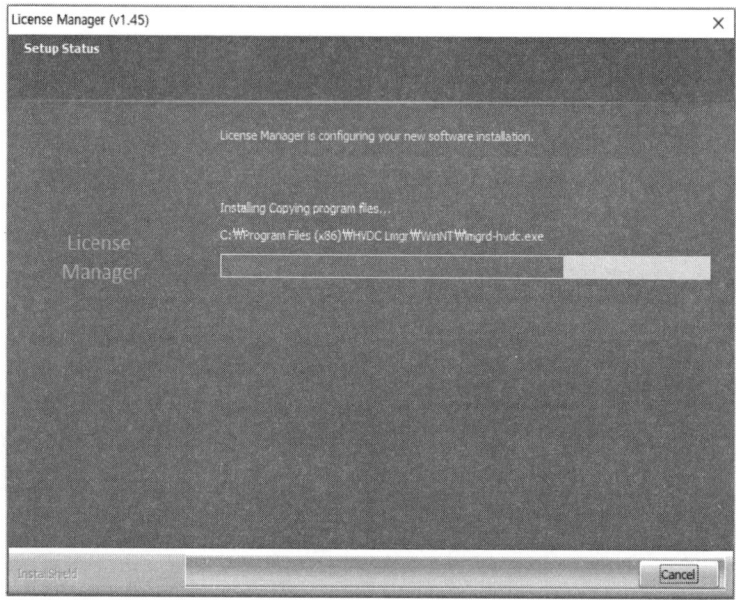

〈그림 30-18〉

19. License Manager 설치완료

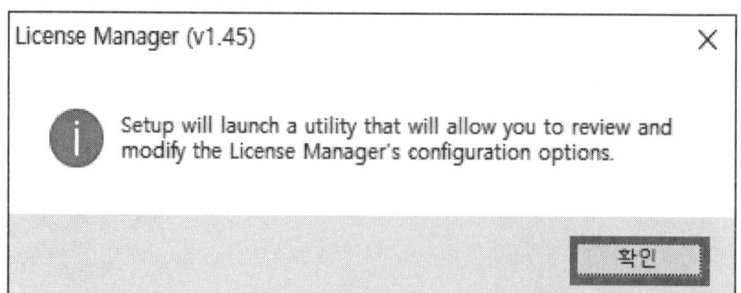

〈그림 30-19 License Manager 설치완료〉

제30장_PSCAD를 이용한 기초전기 실험

20. Setup Tool [1.45.0] 나가기 그리고 아니요 클릭

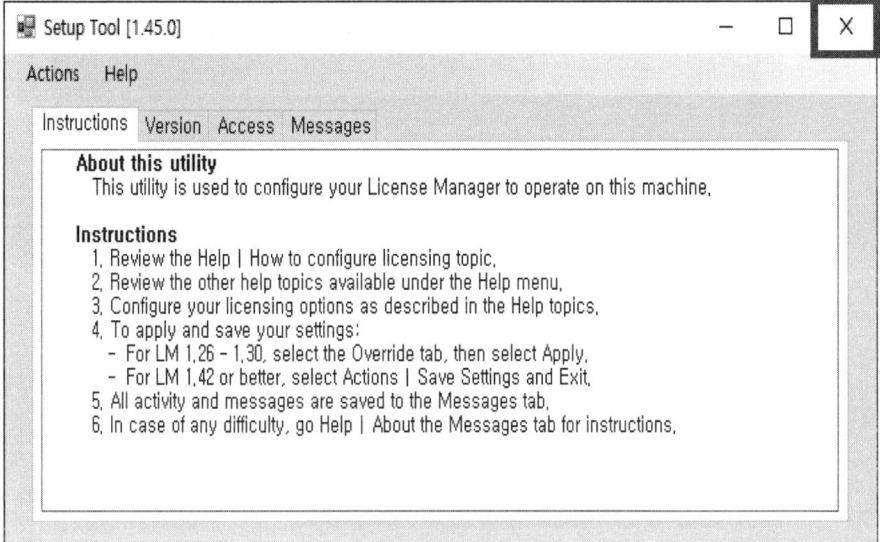

〈그림 30-20 Setup Tool [1.45.0]〉

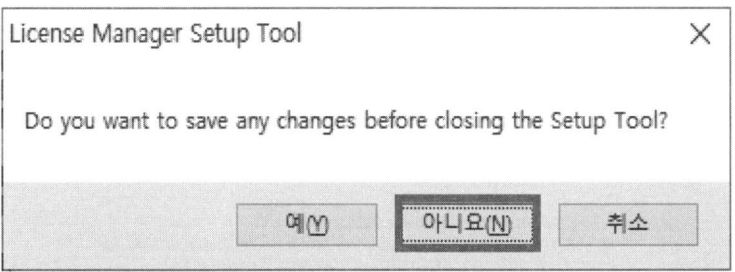

〈그림 30-21〉

전기공학 기초실험 with PSCAD

21. Yes-install/update product licenses 체크 → Next

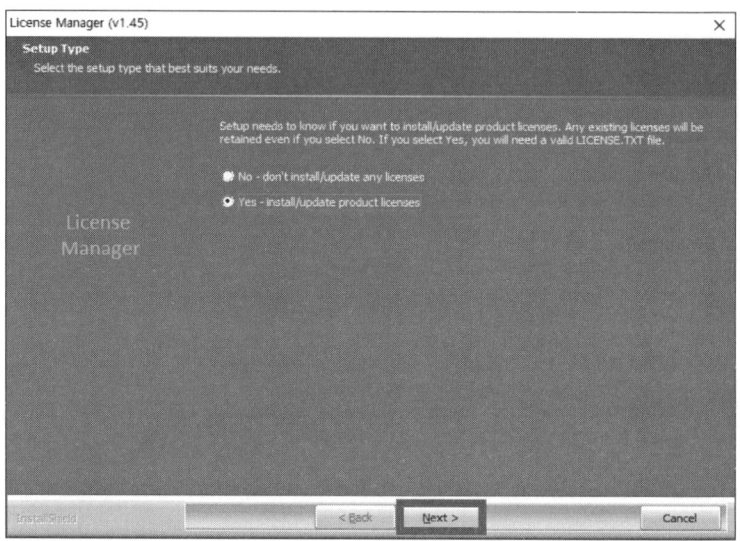

〈그림 30-22 Yes-install/update product licenses 체크 → Next〉

22. License Update Utility [v1.46.0.0] 나가기

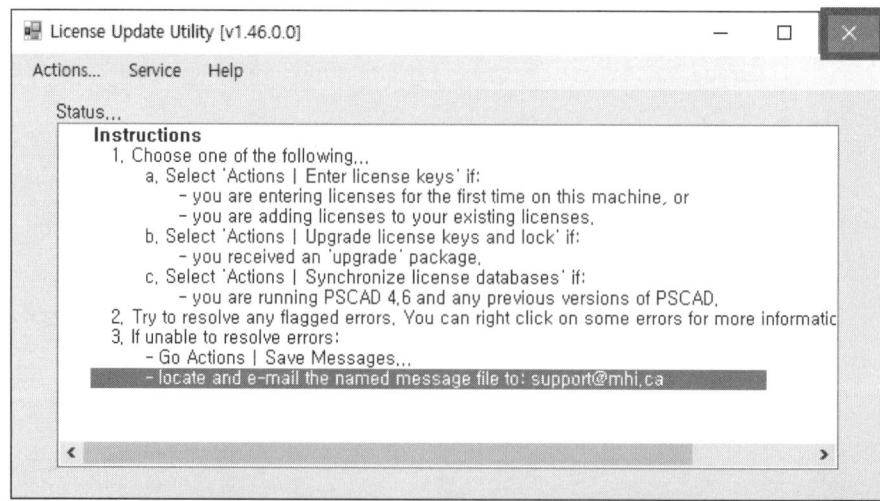

〈그림 30-23 License Update Utility [v1.46.0.0]〉

제30장_PSCAD를 이용한 기초전기 실험

23. PSCAD 설치마법사 완료 (1)

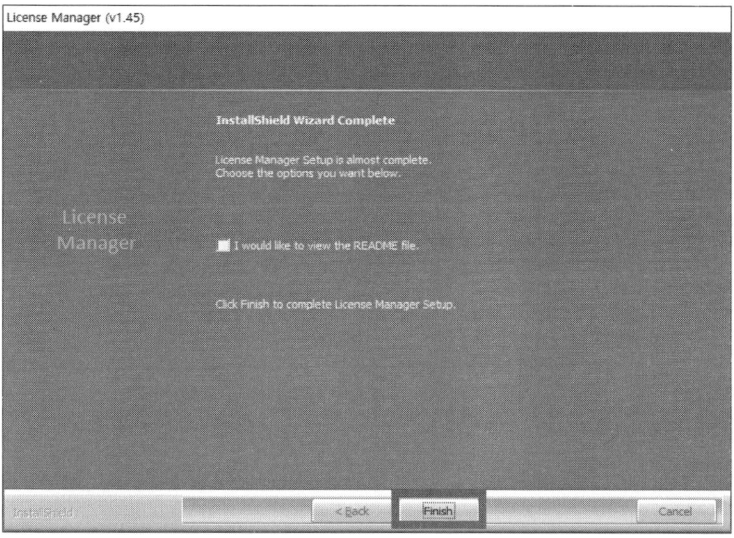

〈그림 30-24〉

24. PSCAD 설치마법사 완료 (2)

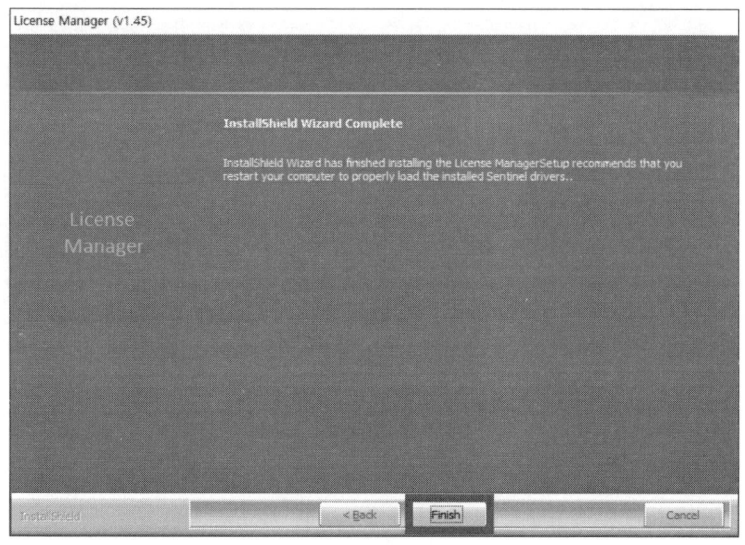

〈그림 30-25〉

25. PSCAD의 기능을 위해 Python (v3.7.8)을 설치한다.

〈그림 30-26 Python (v3.7.9) 설치〉

26. PSCAD의 기능을 위해 GFortran (v4.6.2)를 설치한다.

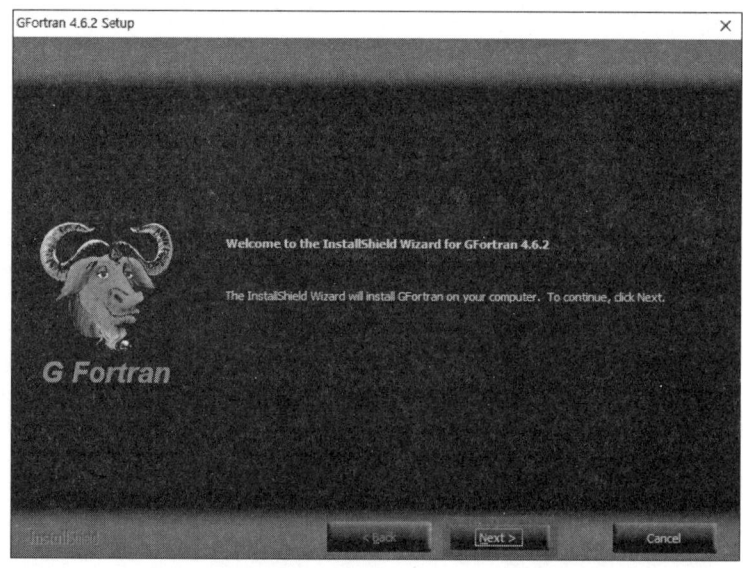

〈그림 30-27 GFortran (v4.6.2) 설치〉

제30장_PSCAD를 이용한 기초전기 실험

27. I accept the terms of the license agreement 체크 → Next

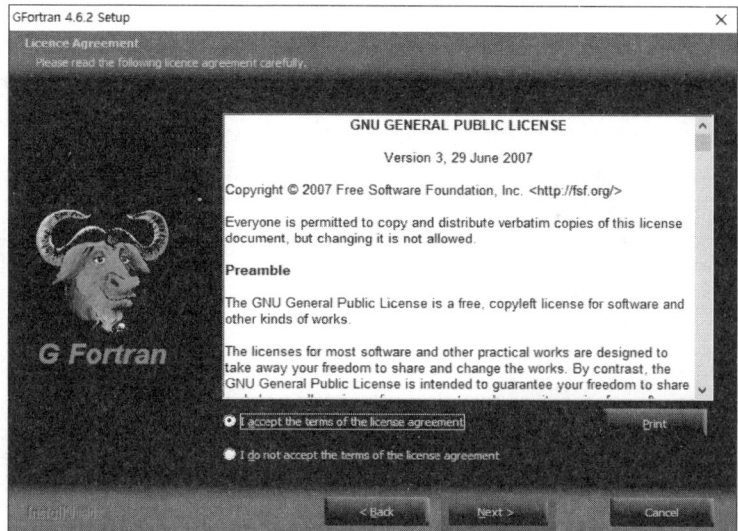

〈그림 30-28 I accept the terms of the license agreement 체크 → Next〉

28. Next

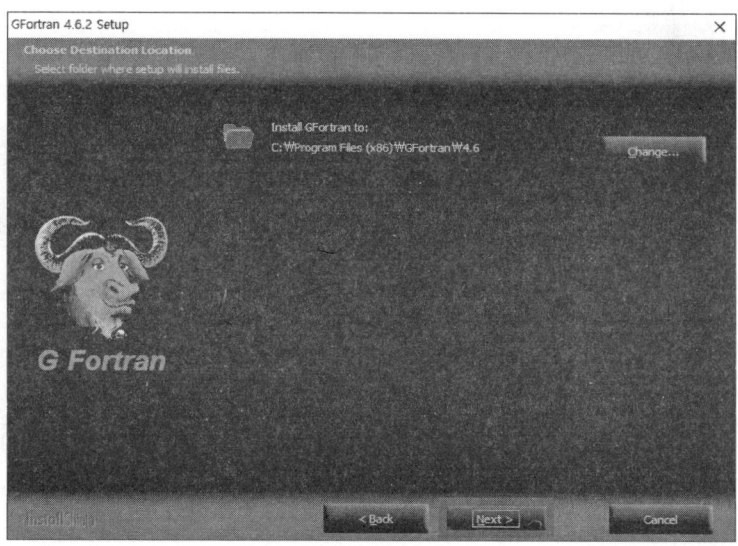

〈그림 30-29〉

29. Next

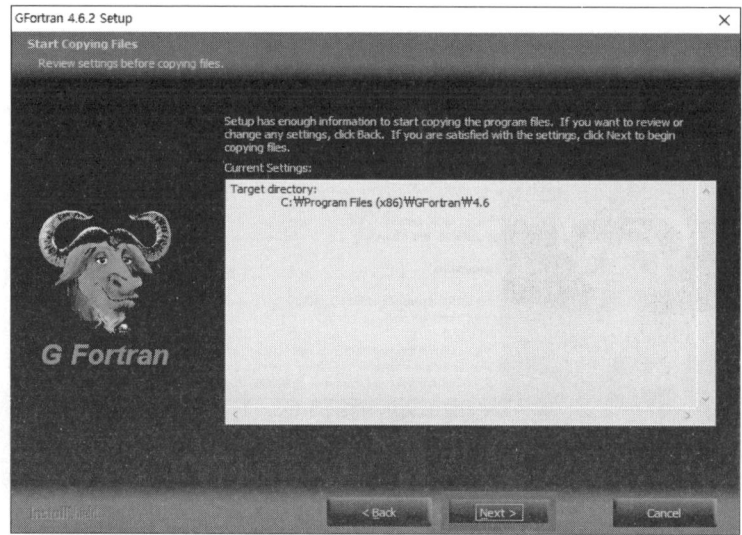

〈그림 30-30〉

30. 설치중

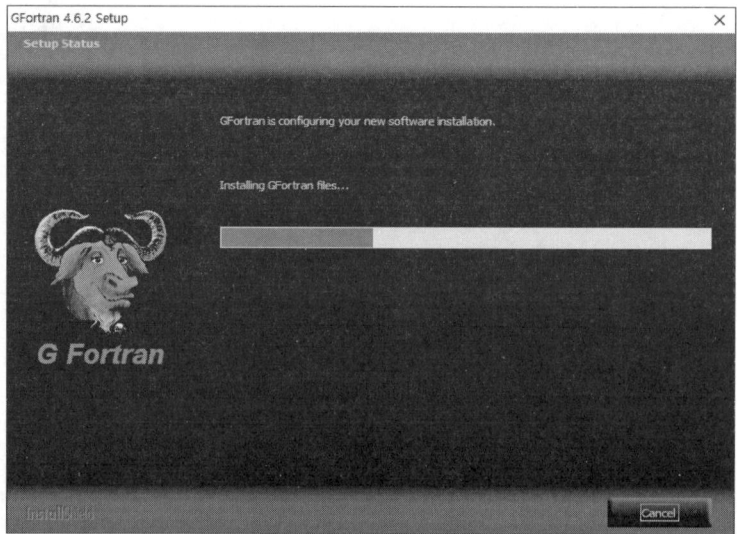

〈그림 30-31〉

제30장_PSCAD를 이용한 기초전기 실험

31. Python (v3.7.8) 및 GFortran (v4.6.2) 설치완료

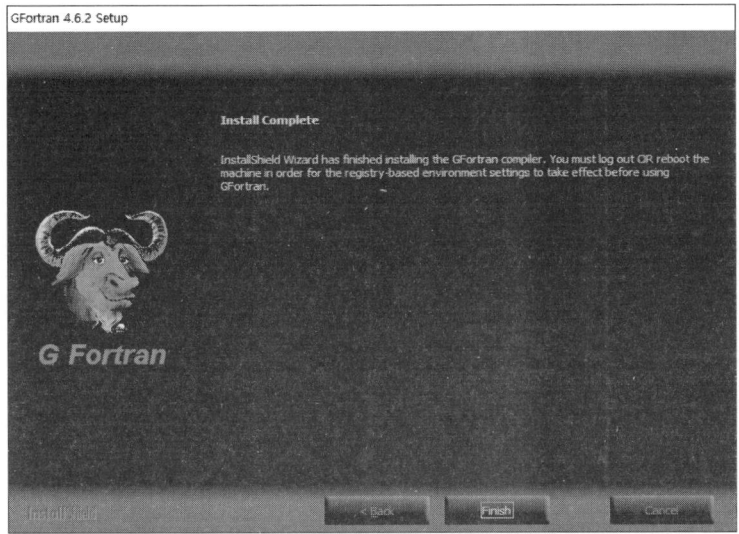

〈그림 30-32 Python 및 GFortran 설치완료〉

32. Installer의 Progress가 완료될 때까지 대기

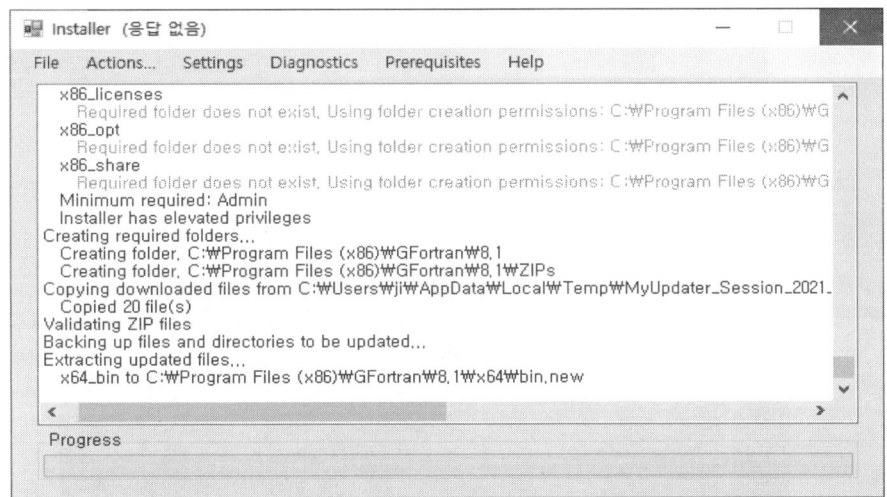

〈그림 30-33〉

33. Progress 완료 이후 다음 창들을 모두 확인

〈그림 30-34〉

34. Yes, I want to restart my computer now. 체크 → Finish

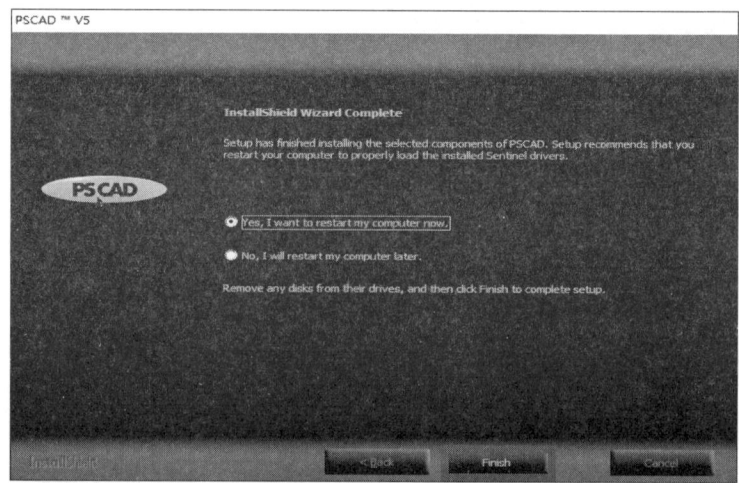

〈그림 30-35 PSCAD 설치마법사 최종완료〉

제30장_PSCAD를 이용한 기초전기 실험

35. 컴퓨터 재부팅 후, 탐색기에서 PSCAD를 검색하고 관리자 권한으로 실행

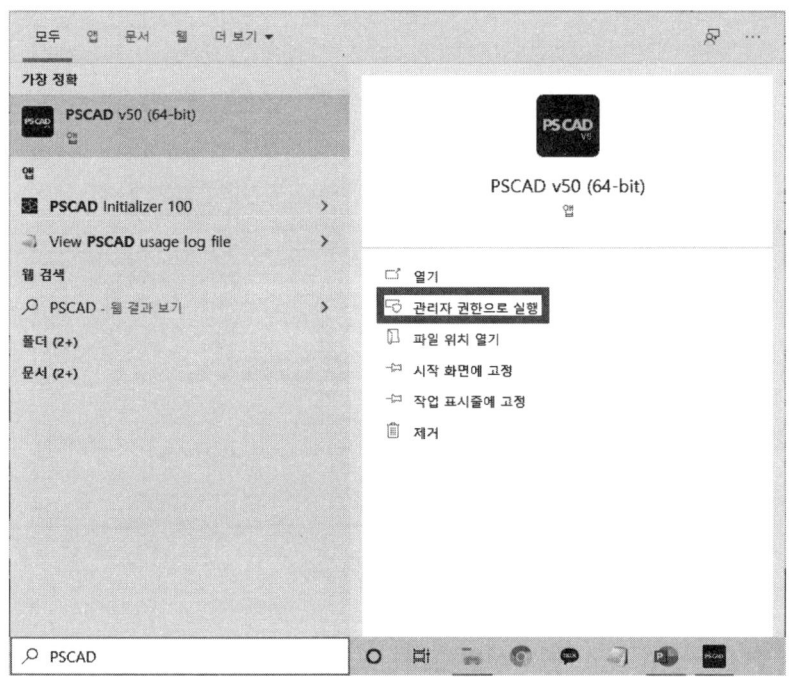

〈그림 30-36 PSCAD 아이콘〉

36. 정품인증을 위한 절차를 실행한다.

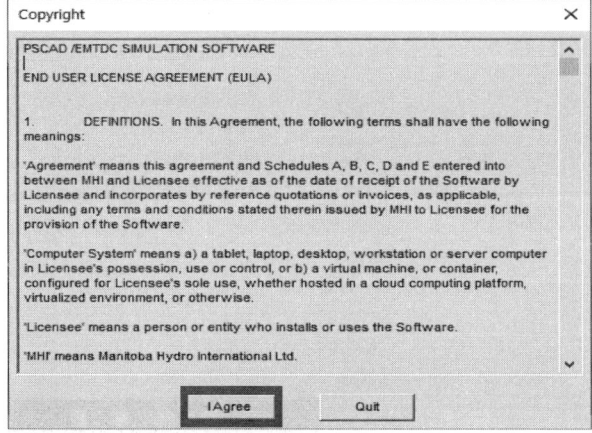

〈그림 30-37〉

전기공학 기초실험 with PSCAD

37. I Agree 이후 다음 창들을 모두 확인

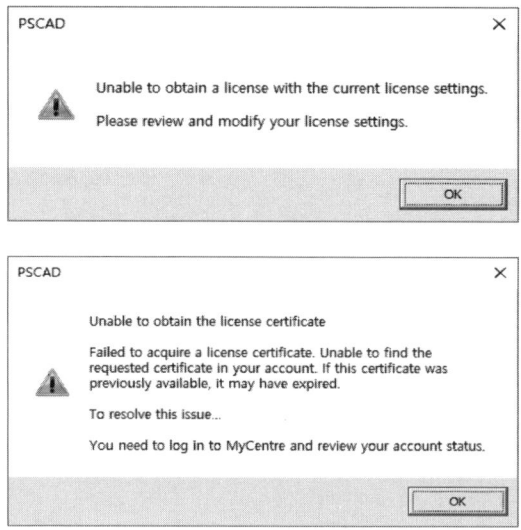

〈그림 30-38〉

38. PSCAD창을 닫고, 탐색기에 Enter License Key를 관리자 권한으로 실행

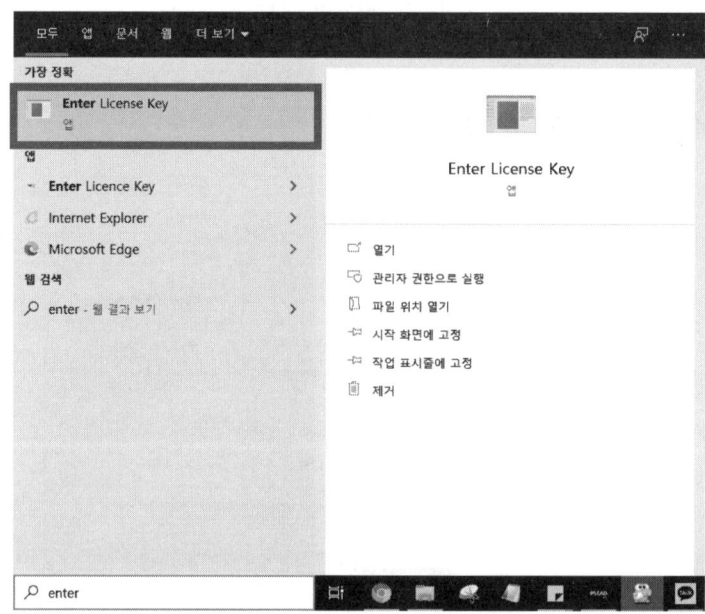

〈그림 30-39 Enter License Key 아이콘〉

제30장_PSCAD를 이용한 기초전기 실험

39. License Update Utility [v1.46.0.0]이 실행되고, Toolbar에서 Action - Delete license databases를 클릭한다.

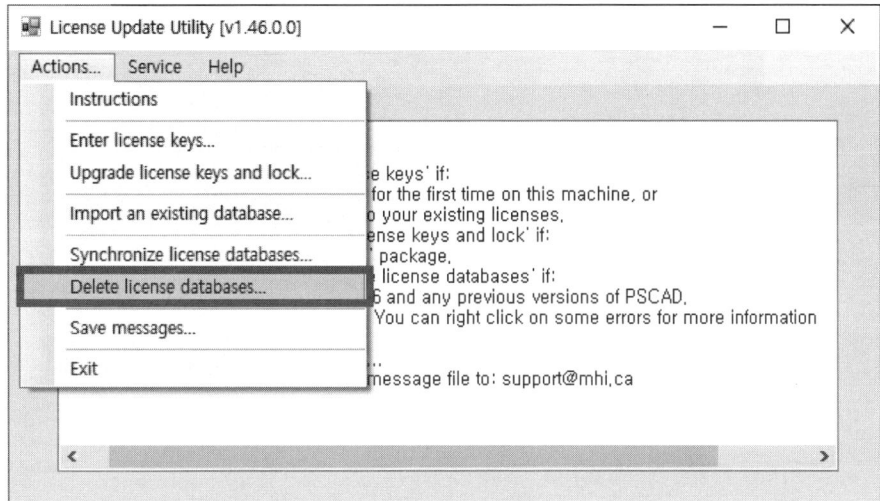

〈그림 30-40 License Databases 삭제하기〉

40. 삭제가 완료되면, Action - Enter license keys를 클릭한다.

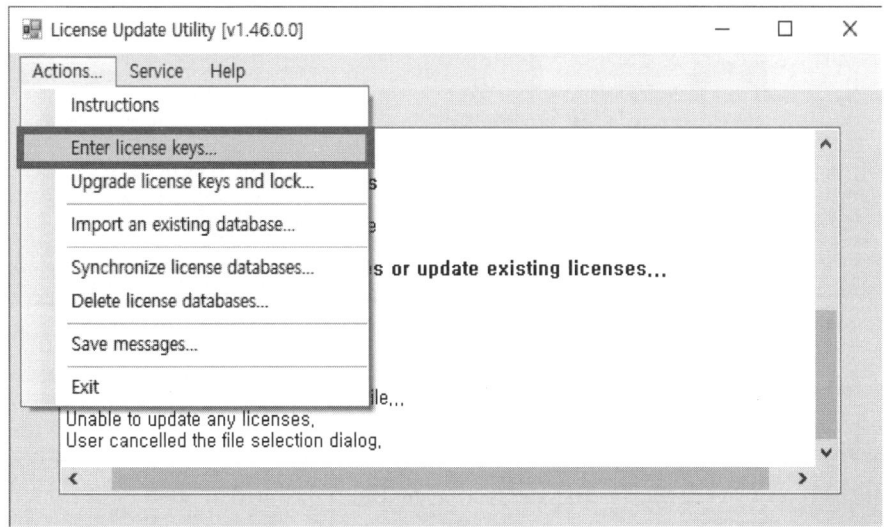

〈그림 30-41〉

전기공학 기초실험 with PSCAD

41. PSCAD USB에 있는 License 파일을 C:\에 복사 후 붙여넣기

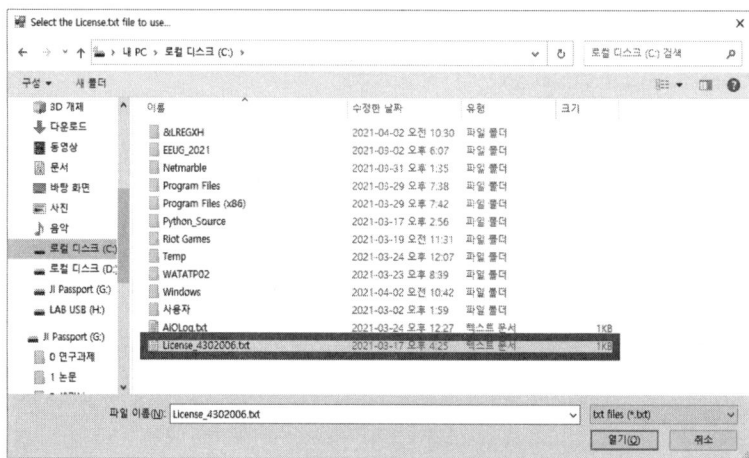

〈그림 30-42 C:\ 폴더〉

42. License Update Utility [v1.46.0.0]에 License 1이 있는지 확인

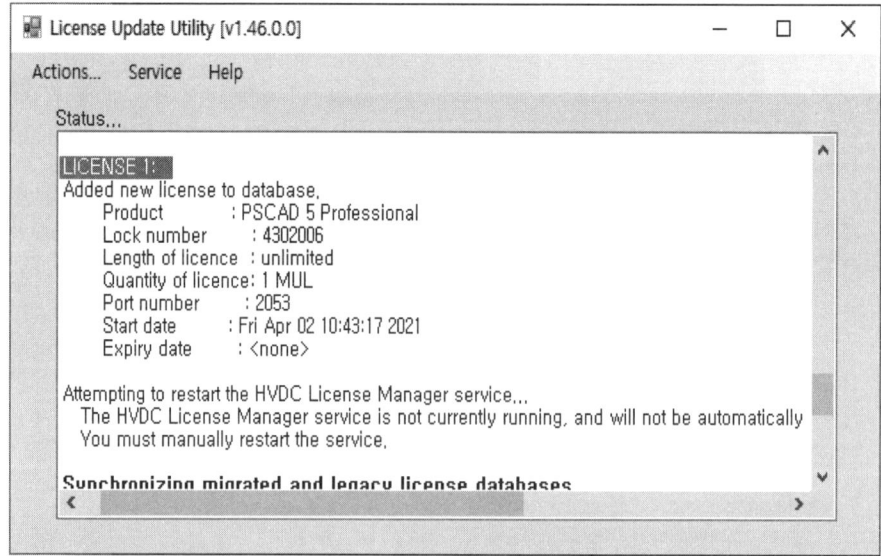

〈그림 30-43 License Update Utility [v1.46.0.0] 화면〉

제30장_PSCAD를 이용한 기초전기 실험

43. PSCAD가 올바르게 실행되었다면 License 안내 없이 다음과 같은 화면이 실행될 것이다.

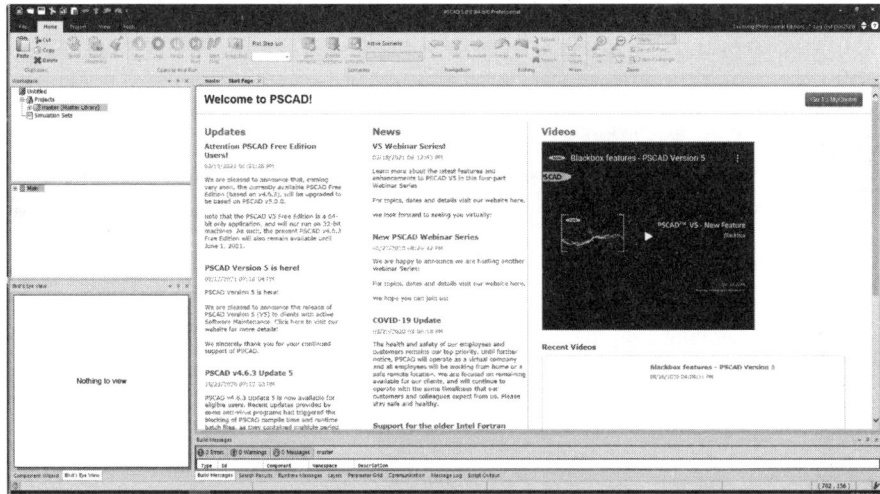

〈그림 30-44 PSCAD 실행 첫 화면〉

2. PSCAD 기초 사용

1. Toolbar - File - New - New Case - Namespace : 새로운 Project의 이름을 입력한다. PSCAD의 Project 이름은 몇 가지 조건들이 있다. 먼저 영문으로 시작되어야 하며, 특수문자와 한글은 입력하면 안된다. 마지막으로 공백처리는 Underbar(_)를 이용한다.

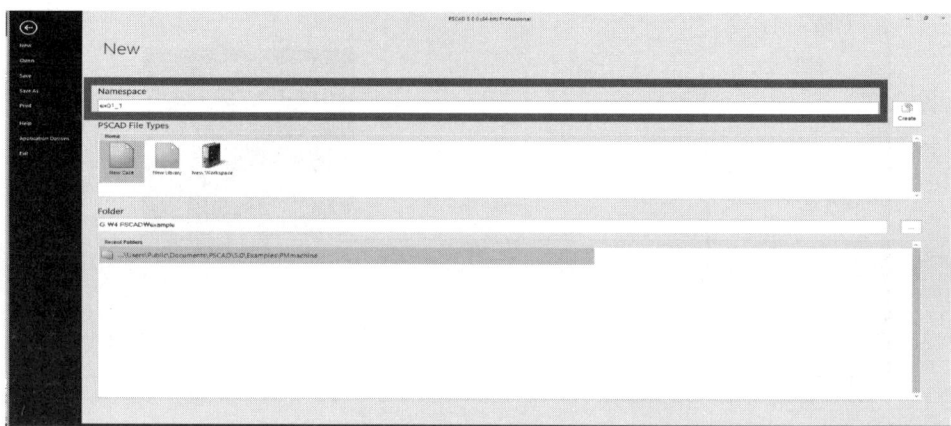

〈그림 30-45 PSCAD의 Project 생성하기〉

2. Project 명을 설정한 뒤 Create를 누르면 작업공간이 생성된다.

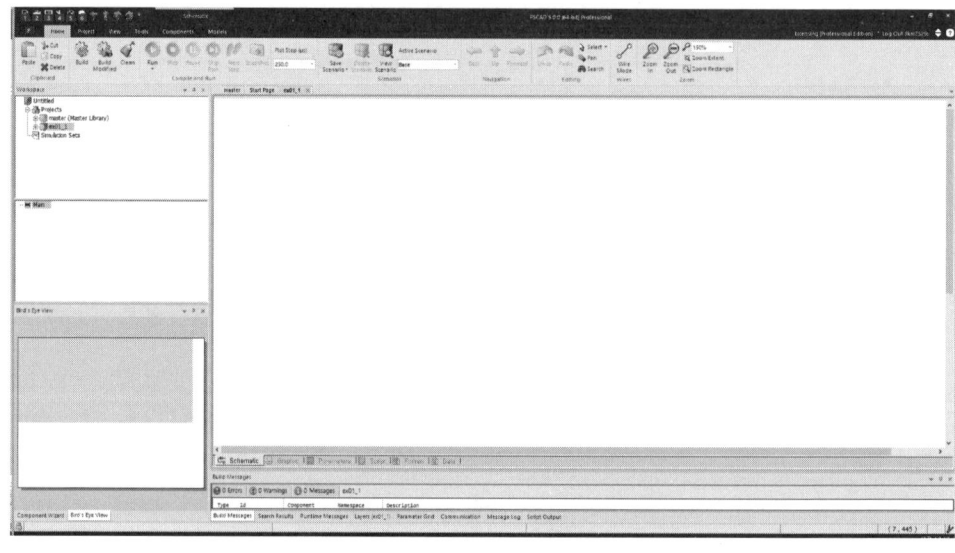

〈그림 30-46 ex01_1.pscx〉

제30장_PSCAD를 이용한 기초전기 실험

3. 작업공간에 마우스를 우클릭하여 Canvas Settings를 누르면 작업공간의 넓이를 직접 설정할 수 있다.

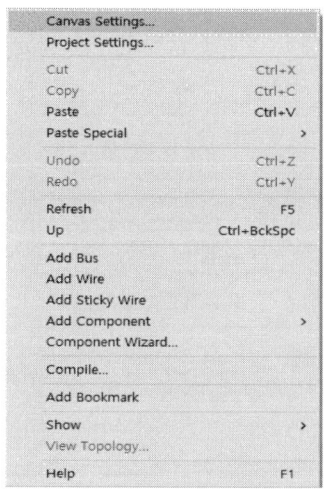 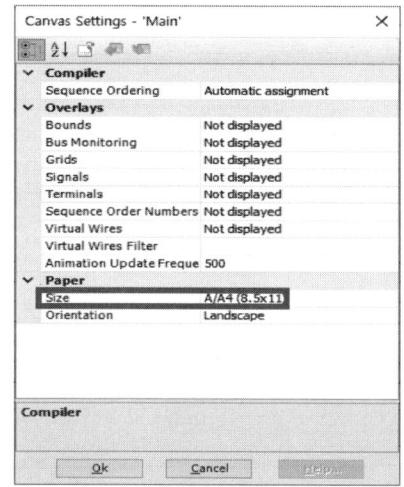

〈그림 30-47 Canvas Settings → Size 조절〉

4. 시뮬레이션 결과를 출력하는 그래프는 x축과 y축을 더블 클릭하여 각 축의 설정을 지정할 수 있다.

5. 출력 결과의 그래프 파형을 좀 더 선명하게 보고 싶다면, 그래프의 이름을 클릭하고, B (Bold)를 눌러서 진하게 볼 수 있다. 그래프를 복사할 때는 Ctrl + C와 Ctrl + V를 활용하면 된다.

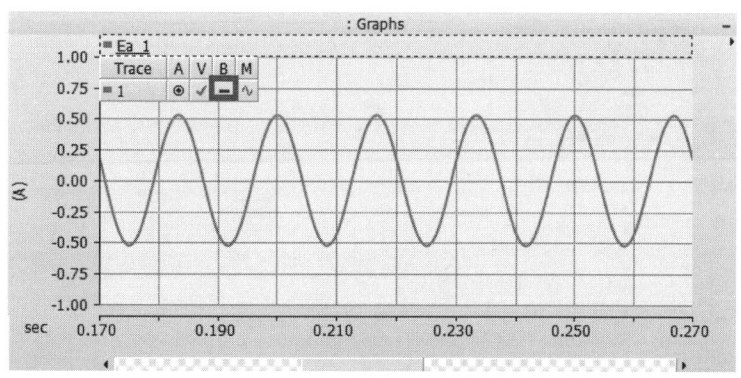

〈그림 30-48-1 그래프 출력 곡선 설정〉

6. PSCAD는 회로도의 소자별 계측 (전류, 전압, 전력 등)을 확인하기 위해서는 Prove 소자 즉 계측소자를 활용해야 하고, 그래프로 출력시키기 위해서는 Signal 이라는 Component를 그래프와 연결해야 하는데, 이때 각각의 Prove와 Signal의 이름을 동일하게 설정해야 내가 원하는 계측소자의 출력결과를 확인할 수 있다.

〈그림 30-48-2 올바른 Prove, Signal 배치〉

7. 교류전압원의 경우 출력 파형의 위상을 직접 조정할 수 있다. 이때 조정되는 위상은 회로에 존재하는 L이나 C와 같은 소자에 의한 위상변이가 아닌 초기위상 고유값을 0°에서 다른 위상으로 변경하는 것이다.

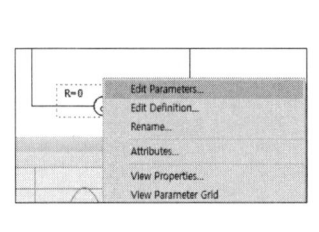
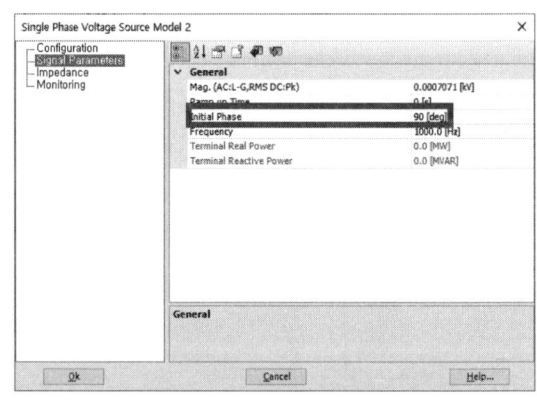

〈그림 30-49-1 그래프 위상 설정법 (0° → 90°)〉

제30장_PSCAD를 이용한 기초전기 실험

8. PSCAD의 시뮬레이션을 위한 설정시간은 Toolbar – Project – Runtime란에서 3가지의 시간을 설정할 수 있다.

   1) Duration of Run : 실행 시간 (내가 이 시간까지 실행하고 싶다.)

   2) Solution Time Step : 시뮬레이션 시간 단계, 기본값은 50us이며, 이는 대부분의 실제 회로에 대한 일반적인 단계이다. 권장 사항은 정확한 시뮬레이션 결과를 얻기 위해 회로에서 가장 작은 시간 상수보다 작은 값과 소스의 주기 보다 작은 값을 선택하는 것이다.

   3) Channel Plot Step : 플로팅을 위해 데이터를 PSCAD로 보내고 데이터를 출력 파일에 사용하는 시간 간격이다. 일반적으로 250us를 사용하나 이는 목적에 따라 잘 선택해야 한다. 다만, 샘플링 간격이 너무 크면 파형이 불안정하게 나타날 수 있다.

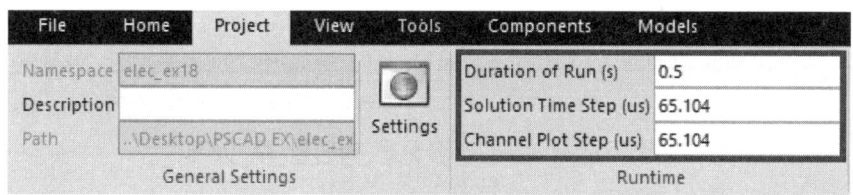

〈그림 30-49-2 시뮬레이션 시간 설정〉

9. 생성된 Project 좌측에 Workspace라는 Project의 하위개념들이 존재한다. 마찬가지로 해당 하위개념들은 Project의 작업화면 상단에서도 확인할 수 있는데, 이 중 master라는 Workspace에 들어가 보면 회로구성에 필요한 다양한 소자들을 확인할 수 있다. 작업화면에서 우클릭 – Add Components를 통해서 소자활용이 가능하지만, 소자를 잘 모르는 상황에서는 master의 소자들을 통해 작업하는 것이 더 쉽기 때문이다.

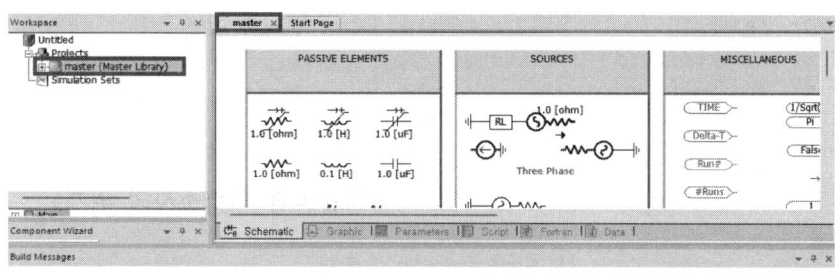

〈그림 30-50 master 소자들〉

10. 간단한 예제를 통해 배운 것을 확인해보자, 그림 30-51의 예제 회로를 구성해 보고 저항은 10[Ω], 직류전압 (DC)을 10[V]로 설정한 뒤, 실행 및 그래프 출력을 해보자.

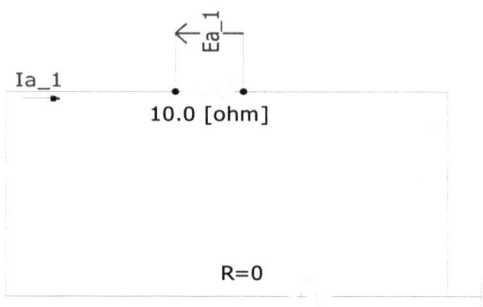

〈그림 30-51 예제 회로〉

11. 회로를 그리기 위해서는 master를 통해 필요한 소자들을 먼저 가져와야한다. 예제 회로에 필요한 소자는 직류전압원과 저항소자이다. 각각 Sources와 Passive Elements 페이지에서 해당 소자들을 확인할 수 있다.

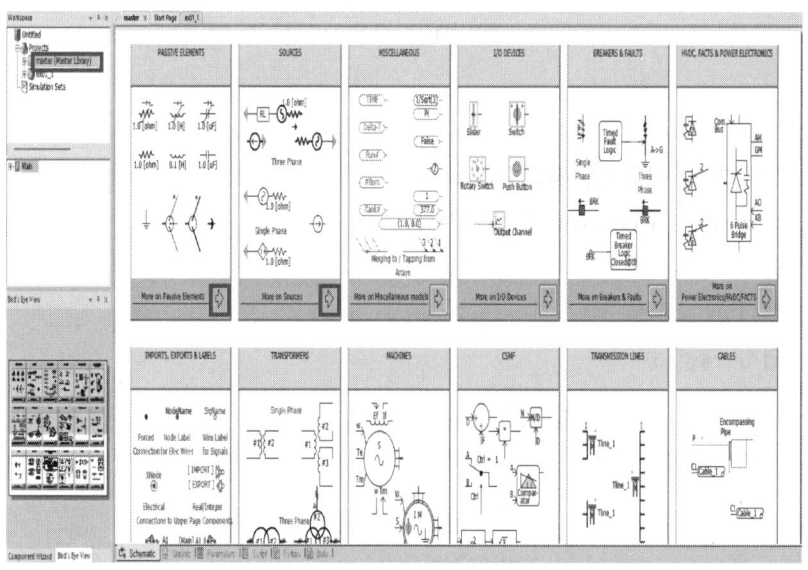

〈그림 30-52 master에서 직류전압원과 저항소자의 위치〉

제30장_PSCAD를 이용한 기초전기 실험

12. 필요한 소자들을 선택한다.

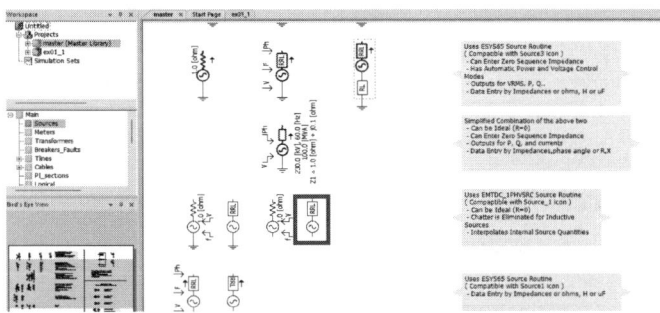

〈그림 30-53 전압원들의 종류〉

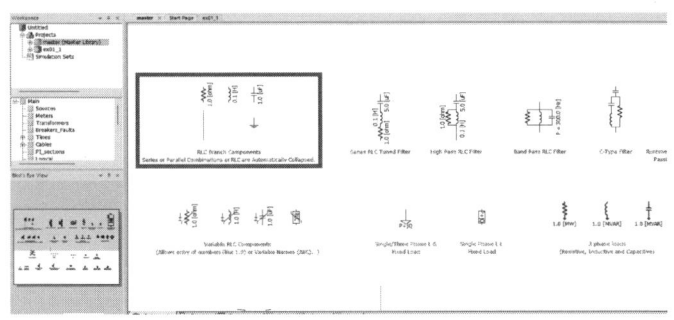

〈그림 30-54 수동소자들의 종류〉

13. 필요한 소자들을 나의 Project Canvas로 불러온다.

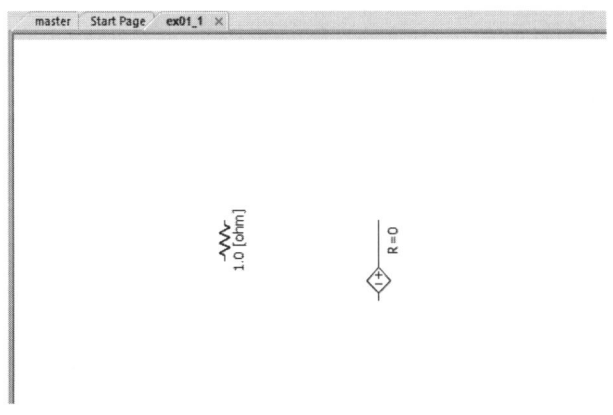

〈그림 30-55 master로부터 불러온 소자들〉

14. 전압원의 특성 및 값들을 설정한다. 차례대로 다음과 같다.

1) Source Name : 전원 이름 설정
2) Source Impedance : 전원 임피던스 설정
3) Is This Source Grounded? : 전원의 접지 여부
4) Specified Parameters : 지정된 파라미터
5) Input Method : 입력방식
6) Source Type : 전원 종류

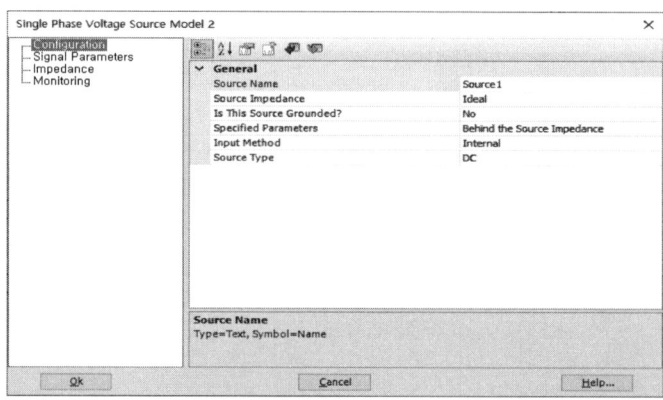

〈그림 30-56 전압원 설정하기 (1)〉

1) Mag(Magnitude) : 크기
2) Ramp up Time : 과도 시간 설정
3) Initial Phase : 초기 위상
4) Frequency : 주파수

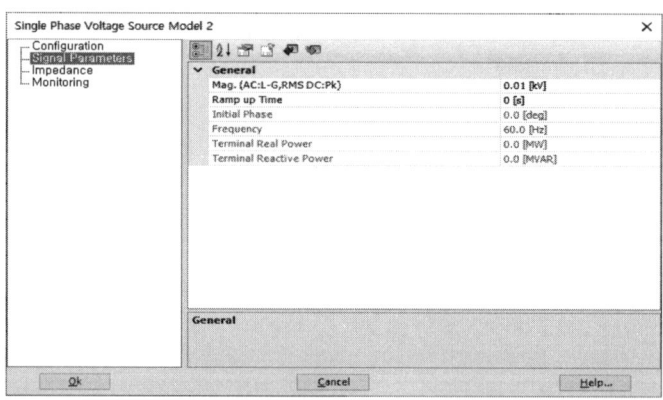

〈그림 30-57 전압원 설정하기 (2)〉

15. 저항소자의 값을 설정한다.

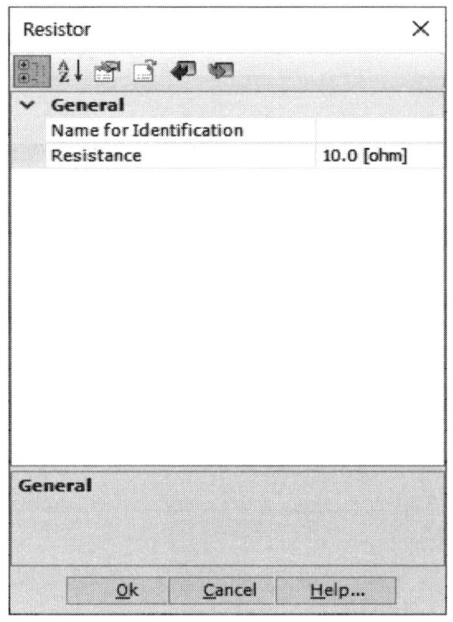

〈그림 30-58 저항소자 설정하기〉

16. 설정된 소자들을 회로도에 연결되도록 선로를 그린다. Ctrl + W 또는 Toolbox
    - Components - Wire Mode를 통해 그릴 수 있다. 소자들의 방향은 Ctrl + L, R,
    M, F 또는 우클릭 - Orientation를 통해 적절하게 배치가 가능하다.

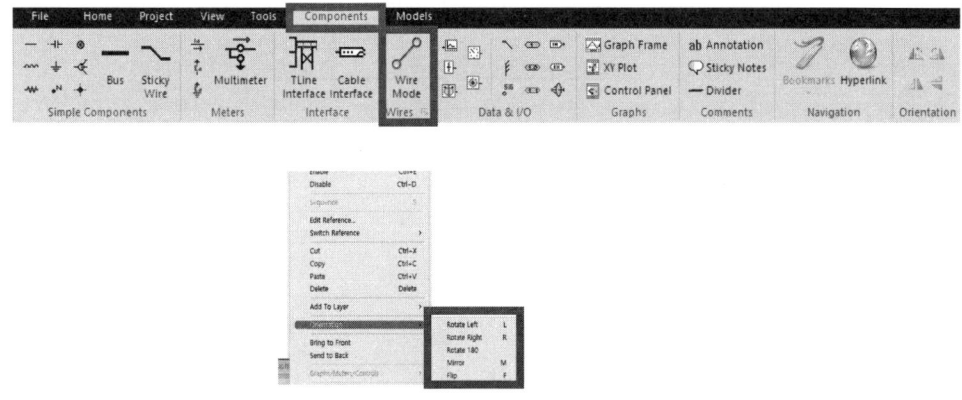

〈그림 30-59 회로도 구성 및 소자 배치하기〉

17. 완성된 회로도의 전류, 전압, 전력을 측정하기 위해서는 Toolbox - Components - Meters란에서 용도에 맞는 적합한 계측소자를 사용하면 된다. 좌측부터 ammeter (전류계), voltmeter (전압계), voltmetergnd, Multimeter (전류계 + 전압계) 로 구성된다.

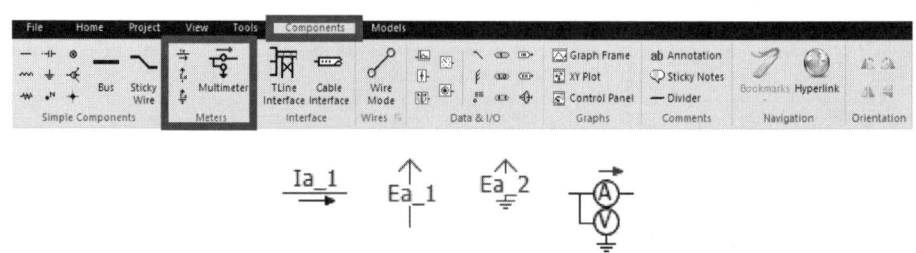

〈그림 30-60 계측소자의 종류〉

18. 마지막으로 회로에 접지처리가 되어있지 않다면 Toolbox - Components - Simple Components에서 접지기호를 선택한다.

19. 완성된 회로는 다음과 같다.

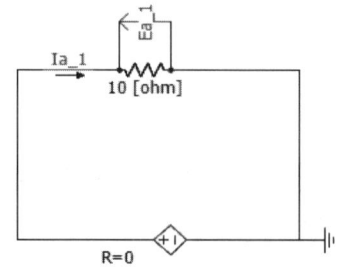

〈그림 30-61 완성된 예제 회로〉

제30장_PSCAD를 이용한 기초전기 실험

20. 완성된 회로의 출력을 확인하기 위해서는 Data label (Signal)과 Channel 그리고 Add Overlay Graph with Signal을 사용한다.

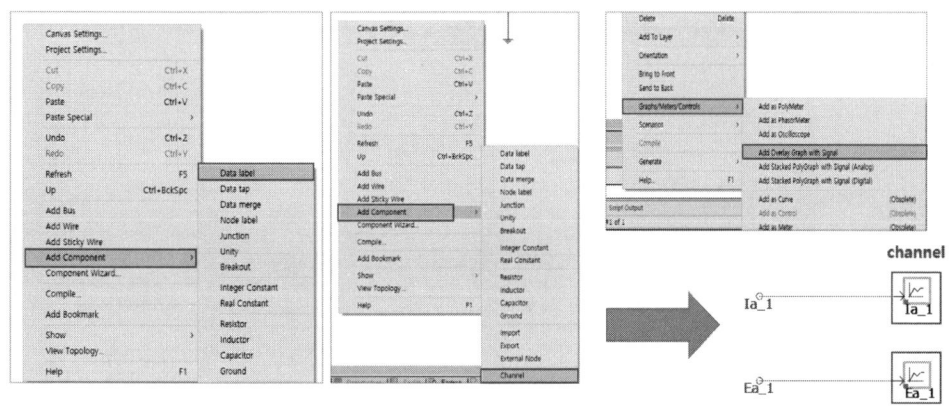

〈그림 30-62 Data label (Signal)과 Channel 불러오기〉

21. 출력값의 단위를 맞추기 위해서 Scale Factor를 1000으로 수정한다.

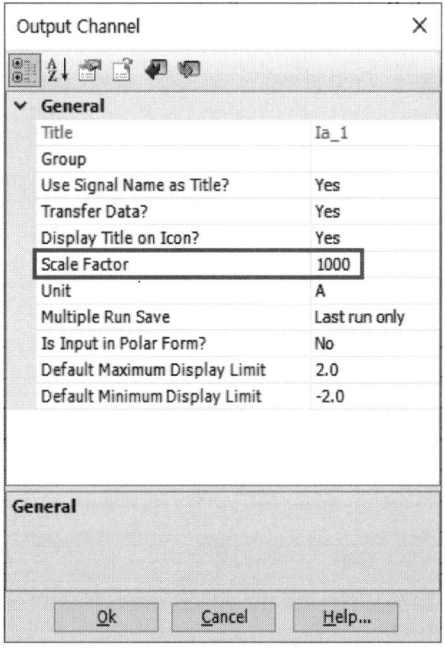

〈그림 30-63 배율 (Scale Factor) 조정〉

__ 309

22. 시뮬레이션을 위한 전체적인 모습은 다음과 같다.

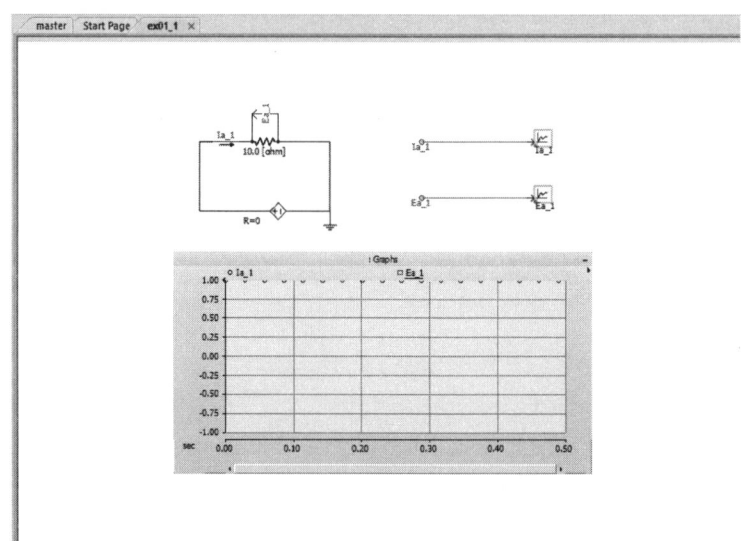

〈그림 30-64 시뮬레이션 환경이 구축된 예제 회로〉

23. 위의 과정을 통해 완성된 예제 회로를 실행시키면 그림 30-65와 같이 전압 10[V], 전류 1[A]가 나온다. 그래프에서 ○모양이 전류, □모양이 전압이다.

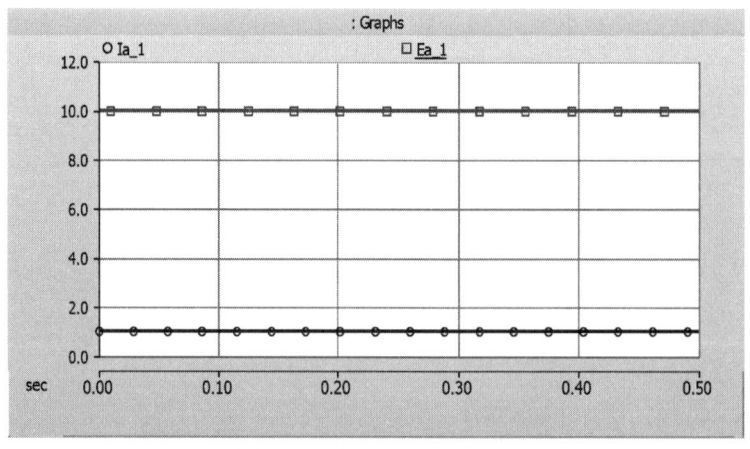

〈그림 30-65 시뮬레이션 결과〉

3. 저항의 직렬 접속

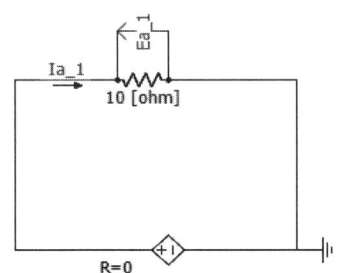

〈그림 30-66 직렬 저항 측정 회로 (a)〉

1. 그림 30-66과 같은 회로를 구성한다. 이때 전압 6[V], 저항 10[Ω]으로 설정한다.

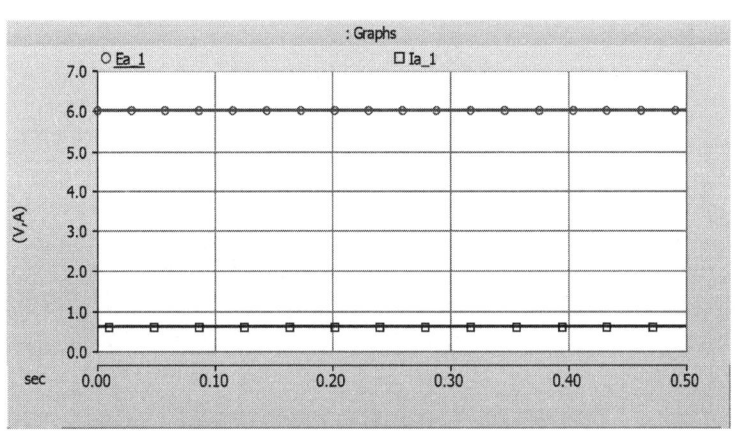

〈그림 30-67 회로 (a)의 전압 및 전류값〉

2. 앞서 배운 기초 사용에서 배운 방법으로 Graphs 창을 띄운다. 그림 30-19에서 전압 6[V], 전류 0.6[A]가 나왔고, 그래프에서 ○모양이 전압, □모양이 전류이다.

3. 이번에는 그래프의 설정 옵션에 대해 알아보자. 그래프는 위에서 부터 Frame, Curve, Overlay/Poly Graph, X-Axis로 구성되고 각각의 옵션을 표시한다.

4. 다양한 옵션들 중 기본적으로 사용되는 기능들에 대해 알아보자. 그림 30-68을

전기공학 기초실험 with PSCAD

보면 그래프의 Frame을 우클릭할 때의 옵션들이다. Edit Properties를 들어가면 Configuration - General의 Caption에서 그래프의 제목을 설정할 수 있고, Preferences의 Show Markers에서 그래프의 마커를 설정한다. 마커를 통해 그래프의 시간에 따른 구간별 파형크기를 확인할 수 있다.

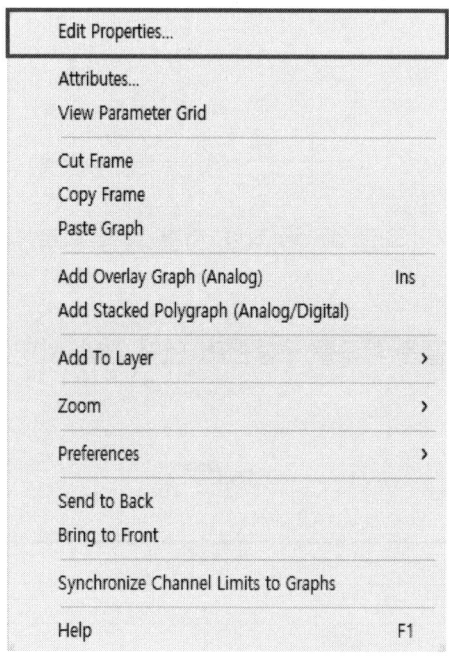

〈그림 30-68 그래프의 설정 옵션〉

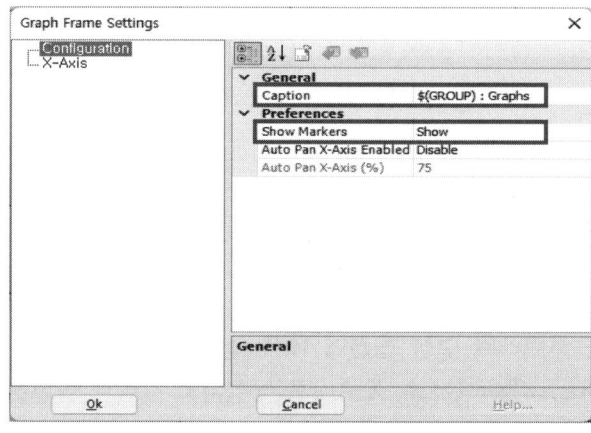

〈그림 30-69 Edit Properties - Graph Frame Settings〉

제30장_PSCAD를 이용한 기초전기 실험

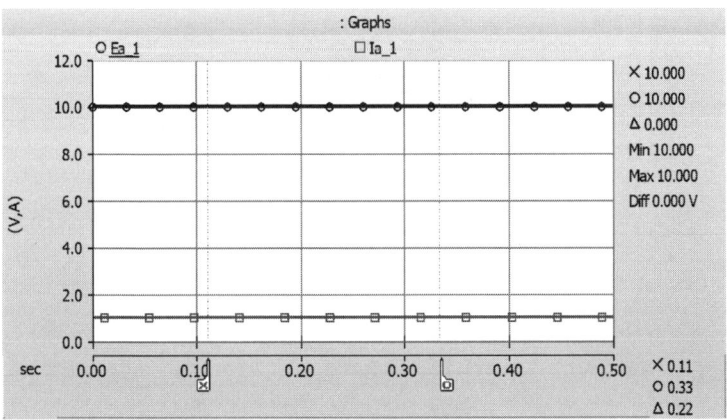

〈그림 30-70 설정이 완료된 그래프〉

5. 다음은 그래프의 그리드 설정 옵션에 대해 알아보자. 그리드는 출력값의 확인 및 비교를 위해 용이하게 사용되는데, 그림 30-71에서 View Parameter Grid를 들어가면 그래프의 고유값을 시작으로 그리드 및 출력화면의 전반적인 설정이 가능하다.

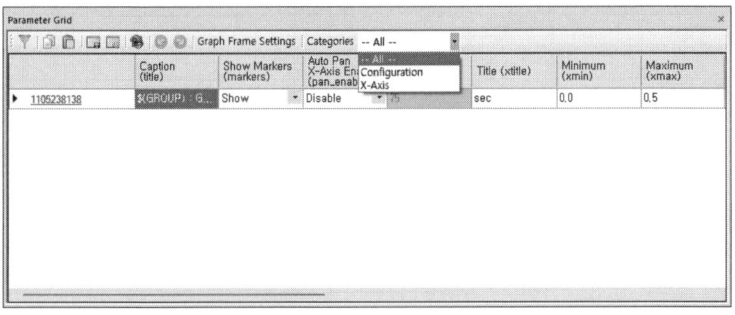

〈그림 30-71 View Parameter Grid〉

6. 다음은 그래프의 Curve 설정 옵션에 대해 알아보자. Curve는 출력을 표시하는데, 그래프에 매칭된 label의 이름을 우클릭 - Curve Properties 또는 더블클릭하면 그림 30-73의 Curve Properties에서 출력표시 설정들이 가능하다. Active Trace를 통해 색상과 굵기를 설정하고, Style에서 표시방법을 설정할 수 있다.

313

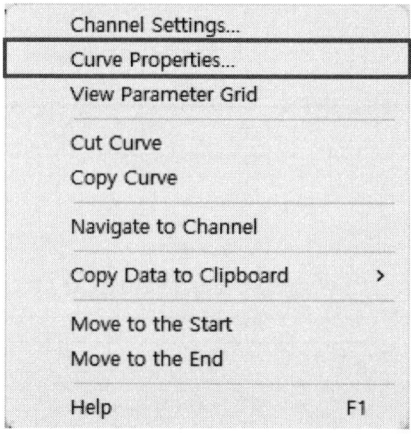

〈그림 30-72 Curve의 설정 옵션〉

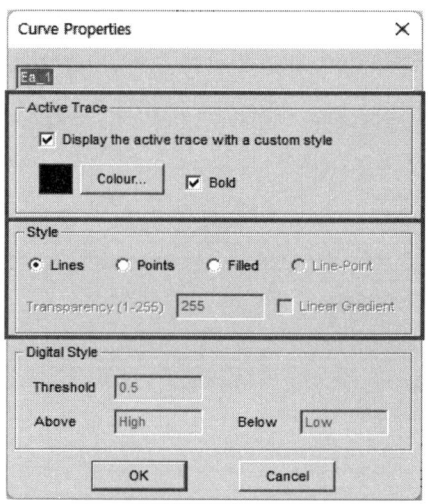

〈그림 30-73 Curve Properties〉

7. 다음은 그래프의 Overlay/Poly Graph 설정 옵션에 대해 알아보자. Overlay/Poly Graph는 출력을 표시하는 공간으로서, 출력이 표시되는 범위내에서 우클릭 - Edit Properties 또는 더블클릭하면 그림 30-75의 Overlay Graph Settings에서 출력 표시를 위한 전반적인 설정들이 가능하다. 추가로 하단의 Move Graph 기능을 이용하거나 Overlay를 직접 드래그하는 방식으로 하나의 Frame에 여러 가지 Overlay들을 구성할 수 있다.

제30장_PSCAD를 이용한 기초전기 실험

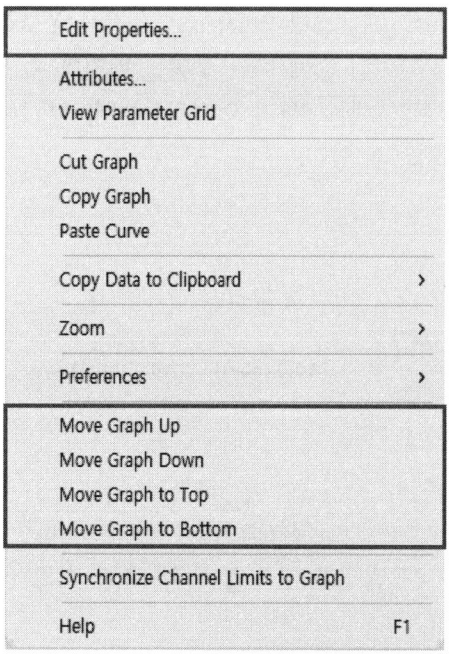

〈그림 30-74 Overlay의 설정 옵션〉

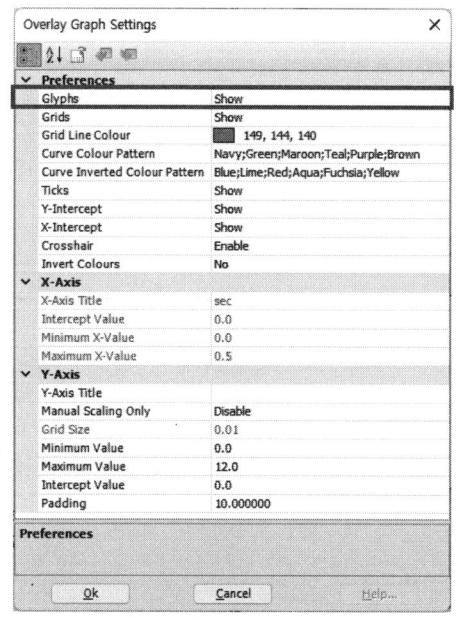

〈그림 30-75 Overlay Graph Settings〉

8. Overlay Graph Settings는 크게 Preference, X-Axis, Y-Axis로 구분된다. Preferences - Glyphs를 통해 데이터 값에 따라 도형을 배치할 수 있다. 데이터 값이 많아지면서 선이 많아지면 색상구분이 어려워지는데, 이 기능을 통해 보다 편리하게 데이터값을 구분할 수 있다.

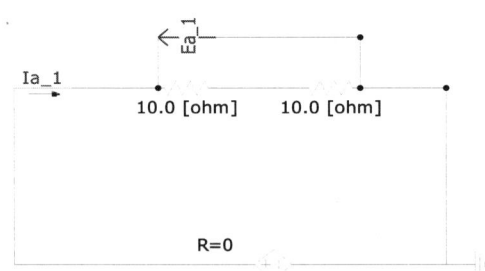

〈그림 30-76 직렬 저항 측정 회로 (b)〉

1. 그림 30-76과 같은 회로를 구성한다. 이때 전압 6[V], 각 저항 10[Ω]으로 설정한다.

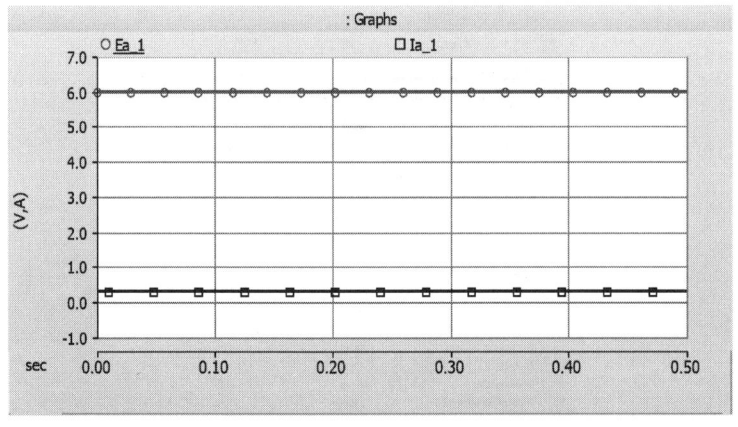

〈그림 30-77 회로 (b)의 전압 및 전류값〉

2. 그림 30-77에서 전압 6[V], 전류 0.3[A]가 나왔고, 그래프에서 ○모양이 전압, □모양이 전류이다.

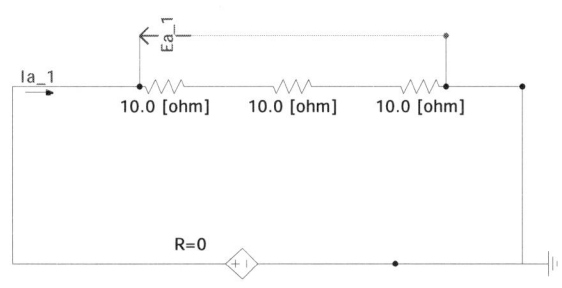

〈그림 30-78 직렬 저항 측정 회로 (c)〉

1. 그림 30-78과 같은 회로를 구성한다. 이때 전압 6[V], 각 저항 10[Ω]으로 설정한다.

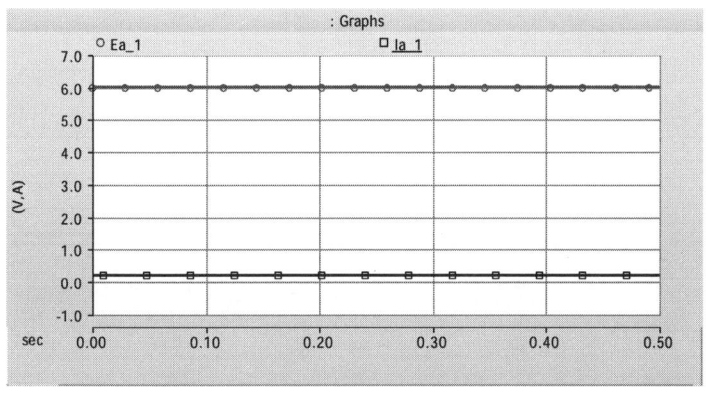

〈그림 30-79 회로 (c)의 전압 및 전류값〉

2. 그림 30-79에서 전압 6[V], 전류 0.2[A]가 나왔고, 그래프에서 ○모양이 전압, □모양이 전류이다.

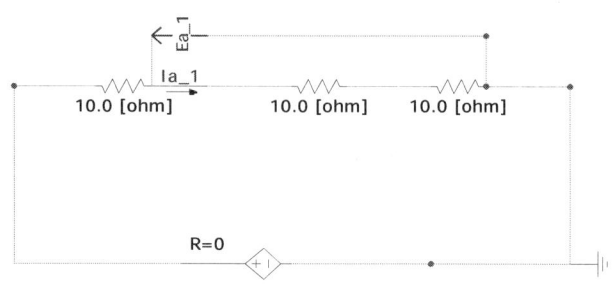

〈그림 30-80 직렬 저항 측정 회로 (d)〉

1. 그림 30-80과 같은 회로를 구성한다. 이때 전압 6[V], 각 저항 10[Ω]으로 설정한다. 그림 30-78과 다른 점은 전류계의 위치가 바뀌었다.

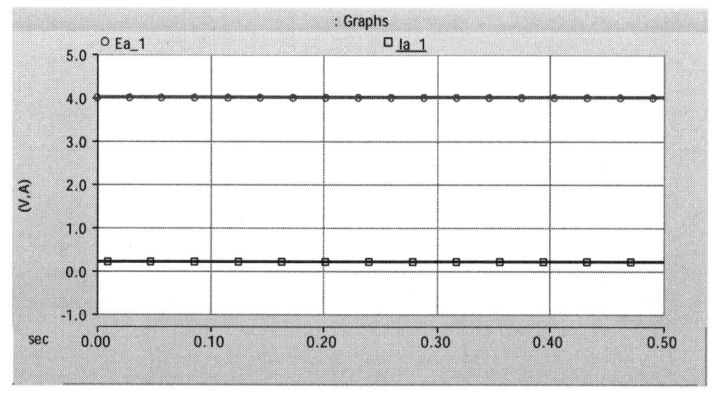

〈그림 30-81 회로 (d)의 전압 및 전류값〉

2. 그림 30-81에서 전압 6[V], 전류 0.2[A]가 나왔고, 그래프에서 ○모양이 전압, □모양이 전류이다.

4. 저항의 병렬 접속

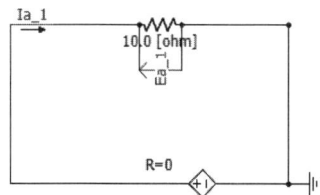

〈그림 30-82 병렬 저항 측정 회로 (a)〉

1. 그림 30-82와 같은 회로를 구성한다. 이때 전압 6[V], 저항 10[Ω]으로 설정한다.

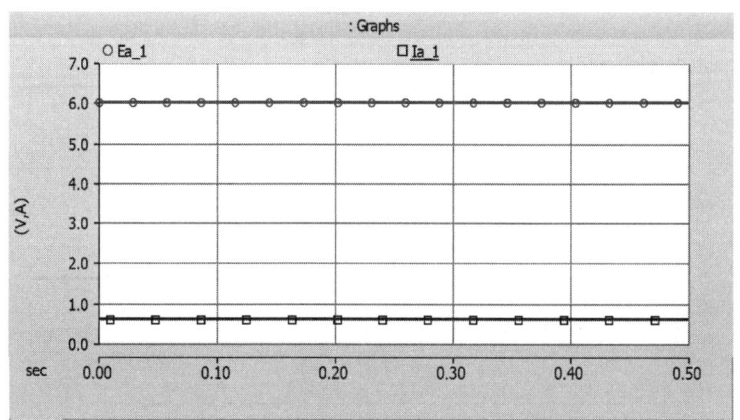

〈그림 30-83 회로 (a)의 전압 및 전류값〉

2. 그림 30-83에서 전압 6[V], 전류 0.6[A]가 나왔고, 그래프에서 ○모양이 전압, □모양이 전류이다.

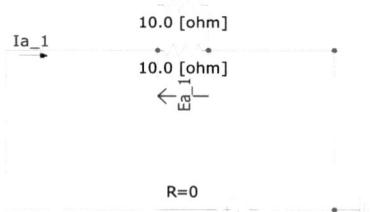

〈그림 30-84 병렬 저항 측정 회로 (b)〉

1. 그림 30-84와 같은 회로를 구성한다. 이때 전압 6[V], 각 저항 10[Ω]으로 설정한다.

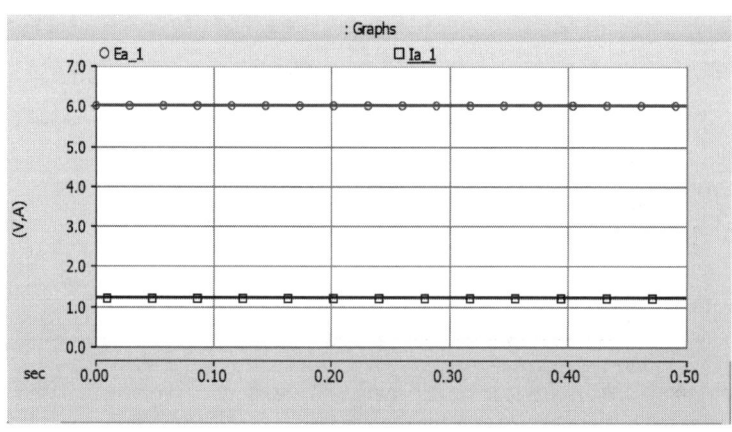

〈그림 30-85 회로 (b)의 전압 및 전류값〉

2. 그림 30-85에서 전압 6[V], 전류 1.2[A]가 나왔고, 그래프에서 ○모양이 전압, □모양이 전류이다.

제30장_PSCAD를 이용한 기초전기 실험

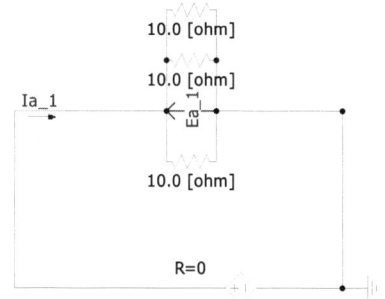

〈그림 30-86 병렬 저항 측정 회로 (c)〉

1. 그림 30-86과 같은 회로를 구성한다. 이때 전압 6[V], 각 저항 10[Ω]으로 설정한다.

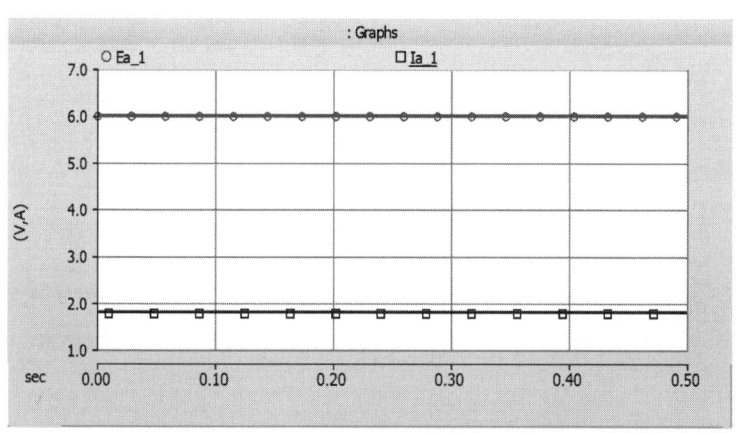

〈그림 30-87 회로 (c)의 전압 및 전류값〉

2. 그림 30-87에서 전압 6[V], 전류 1.8[A]가 나왔고, 그래프에서 ○모양이 전압, □모양이 전류이다.

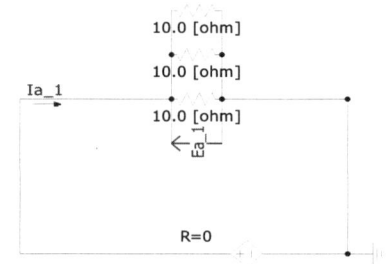

〈그림 30-88 병렬 저항 측정 회로 (d)〉

1. 그림 30-88과 같은 회로를 구성한다. 이때 전압 6[V], 각 저항 10[Ω]으로 설정한다.

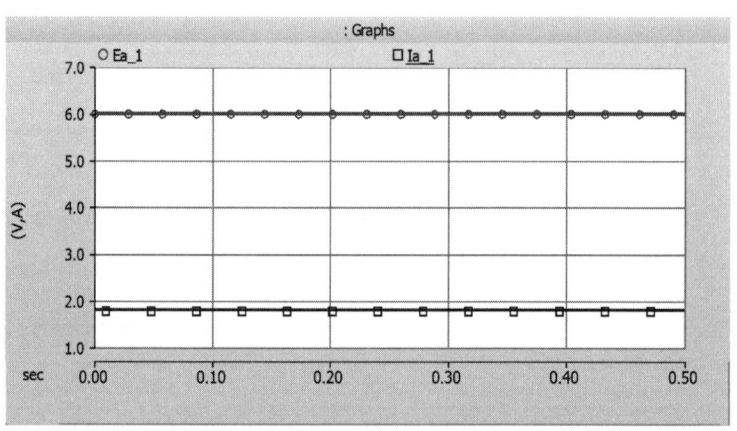

<그림 30-89 회로 (d)의 전압 및 전류값>

2. 그림 30-89에서 전압 6[V], 전류 1.8[A]가 나왔고, 그래프에서 ○모양이 전압, □모양이 전류이다.

5. 저항의 직병렬 접속

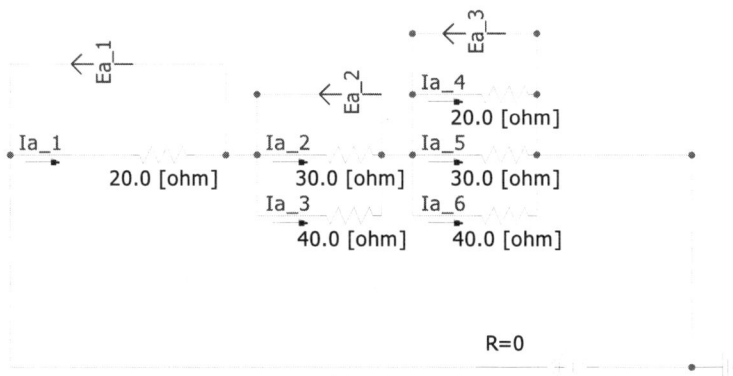

〈그림 30-90 직병렬 저항 측정 회로〉

1. 그림 30-90과 같은 회로를 구성한다. 이때 전압 $10[V]$, 저항 $R_1 = 20[\Omega], R_2 = 30[\Omega], R_3 = 40[\Omega], R_4 = 20[\Omega], R_5 = 30[\Omega], R_6 = 40[\Omega]$으로 설정한다.

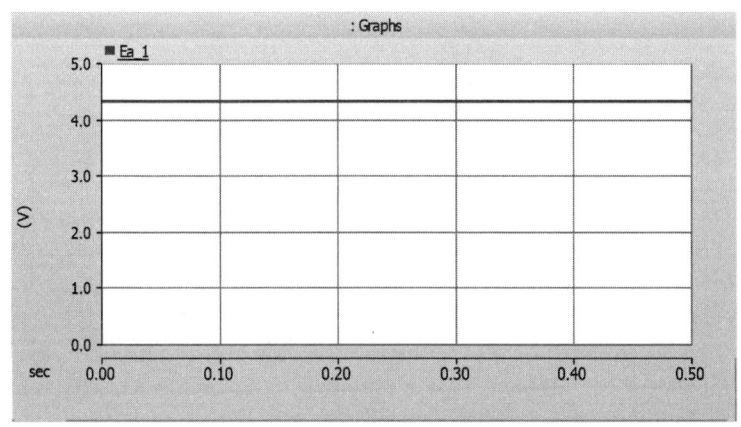

〈그림 30-91 첫 번째 단의 전압〉

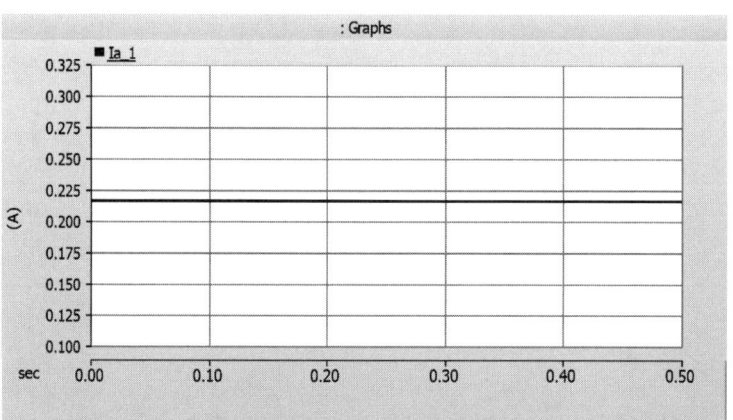

〈그림 30-92 첫 번째 단의 전류〉

2. 그림 30-91, 92를 통해 첫 번째 단의 전압 $E_{a1} = 4.3[V]$, 전류 $I_1 = 0.22[A]$가 나왔다.

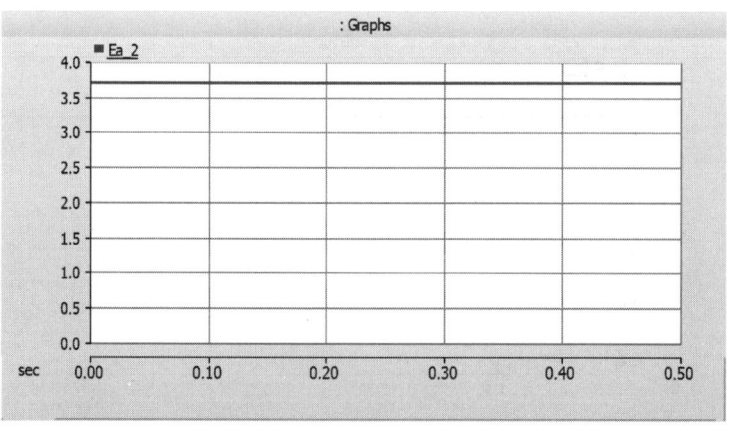

〈그림 30-93 두 번째 단의 전압〉

제30장_PSCAD를 이용한 기초전기 실험

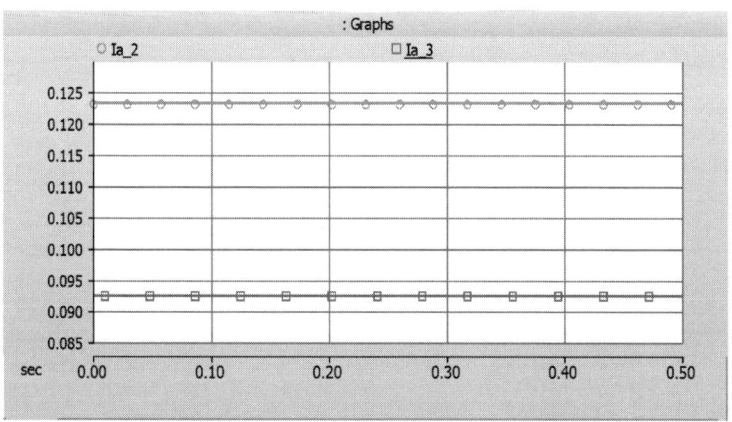

〈그림 30-94 두 번째 단의 전류〉

3. 그림 30-93, 94를 통해 두 번째 단의 전압 $E_{a2} = 3.7[V]$, 전류 $I_2 = 0.12[A]$, $I_3 = 0.09[A]$가 나왔고, 그림 30-94에서 ○모양이 I_2, □모양이 I_3이다.

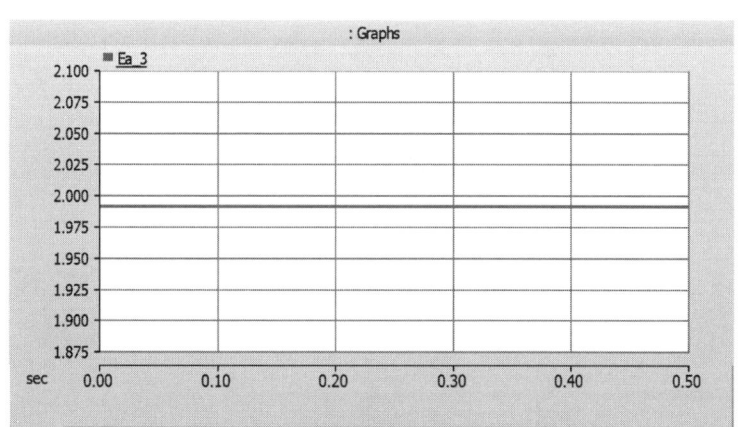

〈그림 30-95 세 번째 단의 전압〉

__ 325

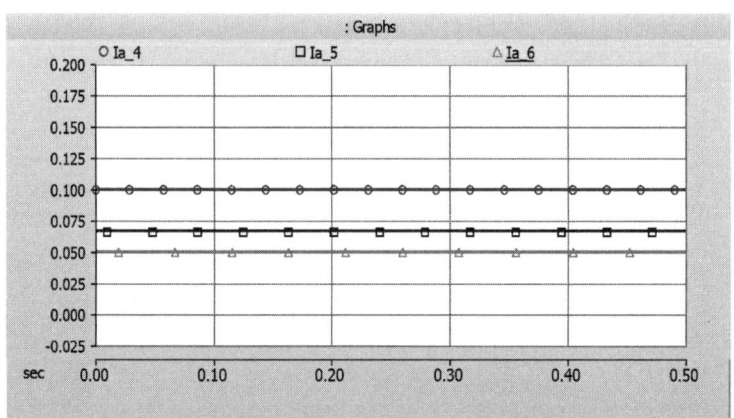

〈그림 30-96 세 번째 단의 전류〉

4. 그림 30-95, 96을 통해 세 번째 단의 전압 $E_{a2} = 1.99[V]$, 전류 $I_4 = 0.1[A]$, $I_5 = 0.07[A]$, $I_6 = 0.05[A]$가 나왔고, 그림 30-96에서 ○모양 I_4, □모양 I_5 △모양 I_6이다.

제30장_PSCAD를 이용한 기초전기 실험

5. 분류기를 이용한 전류의 측정

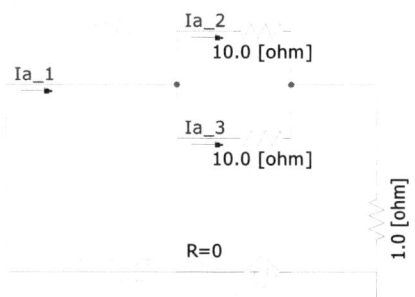

〈그림 30-97 분류기 전류 측정 회로〉

1. 그림 30-97과 같은 회로를 구성한다. 이때 전압 5[V], 저항 $R_1 = 1[\Omega]$, $R_2 = 0.1[\Omega]$, $R_3 = 200[\Omega]$으로 설정한다.

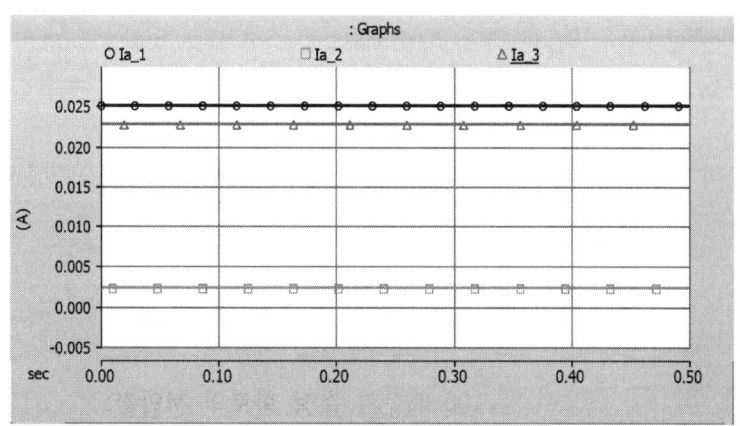

〈그림 30-98 분류기 측정 회로의 전류값〉

2. 그림 30-98을 통해 전류 $I_1 = 0.025[A]$, $I_2 = 0.023[A]$, $I_3 = 0.002[A]$가 나왔고, ○모양 I_1, □모양 I_2 △모양 I_3이다.

6. 배율기를 이용한 전압의 측정

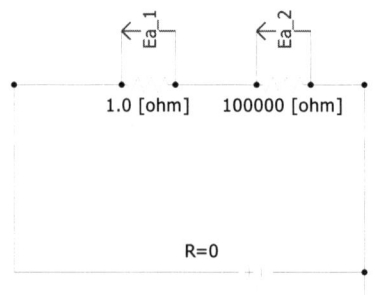

〈그림 30-99 배율기 전압 측정 회로〉

1. 그림 30-99와 같은 회로를 구성한다. 이때 전압 5[V], 저항 $R_1 = 1[\Omega], R_2 = 100[k\Omega]$으로 설정한다.

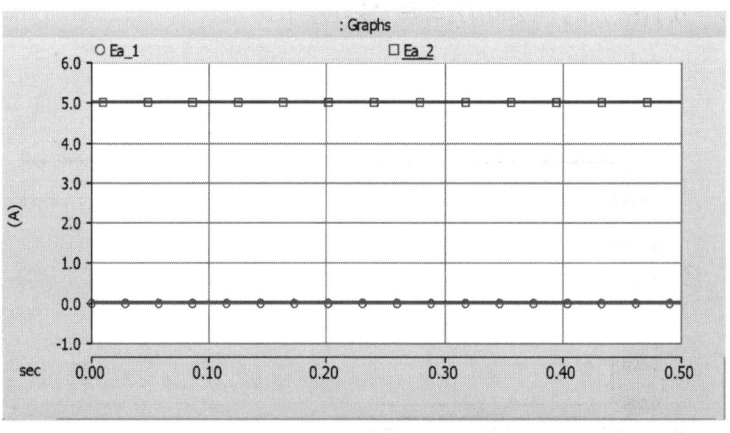

〈그림 30-100 배율기 측정 회로의 전압값〉

2. 그림 30-100을 통해 전압 $E_{a1} \fallingdotseq 0[V], E_{a2} = 5[V]$가 나왔고, ○모양 E_{a1}, □모양 E_{a2} 이다.

제30장_PSCAD를 이용한 기초전기 실험

7. 회로시험기 사용법

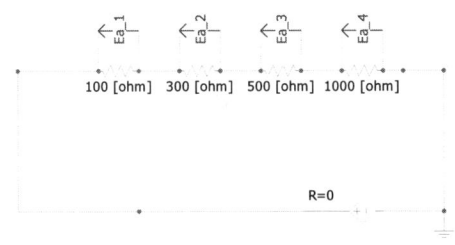

〈그림 30-101 직류전압(DCV)〉

1. 그림 30-101과 같은 회로를 구성한다. 이때 10[V], 저항 $R_1 = 100[\Omega]$, $R_2 = 300[\Omega]$, $R_3 = 500[\Omega]$, $R_4 = 1000[\Omega]$으로 설정한다.

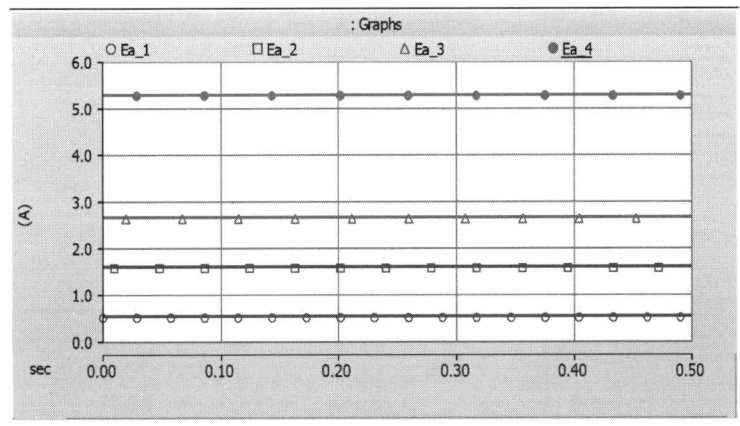

〈그림 30-102 직류전압 회로의 전압값〉

2. 그림 30-102를 통해 다음과 같이 나왔다. 전압 $E_{a1} = 0.53[V]$, $E_{a2} = 1.57[V]$, $E_{a3} = 2.63[V]$, $E_{a4} = 5.26[V]$가 나왔고, ○모양 E_{a1}, △모양 E_{a2}, □모양 E_{a3}, ●모양 E_{a4} 이다.

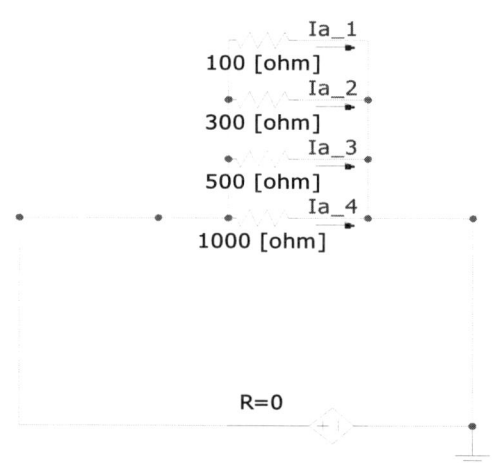

〈그림 30-103 직류전류(DCA)〉

1. 그림 30-103과 같이 회로를 구성한다. 이때 전압 $10[V]$, 저항 $R_1 = 100[\Omega]$, $R_2 = 300[\Omega]$, $R_3 = 500[\Omega]$, $R_4 = 1000[\Omega]$으로 설정한다.

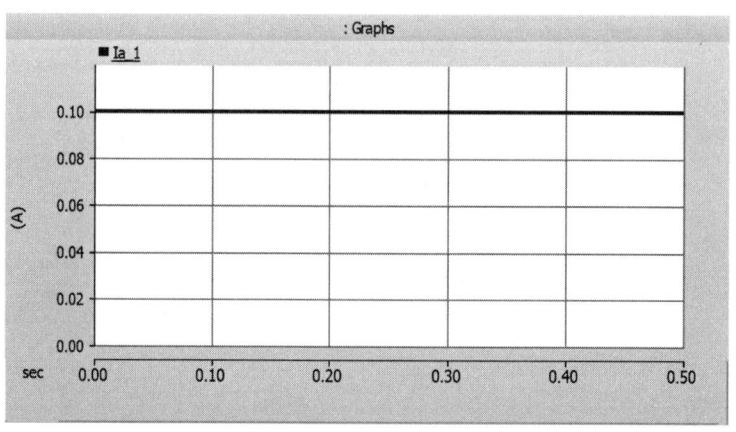

〈그림 30-104 직류전류 회로의 전류값 I_1〉

제30장_PSCAD를 이용한 기초전기 실험

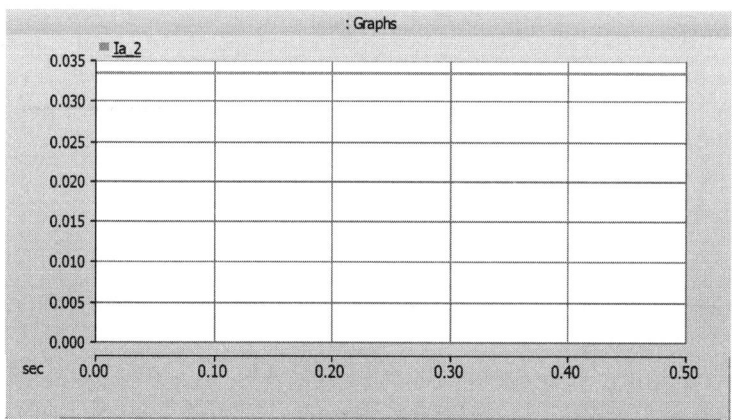

〈그림 30-105 직류전류 회로의 전류값 I_2〉

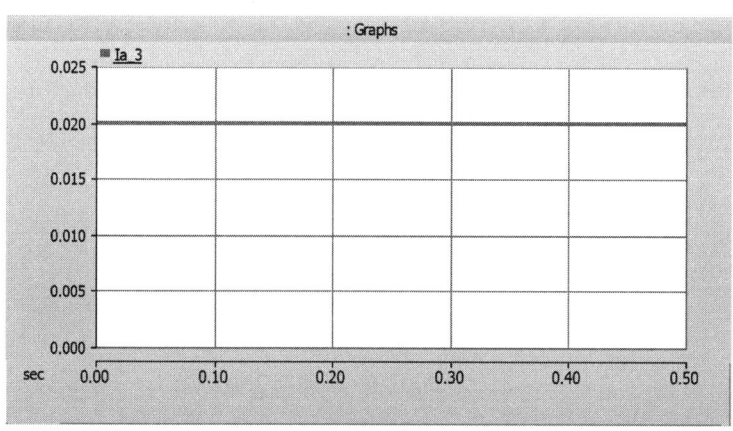

〈그림 30-106 직류전류 회로의 전류값 I_3〉

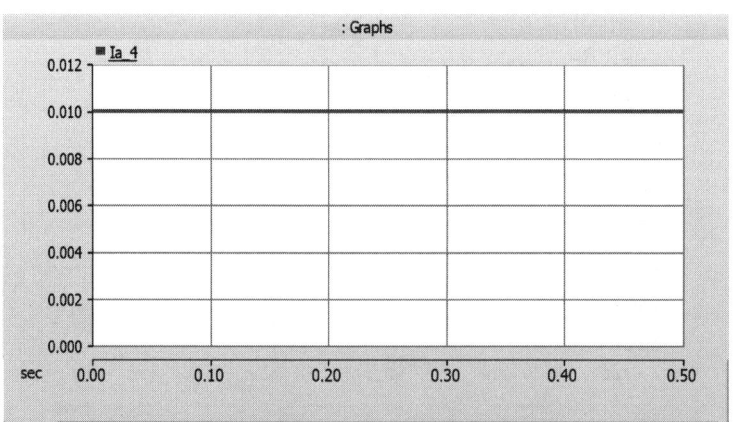

〈그림 30-107 직류전류 회로의 전류값 I_4〉

2. 전류 $I_1 = 0.1[A], I_2 = 0.03[A], I_3 = 0.02[A], I_4 = 0.01[A]$가 나왔다.

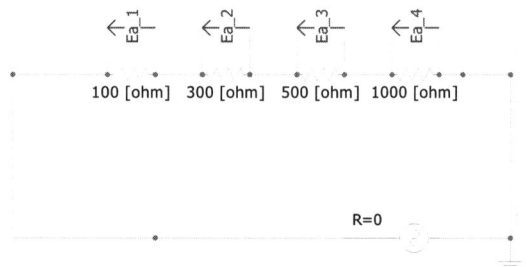

〈그림 30-108 교류전압(ACV)〉

1. 그림 30-108과 같이 회로를 구성한다. 이때 전압 10[V], 저항 $R_1 = 100[\Omega], R_2 = 300[\Omega], R_3 = 500[\Omega], R_4 = 1000[\Omega]$ 주파수 60[Hz]로 설정한다.

제30장_PSCAD를 이용한 기초전기 실험

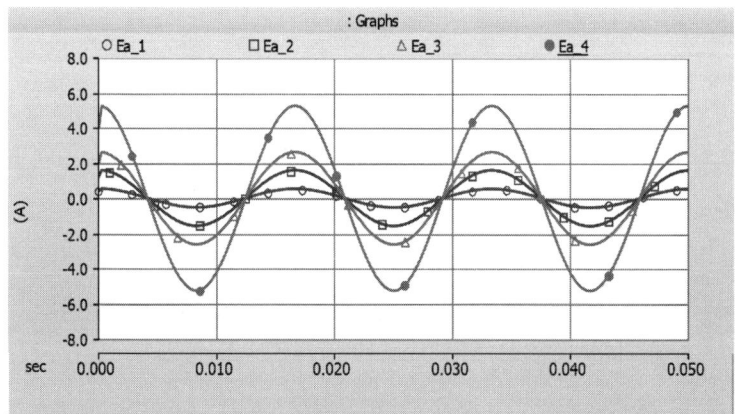

〈그림 30-109 교류전압 회로의 전압값〉

2. 그림 30-109를 통해 다음과 같이 나왔다. 전압 $E_{a1} = 0.53[V]$ $E_{a2} = 1.58[V], E_{a3} = 2.63[V], E_{a4} = 5.26[V]$가 나왔고, ○모양 E_{a1}, △모양 E_{a2}, □모양 E_{a3}, ●모양 E_{a4}이다.

9. 오실로스코프 사용법

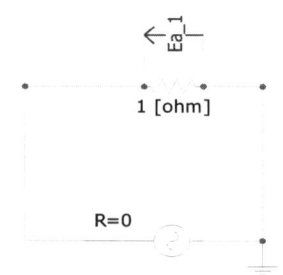

〈그림 30-110 교류전압의 측정〉

1. 그림 30-110과 같이 회로를 구성한다. 이때 전압 6[V], 저항 1[Ω], 주파수 60[Hz]로 설정한다.

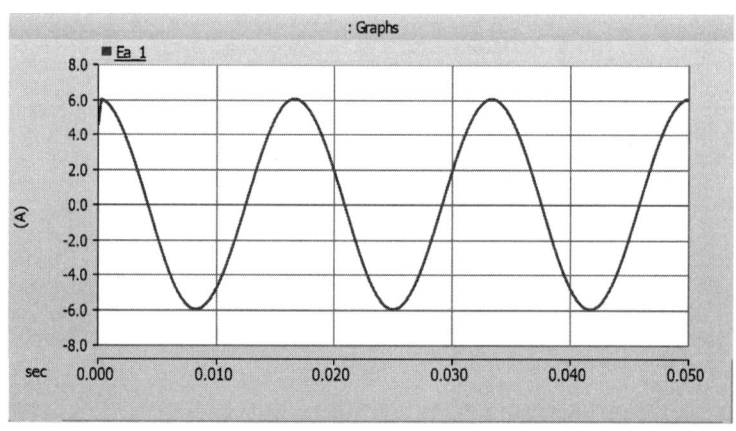

〈그림 30-111 교류전압 회로의 전압값〉

2. 그림 30-111을 통해 전압 ±6[V]가 나왔다.

제30장_PSCAD를 이용한 기초전기 실험

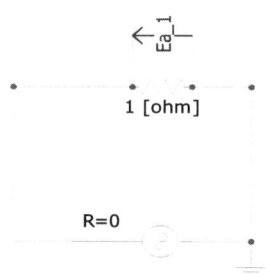

〈그림 30-112 구형파의 측정〉

1. 그림 30-112와 같이 회로를 구성한다. 이때 전압 6[V], 저항 1[Ω], 주파수 10[Hz]로 설정한다.

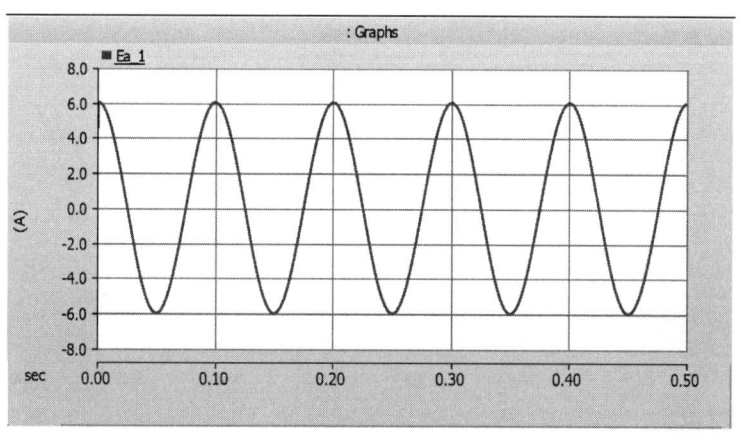

〈그림 30-113 구형파 회로의 전압값〉

2. 그림 30-113을 통해 전압 ±6[V]가 나왔다.

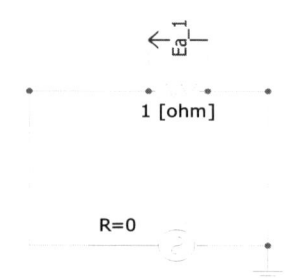

〈그림 30-114 구형파의 측정〉

1. 그림 30-114와 같이 회로를 구성한다. 이때 전압 1[V], 저항 1[Ω], 주파수 100[Hz]로 설정한다.

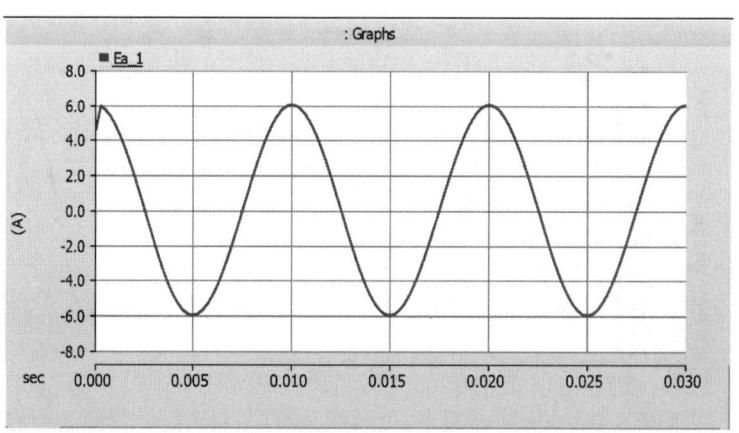

〈그림 30-115 구형파 회로의 전압값〉

2. 그림 30-115를 통해 전압 ±1[V]가 나왔다.

제30장_PSCAD를 이용한 기초전기 실험

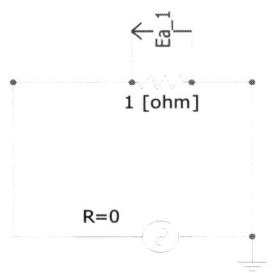

〈그림 30-116 구형파의 측정〉

1. 그림 30-116과 같이 회로를 구성한다. 이때 전압 1[V], 저항 1[Ω], 주파수 1000[Hz]로 설정한다. 이때 주파수가 높을수록 1주기당 시간 간격이 짧아지게 된다. 이럴 경우에는 Toolbox - Project - Runtime란의 Time Step과 Plot Step을 적절하게 조절해야 한다. 1000[Hz]는 1주기가 1[ms]로 몹시 짧다. 따라서 Time Step은 적어도 1[ms]보다는 짧아야 하고, 파형을 부드럽게 출력하기 위해선 1[ms]를 몇 Sampling으로 나눠야 할지 고려해야 한다.

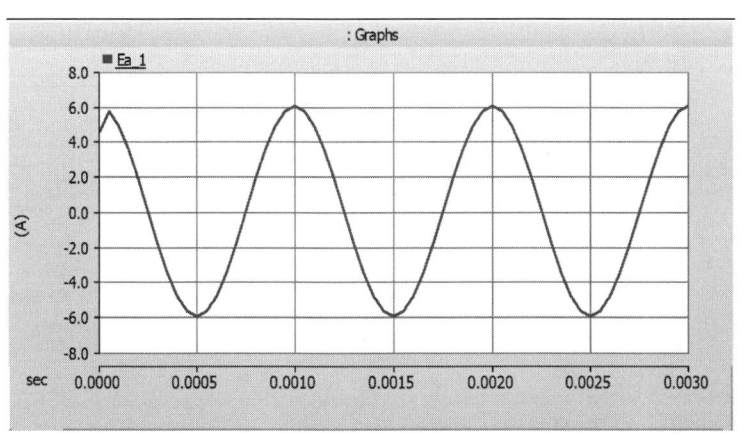

〈그림 30-117 구형파 회로의 전압값〉

2. 그림 30-117을 통해 전압 ±1[V]가 나왔다.

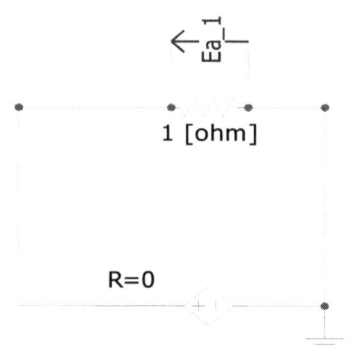

〈그림 30-118 직류전압의 측정〉

1. 그림 30-118과 같이 회로를 구성한다. 이때 전압 3[V], 저항 1[Ω]로 설정한다.

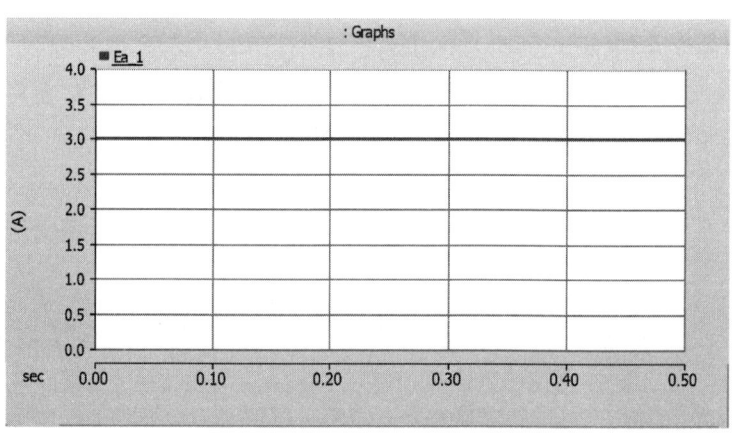

〈그림 30-119 직류전압 회로의 전압값〉

2. 그림 30-119를 통해 전압 3[V]가 나왔다.

제30장_PSCAD를 이용한 기초전기 실험

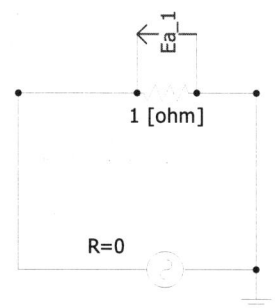

〈그림 30-120 교류전압의 측정〉

1. 그림 30-120과 같이 회로를 구성한다. 이때 전압 5[V], 저항 1[Ω], 주파수 60[Hz]로 설정한다.

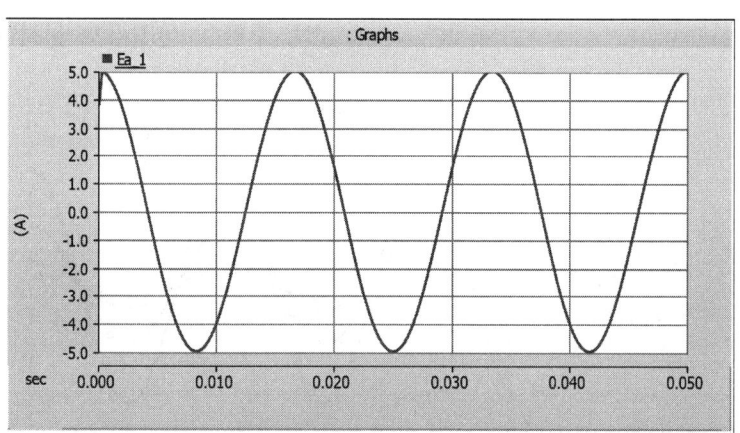

〈그림 30-121 교류전압 회로의 전압값〉

2. 그림 30-121을 통해 전압 ±5[V]가 나왔다.

10. 커패시터의 직병렬 접속

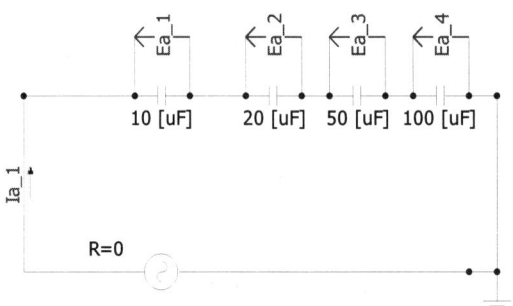

〈그림 30-122 커패시터의 직렬회로〉

1. 그림 30-122와 같이 회로를 구성한다. 이때 전압 6[V], 커패시터 $C_1 = 10[\mu F]$, $C_2 = 20[\mu F]$, $C_3 = 50[\mu F]$, $C_4 = 100[\mu F]$, 주파수 60[Hz]로 설정한다.

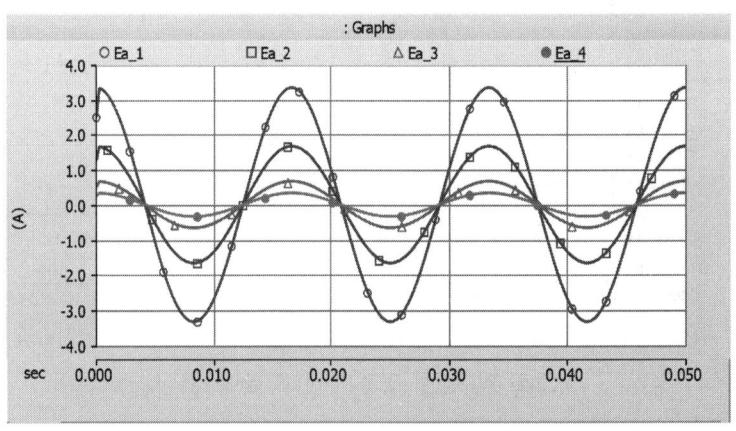

〈그림 30-123 직렬회로의 전압〉

제30장_PSCAD를 이용한 기초전기 실험

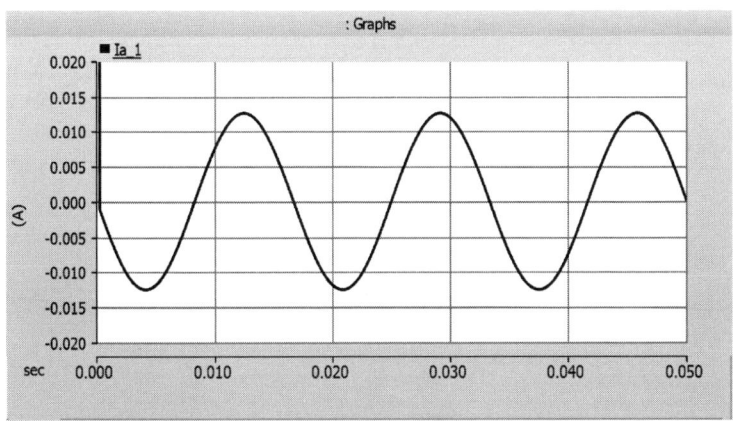

〈그림 30-124 직렬회로의 전류〉

2. 그림 30-123, 124를 통해 다음과 같이 나왔다. 전압 $E_{a1} = 3.33[V]$ $E_{a2} = 1.67[V], E_{a3} = 0.67[V], E_{a4} = 0.33[V]$ ○모양 E_{a1}, □모양 E_{a2}, △모양 E_{a3}, ●모양 E_{a4}, 전류 $\pm 0.013[A]$가 나왔다.

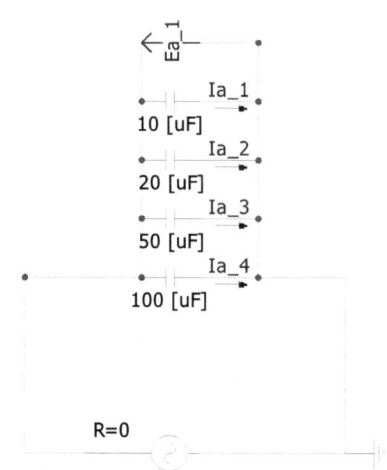

〈그림 30-125 커패시터의 병렬회로〉

1. 그림 30-125와 같이 회로를 구성한다. 이때 전압 6[V], 커패시터 $C_1 = 10[\mu F]$ $C_2 = 20[\mu F], C_3 = 50[\mu F], C_4 = 100[\mu F]$, 주파수 60[Hz]로 설정한다.

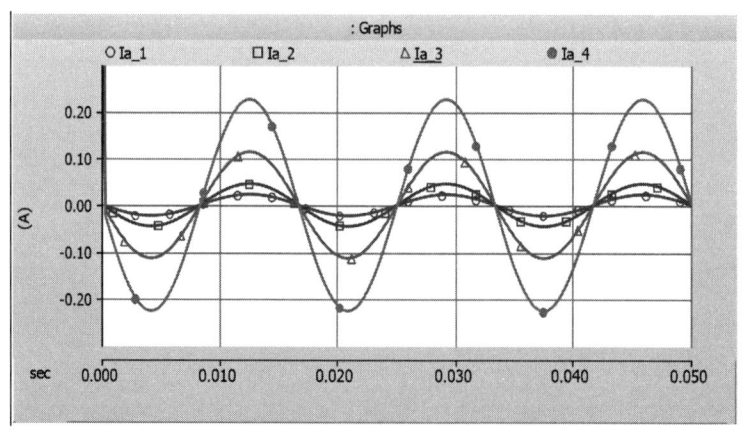

〈그림 30-126 병렬회로의 전류〉

제30장_PSCAD를 이용한 기초전기 실험

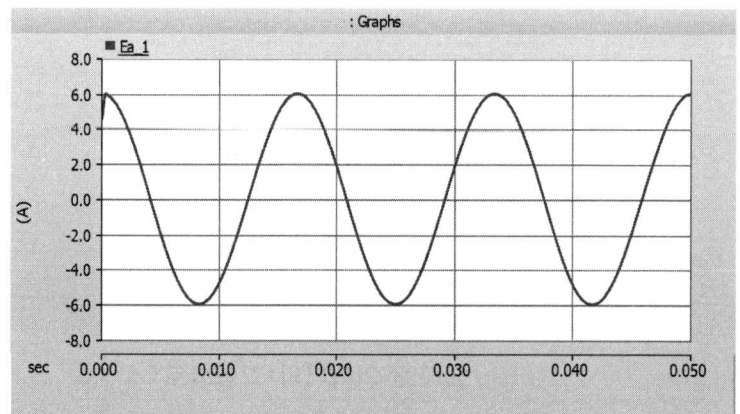

〈그림 30-127 병렬회로의 전압〉

2. 그림 30-126, 127을 통해 전류 $I_1 = 0.023[A]$, $I_2 = 0.045[A]$, $I_3 = 0.11[A]$, $I_4 = 0.023[A]$, ○모양 I_1, □모양 I_2, △모양 I_3, ●모양 I_4, 전압 $\pm 6[V]$가 나왔다.

11. 인덕터의 직병렬 접속

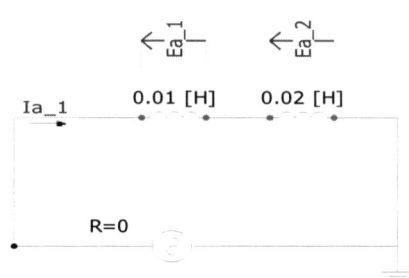

〈그림 30-128 인덕터의 직렬회로〉

1. 그림 30-128과 같이 회로를 구성한다. 이때 전압 10[V], 인덕터 $L_1 = 10[\mathrm{mH}], L_2 = 20[\mathrm{mH}]$ 주파수 60[Hz]로 설정한다.

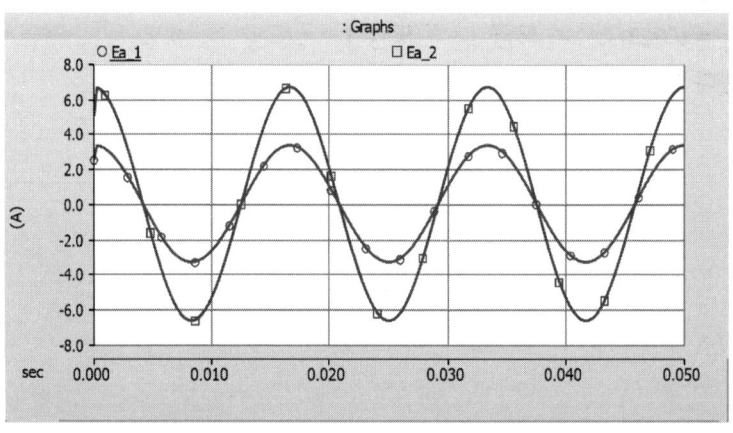

〈그림 30-129 직렬회로의 전압〉

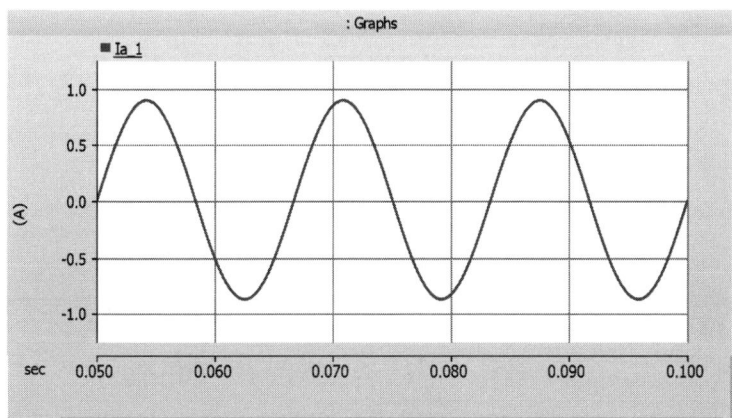

〈그림 30-130 직렬회로의 전류〉

2. 그림 30-129, 130을 통해 전압 $E_{a1} = 3.33\,[V]$, $E_{a2} = 6.67\,[V]$, ○모양 E_{a1}, □모양 E_{a2}, 전류 $\pm 0.9\,[A]$가 나왔다.

전기공학 기초실험 with PSCAD

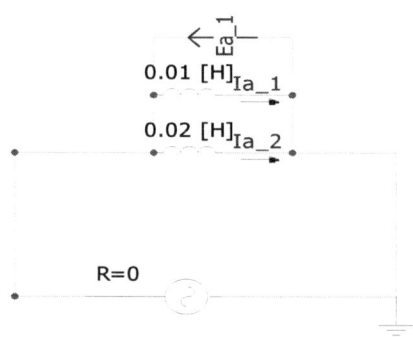

〈그림 30-131 인덕터의 병렬회로〉

1. 그림 30-131과 같이 회로를 구성한다. 이때 전압 10[V], 인덕터 $L_1 = 10[mH]$ $L_2 = 20[mH]$ 주파수 60[Hz]로 설정한다.

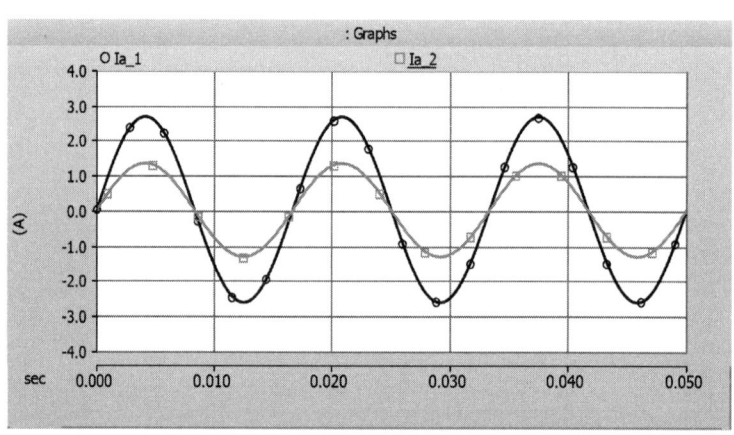

〈그림 30-132 병렬회로의 전류〉

제30장_PSCAD를 이용한 기초전기 실험

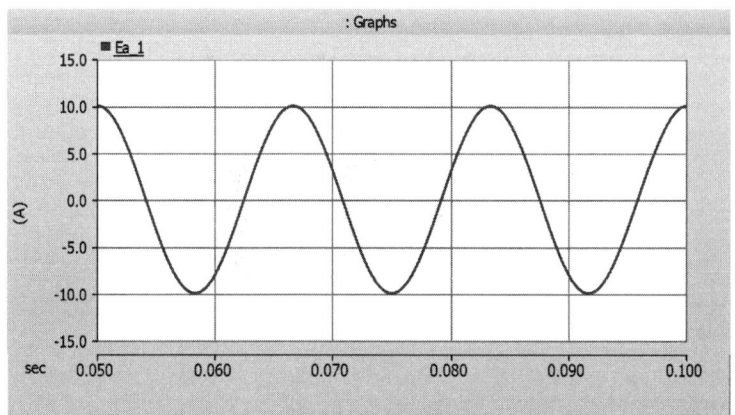

〈그림 30-133 병렬회로의 전압〉

2. 그림 30-132, 133을 통해 전류 $I_1 = 2.65 [A], I_2 = 1.33 [A]$, ○모양 I_1, □모양 I_2, 전압 $\pm 10 [V]$가 나왔다.

12. 키르히호프의 법칙

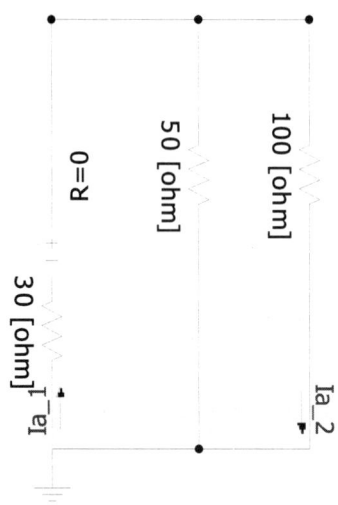

〈그림 30-134 키르히호프의 법칙 측정 회로 (a)〉

1. 그림 30-134와 같이 회로를 구성한다. 이때 전압 5[V], 저항 $R_1 = 30[\Omega], R_2 = 50[\Omega], R_3 = 100[\Omega]$로 설정한다.

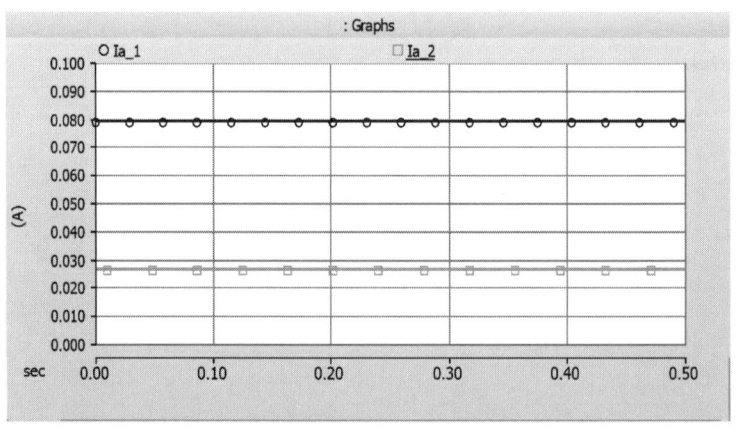

〈그림 30-135 키르히호프 측정회로의 전류〉

2. 그림 30-135를 통해 전류 $I_1 = 0.079[A], I_2 = 0.026[A]$ ○모양 I_1, □모양 I_2가 나왔다.

제30장_PSCAD를 이용한 기초전기 실험

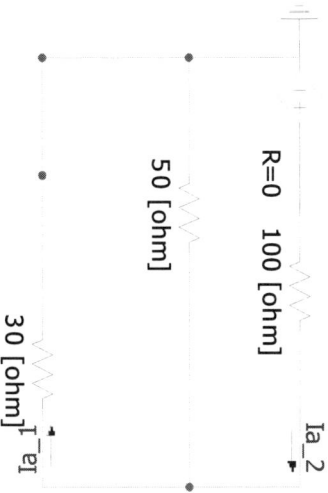

⟨그림 30-136 키르히호프의 법칙 측정 회로 (b)⟩

1. 그림 30-136과 같이 회로를 구성한다. 이때 전압 5[V], 저항 $R_1 = 30[\Omega], R_2 = 50V, R_3 = 100[\Omega]$로 설정한다.

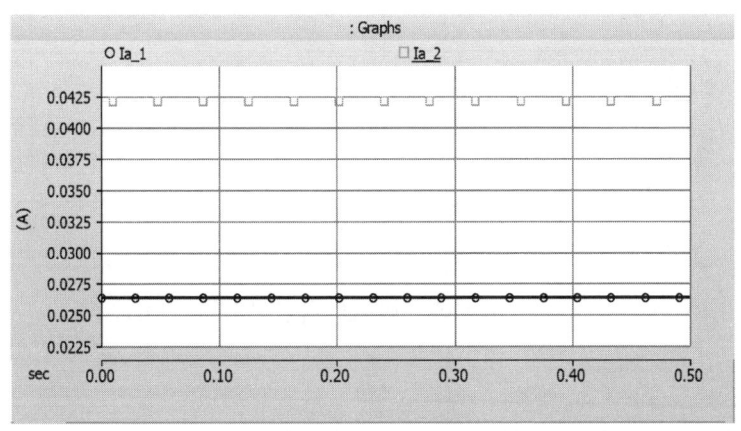

⟨그림 30-137 키르히호프 측정회로의 전류⟩

2. 그림 30-137을 통해 전류 $I_1 = 0.042[A], I_2 = 0.026[A]$ ○모양 I_1, □모양 I_2가 나왔다.

-- 349

13. 테브난의 정리

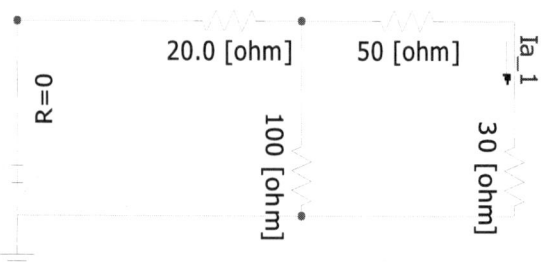

〈그림 30-138 테브난의 정리 측정 회로 (a)〉

1. 그림 30-138과 같이 회로를 구성한다. 이때 전압 5[V], 저항 $R_1 = 20[\Omega], R_2 = 50[\Omega], R_3 = 30[\Omega], R_4 = 100[\Omega]$로 설정한다.

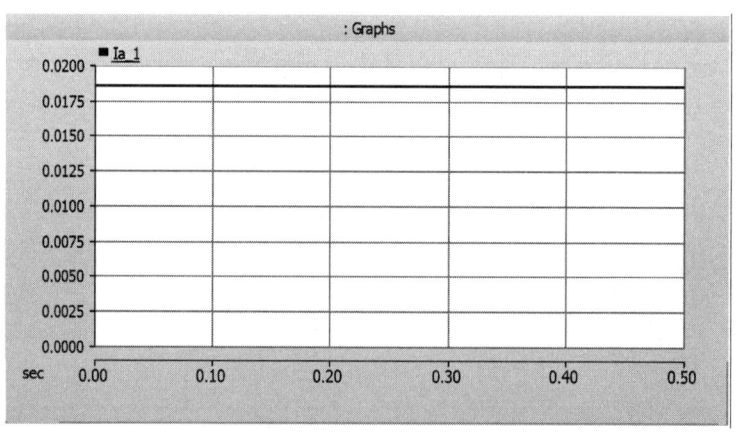

〈그림 30-139 테브난 측정회로의 전류〉

2. 그림 30-139를 통해 전류 0.019[A]가 나왔다.

제30장_PSCAD를 이용한 기초전기 실험

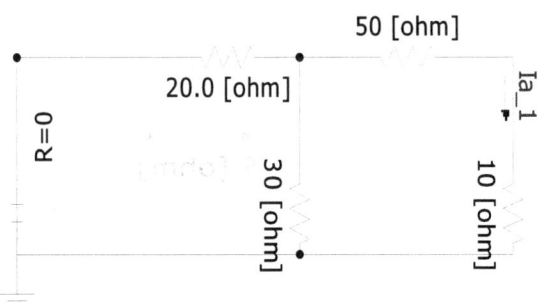

〈그림 30-140 테브난의 정리 측정 회로 (b)〉

1. 그림 30-140과 같이 회로를 구성한다. 이때 전압 $5[V]$, 저항 $R_1 = 20[\Omega]$, $R_2 = 50[\Omega]$, $R_3 = 30[\Omega]$, $R_4 = 10[\Omega]$로 설정한다.

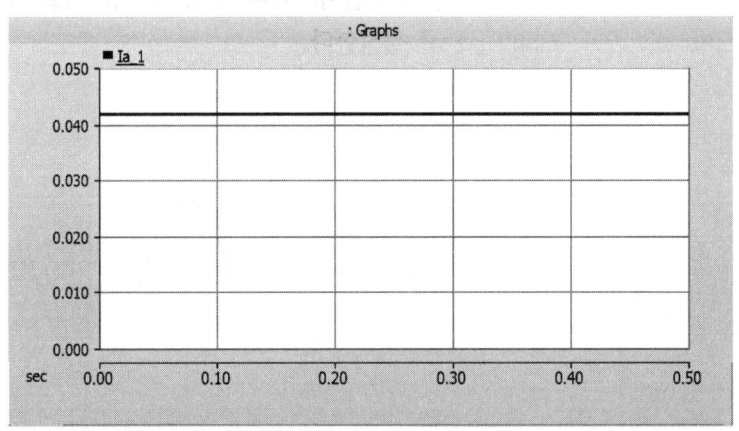

〈그림 30-141 테브난 측정회로의 전류〉

2. 그림 30-141을 통해 전류 $0.042[A]$가 나왔다.

__ 351

14. RL 직렬회로

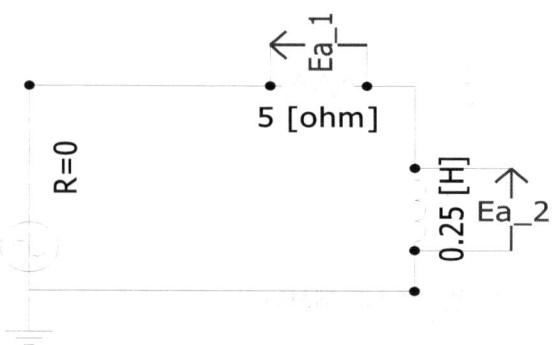

<그림 30-142 RL 직렬회로의 회로>

1. 그림 30-142와 같이 회로를 구성한다. 이때 전압 3[V], 저항 5[Ω], 인덕터 250[mH], 주파수 500[Hz]로 설정한다.

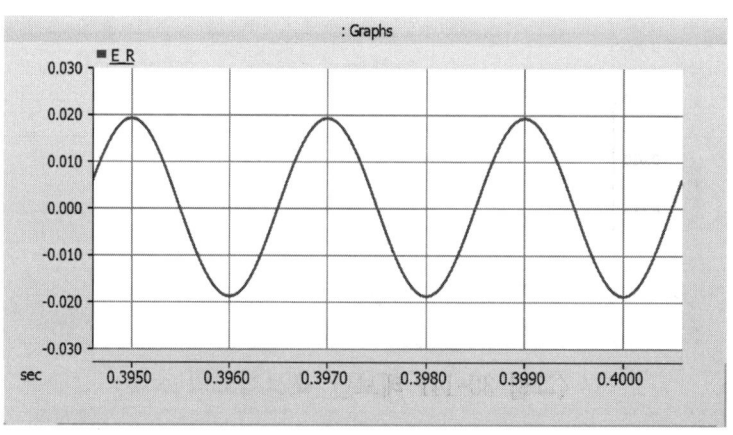

〈그림 30-143 RL 직렬회로의 전압 E_R〉

제30장_PSCAD를 이용한 기초전기 실험

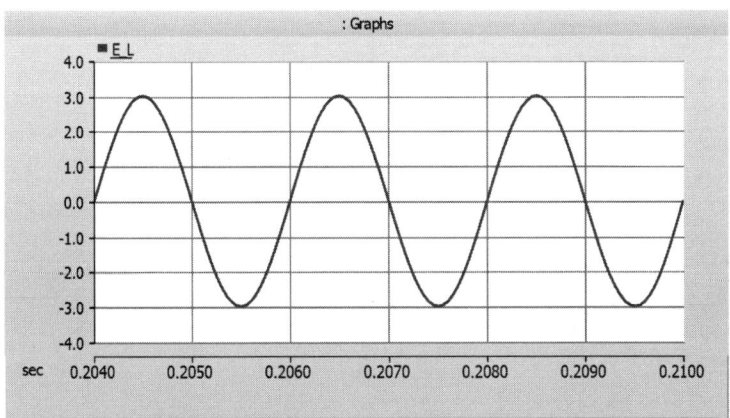

〈그림 30-144 RL 직렬회로의 전압 V_L〉

2. 그림 30-143, 144를 통해 전압 $V_R = 0.019[V], V_L = 3[V]$가 나왔다.

전기공학 기초실험 with PSCAD

15. RC 직렬회로

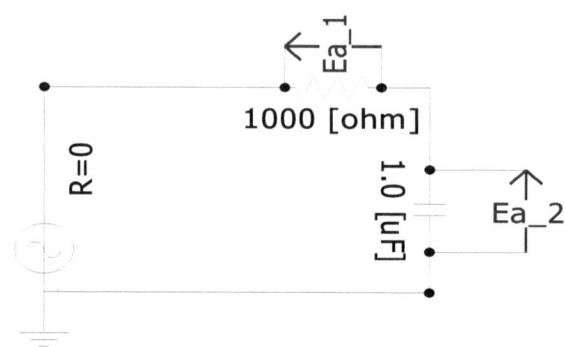

〈그림 30-145 RC 직렬회로의 회로〉

1. 그림 30-145와 같이 회로를 구성한다. 이때 전압 3[V], 저항 1[kΩ], 커패시터 1[μF], 주파수 30[Hz]로 설정한다.

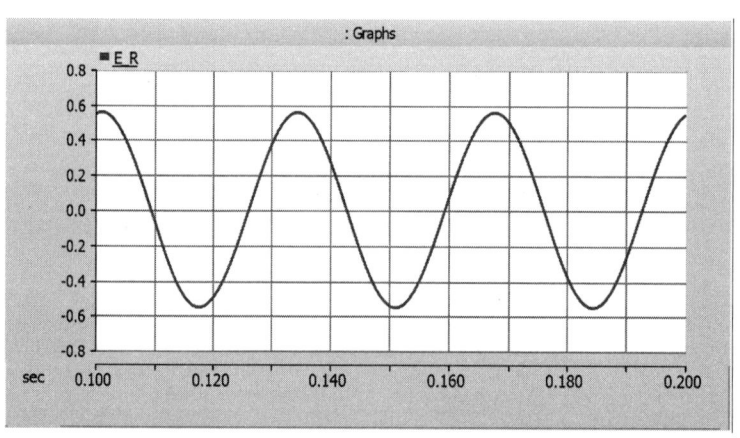

〈그림 30-146 RC 직렬회로의 전압 E_R〉

제30장_PSCAD를 이용한 기초전기 실험

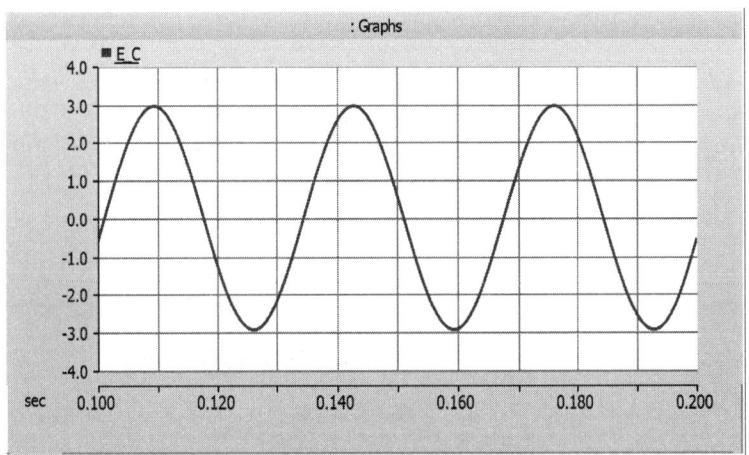

〈그림 30-147 RC 직렬회로의 전압 E_C〉

2. 그림 30-146, 147을 통해 전압 $E_R = 0.554[V], E_C = 3[V]$가 나왔다.

전기공학 기초실험 with PSCAD

16. 단상전력 측정

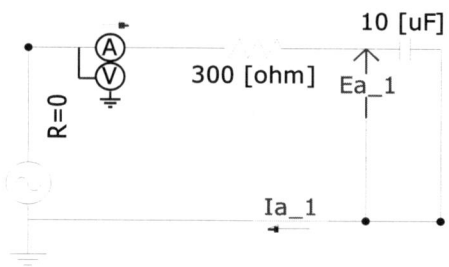

〈그림 30-148 단상교류전력 측정 회로〉

1. 그림 30-148과 같이 회로를 구성한다. 이때 전압 20[V], 저항 300[Ω], 커패시터 10[μF] 주파수 10[Hz]로 설정한다.

2. 전력계 (Multimeter)는 Toolbox - Components - Meters - Mulitimeter를 사용한다. 전력계는 그림 30-149와 같이 다양한 데이터를 계측할 수 있다.

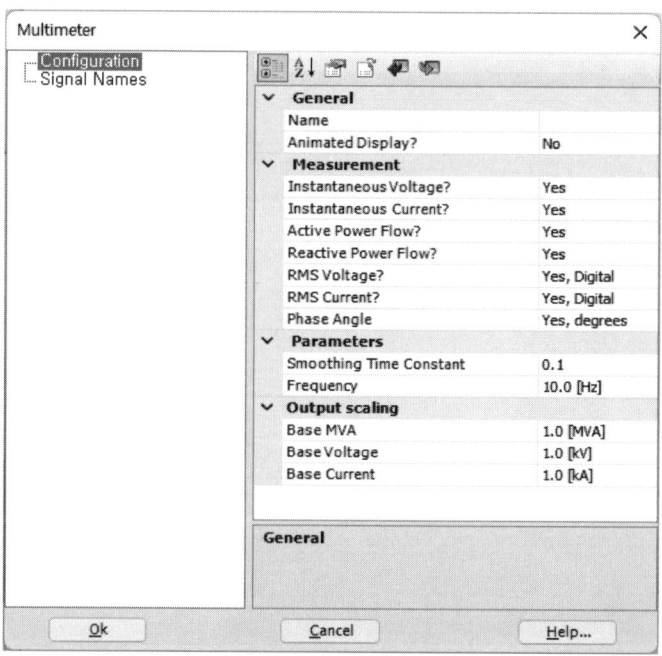

〈그림 30-149 전력계 설정〉

제30장_PSCAD를 이용한 기초전기 실험

3. 그림 30-150-1, 150-2를 통해 전압 20[V], 전류 0.012[A]가 나왔다.

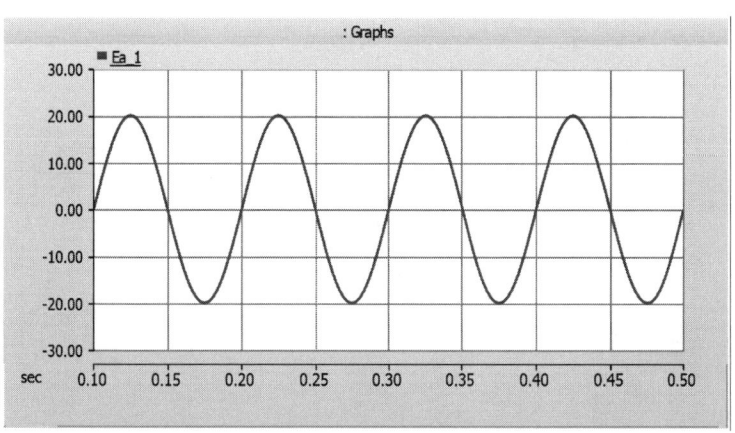

〈그림 30-150-1 단상교류전력 측정회로의 전압값〉

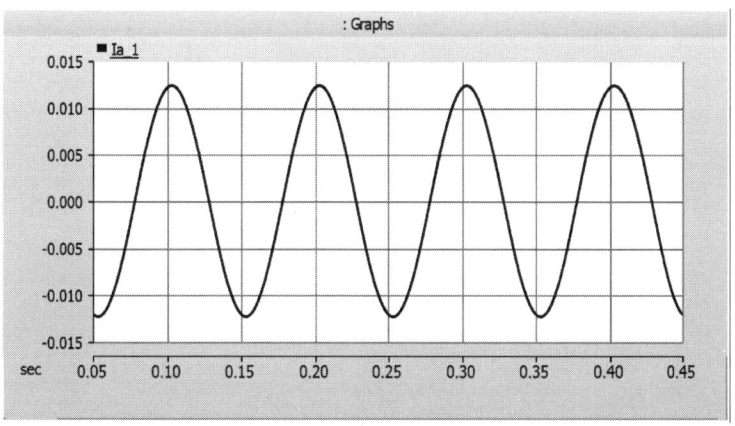

〈그림 30-150-2 단상교류전력 측정회로의 전류값〉

4. 전력계 설정창의 Measurement 항목에서 다양한 데이터값을 출력할 수 있다. Active Power Flow와 Reactive Power Flow를 통해 해당 회로의 유효 및 무효 전력을 확인할 수 있다. ○모양 P, □모양 Q가 나왔다.

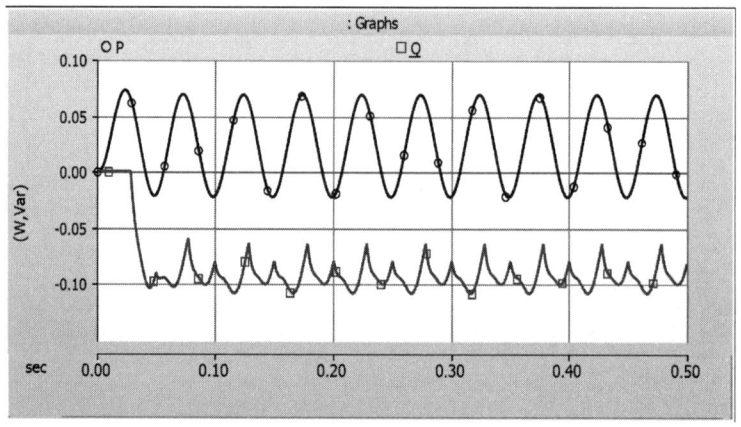

〈그림 30-150-3 단상교류전력 측정회로의 유효전력과 무효전력〉

17. 최대전력 전달

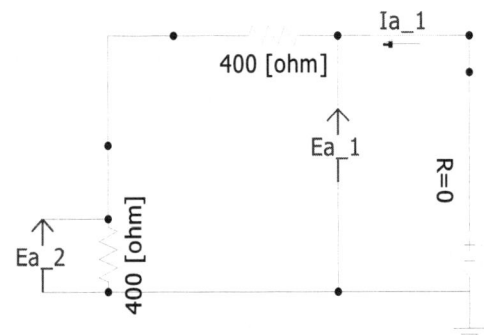

〈그림 30-151 최대전력 전달조건 측정 회로 (a)〉

1. 그림 30-151과 같이 회로를 구성한다. 이때 전압 10[V], 저항 $R = 400[\Omega]$, $R_l = 400[\Omega]$로 설정한다.

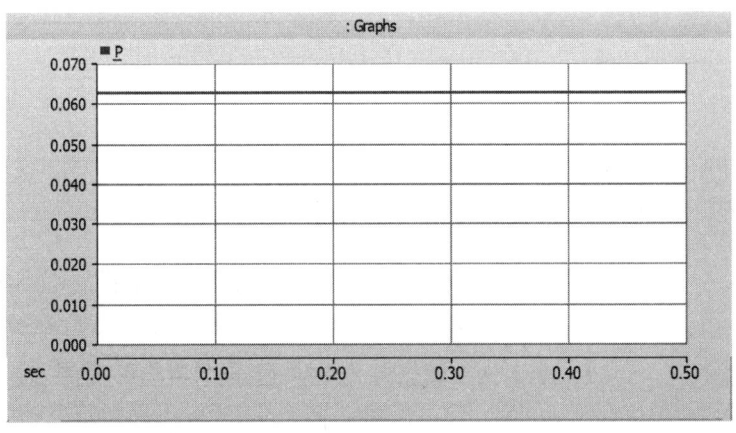

〈그림 30-152 최대전력 전달조건 측정회로의 전력값〉

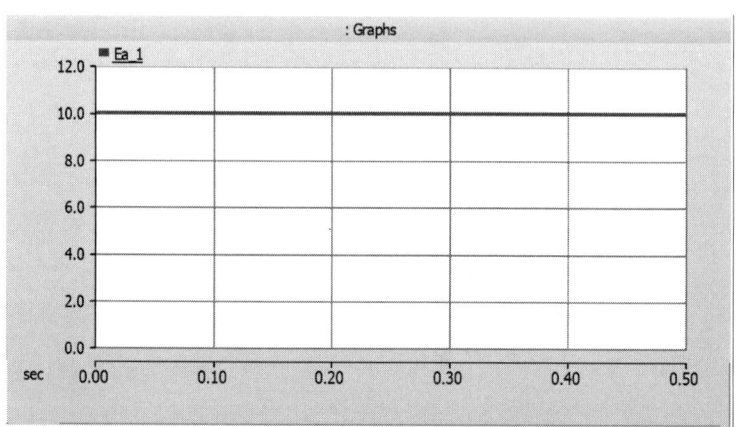

〈그림 30-153 최대전력 전달조건 측정회로의 전압값〉

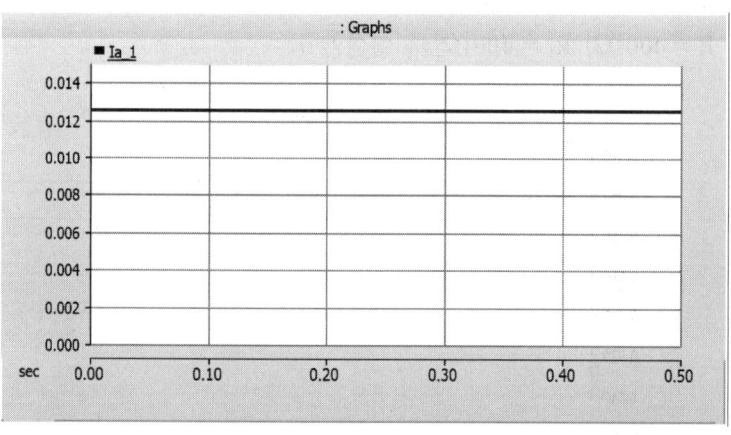

〈그림 30-154 최대전력 전달조건 측정회로의 전류값〉

2. 그림 30-152, 153, 154를 통해 전력 0.063[W], 전압 10[V], 전류 0.013[A]가 나왔다.

3. 전력을 구하기 위해서 그림 30-155와 같이 Master - CSMF에서 전력 계산에 필요한 연산자들을 선택한다.

제30장_PSCAD를 이용한 기초전기 실험

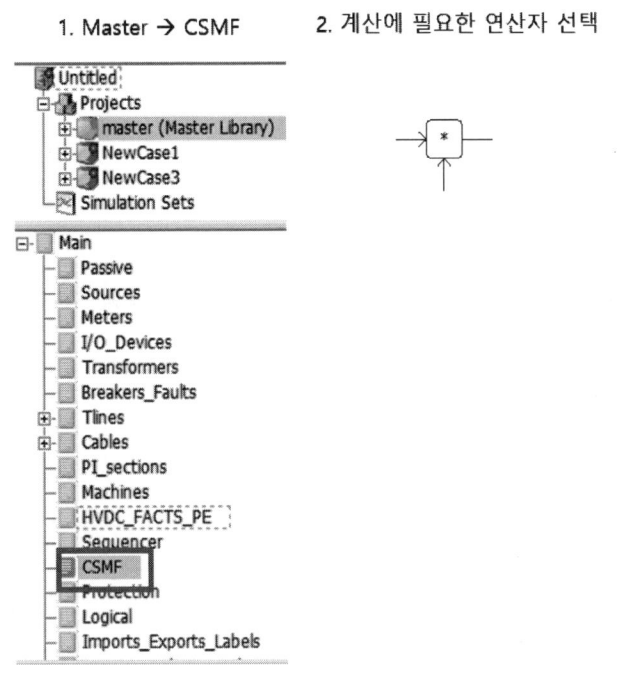

〈그림 30-155 연산소자〉

3. P = IV 이므로 계산식에 맞도록 연산자들을 배치한다.

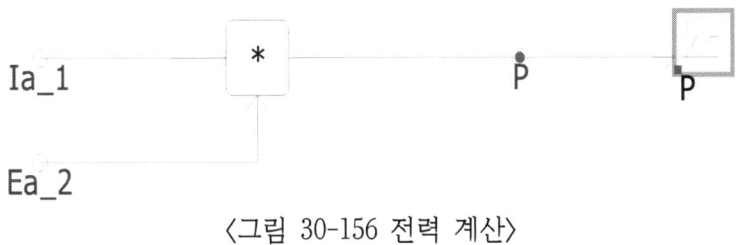

〈그림 30-156 전력 계산〉

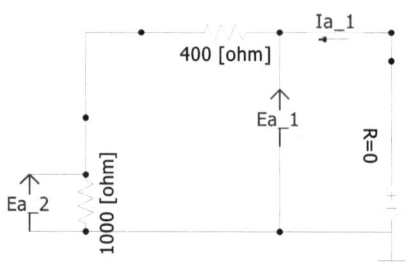

〈그림 30-157 최대전력 전달조건 측정 회로 (b)〉

1. 그림 30-157과 같이 회로를 구성한다. 이때 전압 10[V], 저항 $R = 400[\Omega], R_1 = 1000[\Omega]$로 설정한다.

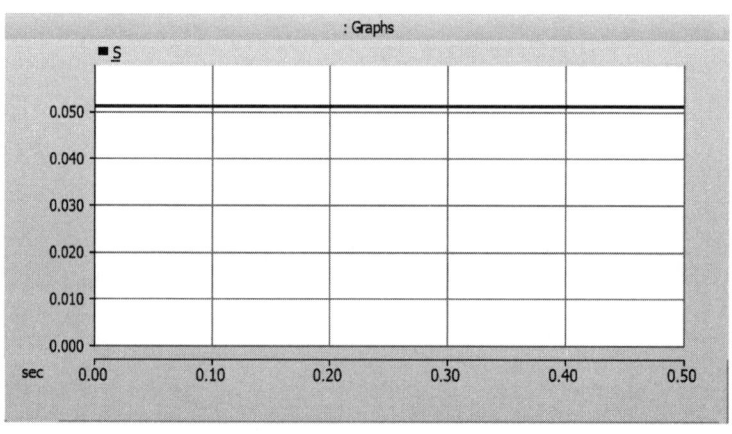

〈그림 30-157 최대전력 전달조건 측정회로의 전력값〉

제30장_PSCAD를 이용한 기초전기 실험

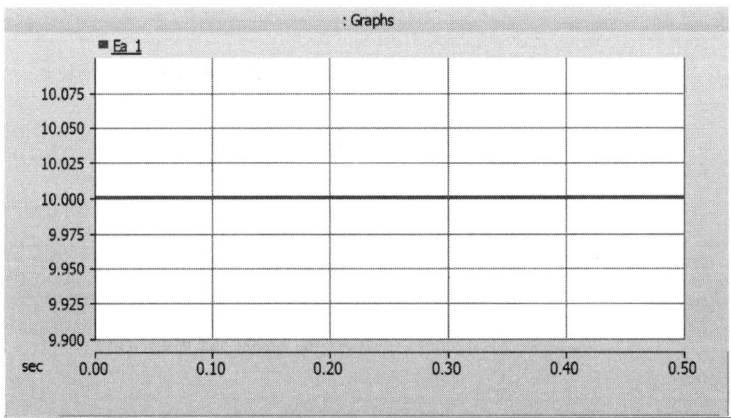

〈그림 30-158 최대전력 전달조건 측정회로의 전압값〉

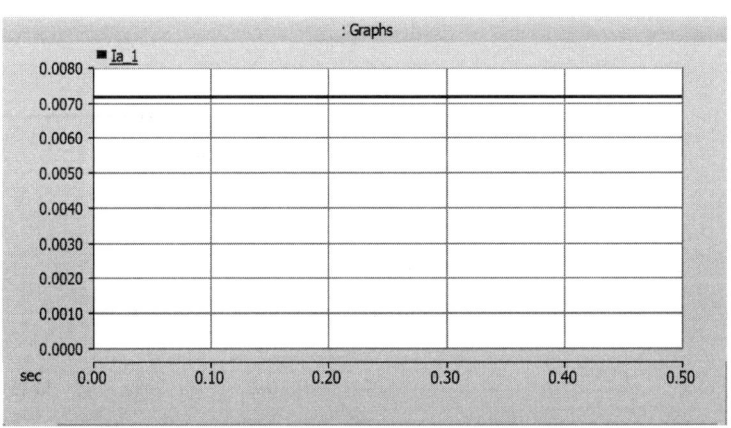

〈그림 30-159 최대전력 전달조건 측정회로의 전류값〉

2. 그림 30-157, 158, 159를 통해 전력 0.051[W], 전압 10[V], 전류 0.007[A]가 나왔다.

18. 이상적인 전압원과 전류원

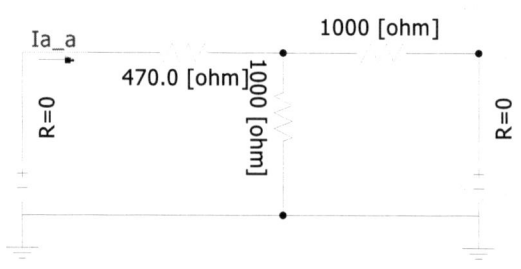

〈그림 30-159-1 종속전원 실험 회로도 (a)〉

1. 그림 30-159-1과 같이 회로를 구성한다. 이때 전압 $V_1 = 1[V]$, $S_{V1} = 1[V]$ 저항 $R_1 = 470[\Omega]$, $R_2 = 1000[\Omega]$, $R_3 = 1000[\Omega]$로 설정한다.

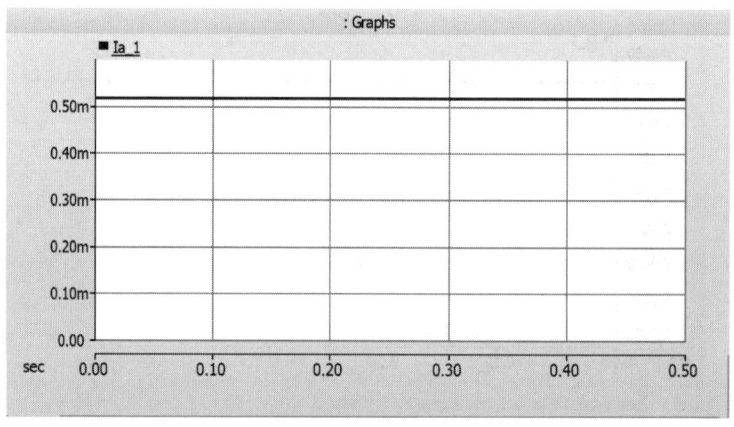

〈그림 30-160 종속전원 측정회로의 전류값〉

2. 그림 30-160을 통해 전류 $0.515[mA]$가 나왔다.

제30장_PSCAD를 이용한 기초전기 실험

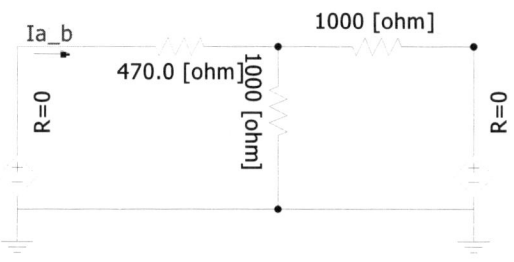

〈그림 30-161 종속전원 실험 회로도 (b)〉

1. 그림 30-161과 같이 회로를 구성한다. 이때 전압 $V_1 = 5[V], S_{V1} = 1[V]$ 저항 $R_1 = 470[\Omega], R_2 = 1000[\Omega], R_3 = 1000[\Omega]$로 설정한다.

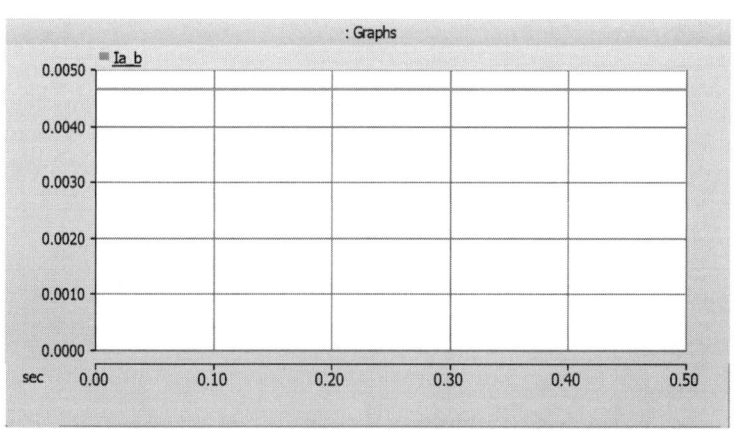

〈그림 30-161-1 종속전원 측정회로의 전류값〉

2. 그림 30-161-1을 통해 전류 $4.63[mA]$가 나왔다.

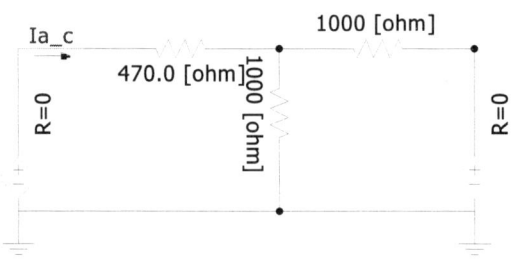

〈그림 30-162 종속전원 실험 회로도(c)〉

1. 그림 30-162와 같이 회로를 구성한다. 이때 전압 $V_1 = 1[V], S_{V1} = 4[V]$, 저항 $R_1 = 470[\Omega], R_2 = 1000[\Omega], R_3 = 1000[\Omega]$로 설정한다.

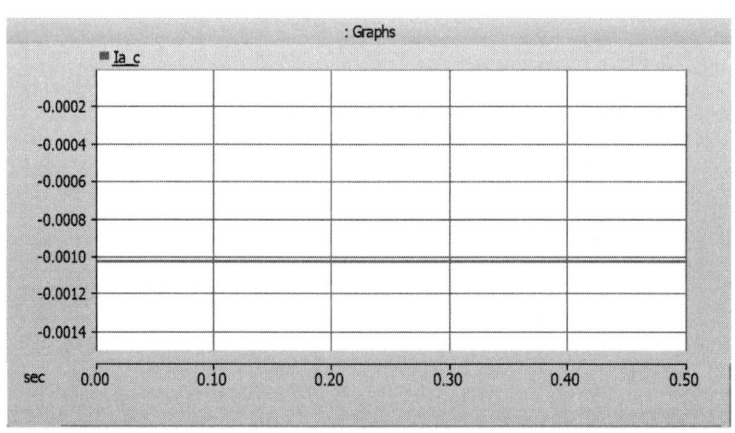

〈그림 30-162-1 종속전원 측정회로의 전류값〉

2. 그림 30-162-1를 통해 전류 $-1.03[mA]$가 나왔다.

제30장_PSCAD를 이용한 기초전기 실험

19. 중저항 측정법

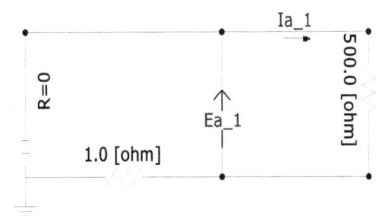

〈그림 30-163 중저항 측정회로 (a)〉

1. 그림 30-163과 같이 회로를 구성한다. 이때 전압 50[V], 저항 $R_X = 500[\Omega], R_H = 1[\Omega]$로 설정한다.

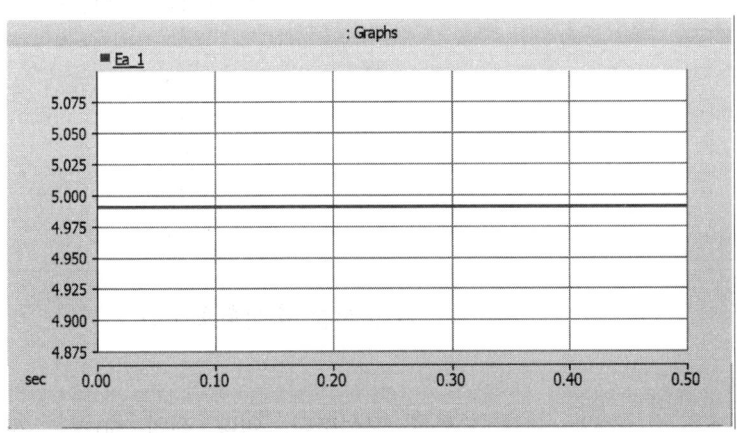

〈그림 30-164 중저항 측정회로의 전압값〉

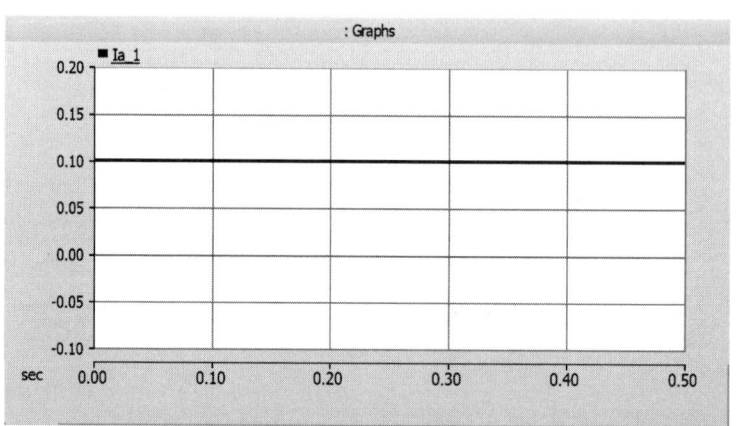

〈그림 30-165 중저항 측정회로의 전류값〉

2. 그림 30-164, 165를 통해 전압 5[V], 전류 10[mA]가 나왔다.

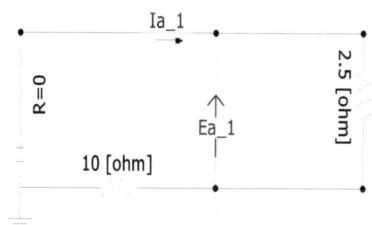

〈그림 30-166 중저항 측정회로 (b)〉

1. 그림 30-166과 같이 회로를 구성한다. 이때 전압 50[V], 저항 R_X 2.5 [$R_X = 2.5[\Omega]$, $R_H = 10[\Omega]$]로 설정한다.

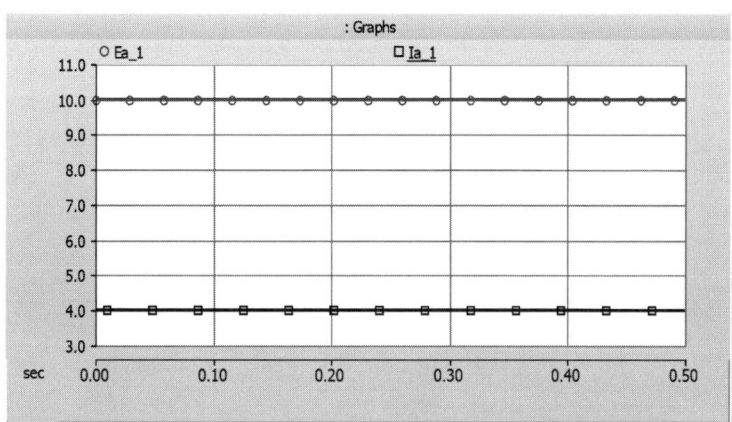

<그림 30-167 중저항 측정회로의 전압 및 전류값>

2. 그림 30-167을 통해 전압 10[V], 전류 4[A], ○모양 전압, □모양 전류가 나왔다.

20. 미분기와 적분기

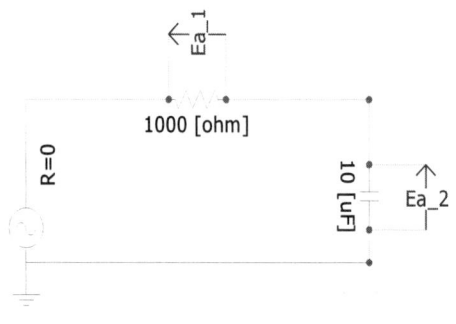

〈그림 30-168 미적분 측정회로 (a)〉

1. 그림 30-168과 같이 회로를 구성한다. 이때 전압 $10[V]$, 저항 $R_1 = 1[k\Omega]$ $C_1 = 10[\mu F]$ 주파수 $5[Hz]$로 설정한다.

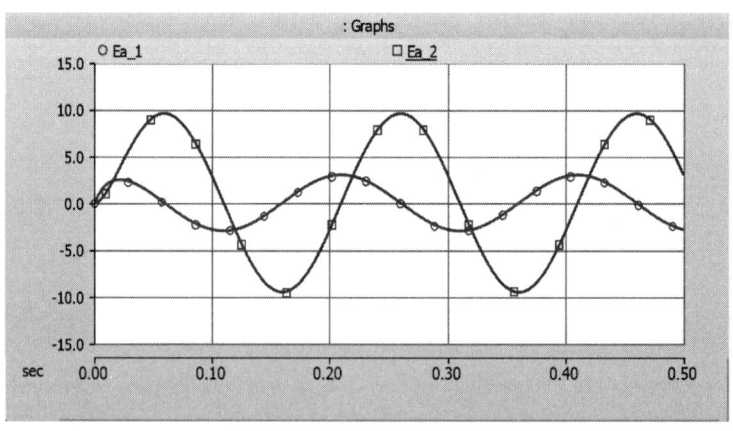

〈그림 30-169 미적분 측정회로의 전압〉

2. 그림 30-169를 통해 전압 $E_{a1} = 3[V], E_{a2} = 9.5[V]$, ○모양 E_{a1}, □모양 E_{a2}가 나왔다.

제30장_PSCAD를 이용한 기초전기 실험

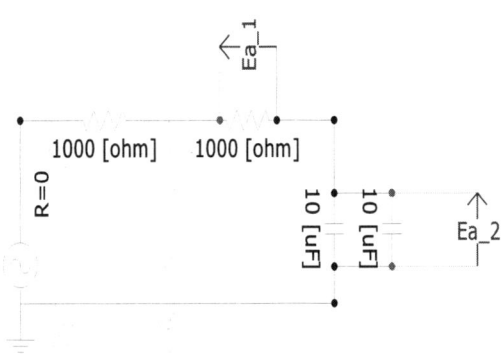

〈그림 30-170 미적분 측정회로 (b)〉

1. 그림 30-170과 같이 회로를 구성한다. 이때 전압 $10[V]$, 저항 $R_1 = 1[k\Omega], R_2 = 1[k\Omega]$ $C_1 = 10[\mu F], C_2 = 10[\mu F]$ 주파수 $5[Hz]$로 설정한다.

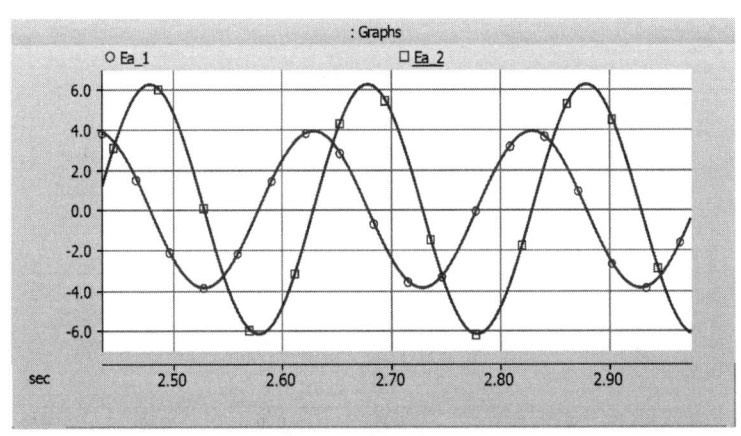

〈그림 30-171 미적분 측정회로의 전압값〉

2. 그림 30-171을 통해 전압 $E_{a1} = 3.91[V], E_{a2} = 6.22[V]$ ○모양 E_{a1}, □모양 E_{a2}가 나왔다.

21. 임피던스 부하의 전력측정

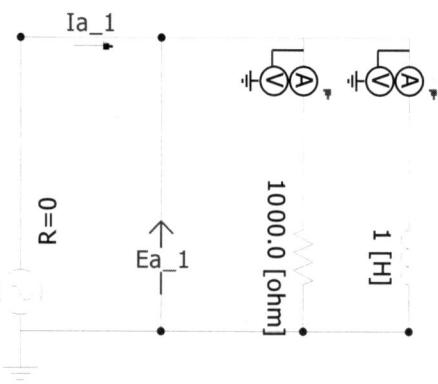

〈그림 30-172 R-L의 전력 측정회로〉

1. 그림 30-172와 같이 회로를 구성한다. 이때 전압 110[V], 저항 1[kΩ], 인덕터 1000[mH], 주파수 5[Hz]로 설정한다.

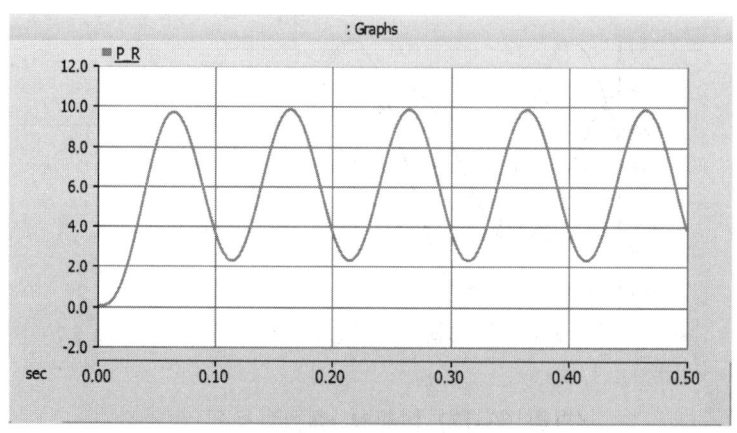

〈그림 30-173 전력 측정회로의 전력값 P_R〉

제30장_PSCAD를 이용한 기초전기 실험

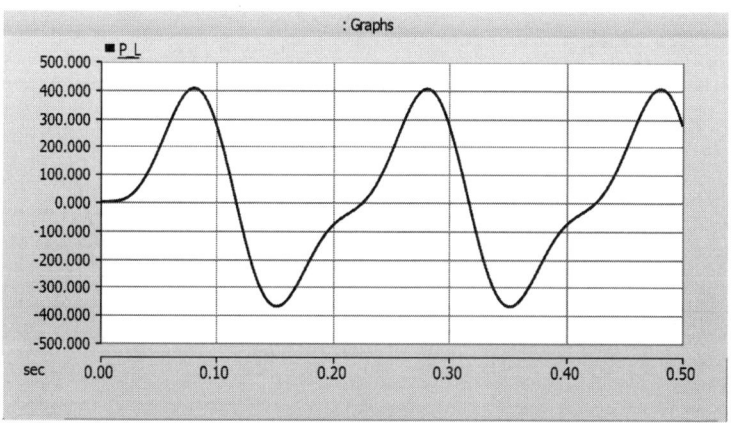

〈그림 30-174 전력 측정회로의 전력값 P_L〉

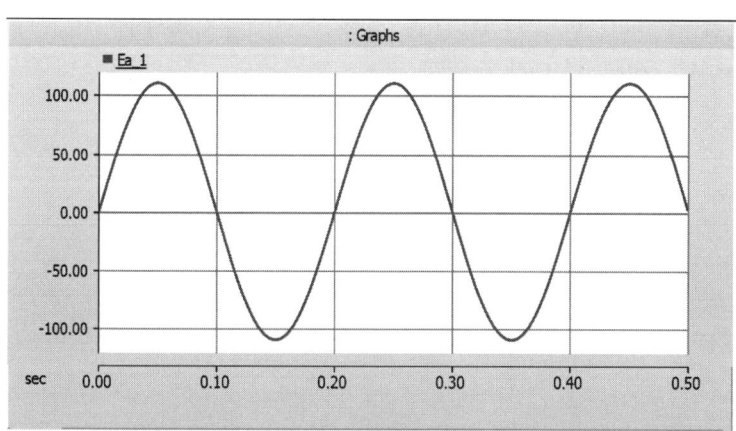

〈그림 30-175 전력 측정회로의 전압값〉

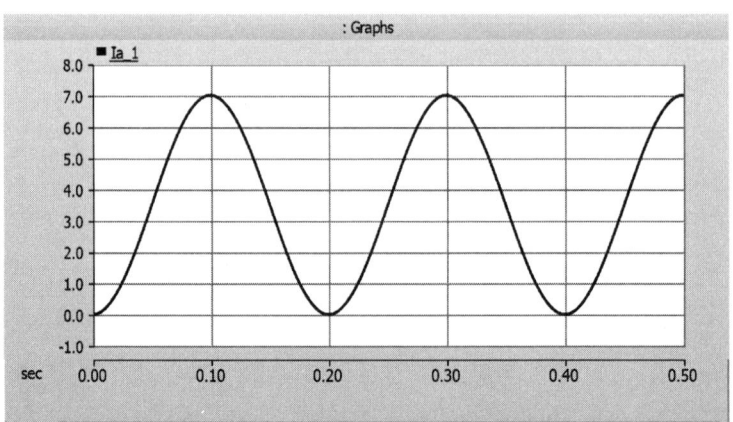

〈그림 30-176 전력 측정회로의 전류값〉

2. 그림 30-173, 174, 175, 176을 통해 전력 $P_R = 9.8[W]$ $P_L \approx 400[W]$, 전압 $110[V]$, 전류 $7[A]$가 나왔다.

제30장_PSCAD를 이용한 기초전기 실험

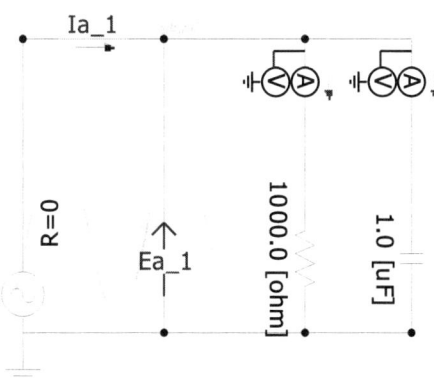

〈그림 30-177 R-C의 전력 측정회로〉

1. 그림 30-177과 같이 회로를 구성한다. 이때 전압 110[V], 저항 1[kΩ], 커패시터 10[μF], 주파수 5[Hz]로 설정한다.

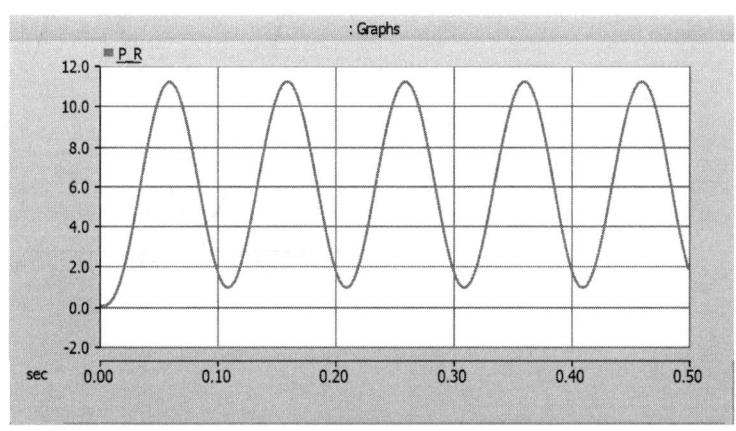

〈그림 30-178 전력 측정회로의 전력값 P_R〉

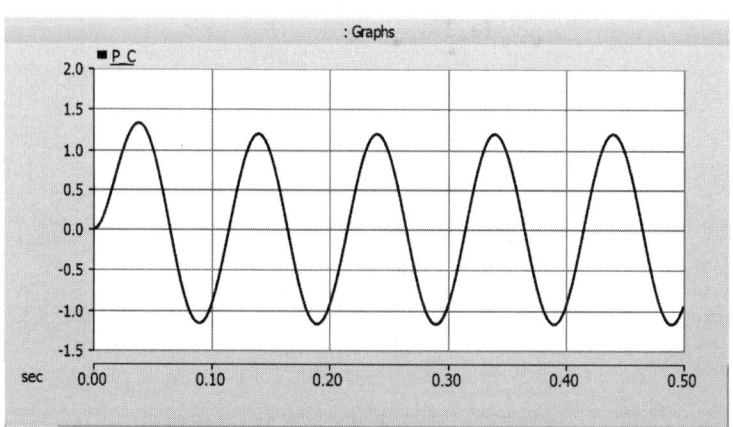

〈그림 30-179 전력 측정회로의 전력값 P_C〉

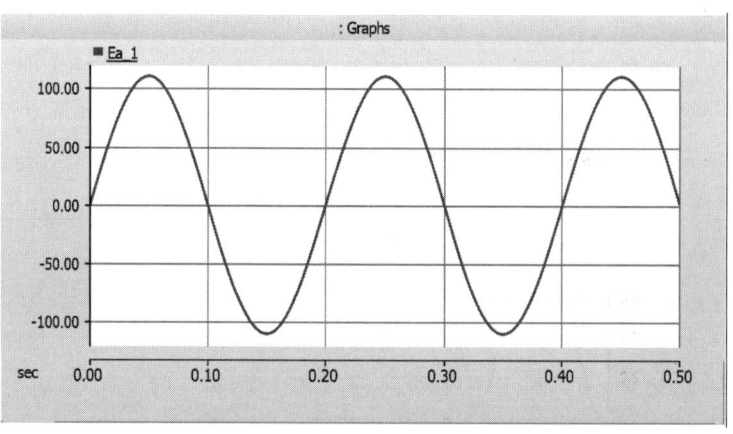

〈그림 30-180 전력 측정회로의 전압값〉

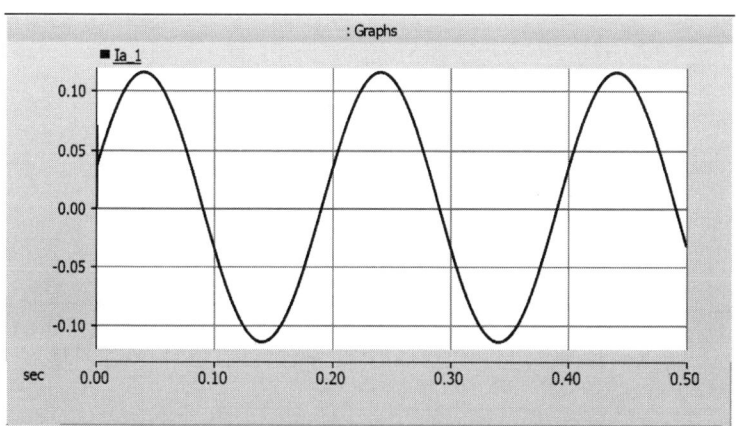

〈그림 30-181 전력 측정회로의 전류값〉

2. 그림 30-178, 179, 180, 181를 통해 전력 $P_R = 11[W], P_C \approx 1.2[W]$, 전압 $110[V]$, 전류 $0.115[A]$가 나왔다.

22. 3전압계법에 의한 단상전력 측정

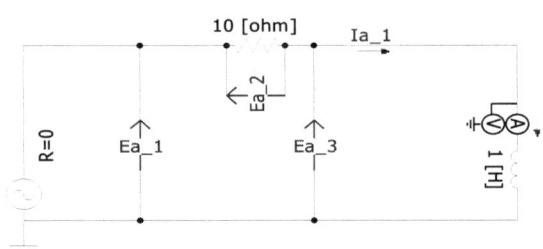

〈그림 30-182 3전압계법에 의한 단상전력 측정회로〉

1. 그림 30-182와 같이 회로를 구성한다. 이때 전압 110[V], 저항 10[Ω], 인덕터 1000[mH], 주파수 5[Hz]로 설정한다.

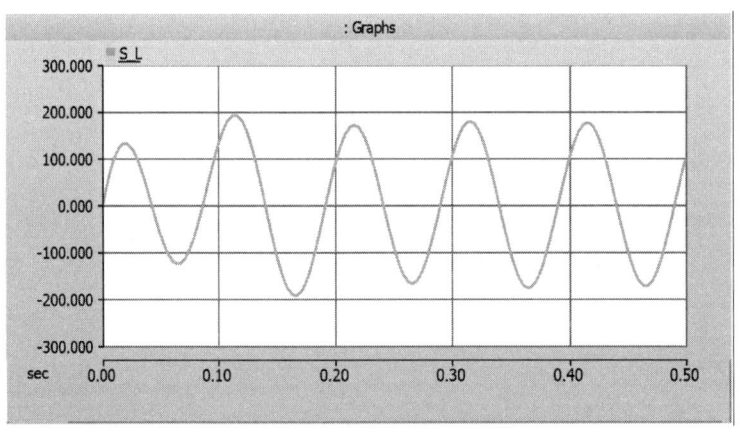

〈그림 30-183 단상전력 측정회로의 전력값〉

제30장_PSCAD를 이용한 기초전기 실험

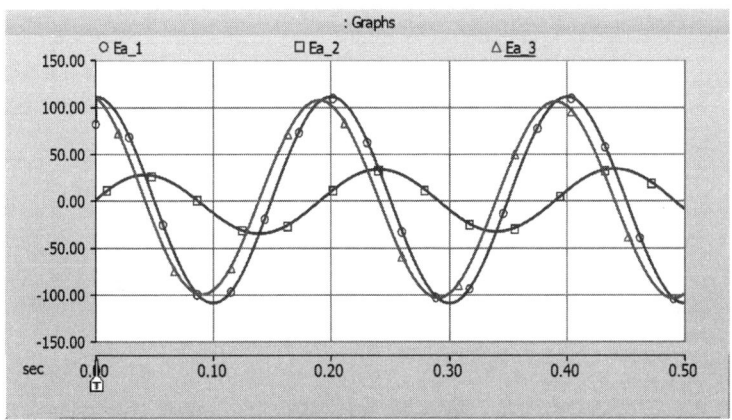

〈그림 30-184 단상전력 측정회로의 전압값〉

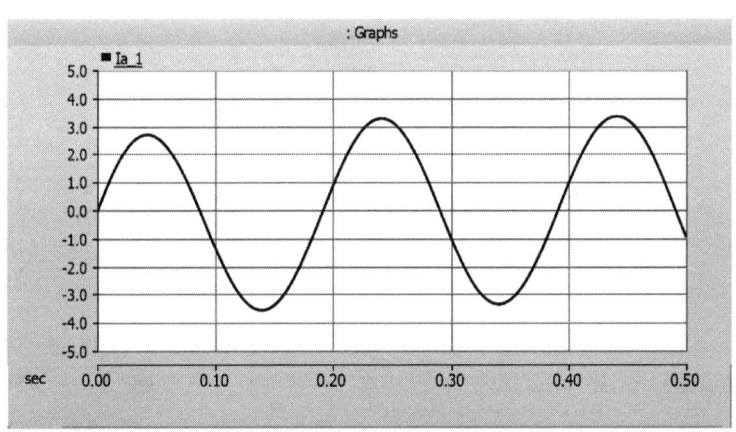

〈그림 30-185 단상전력 측정회로의 전류값〉

2. 그림 30-183, 184, 185를 통해 전력 $P_L = 174.86[W]$, 전압 $E_{a1} = 110[V], E_{a2} = 33.37[V], V_L = 104.82[V]$, ○모양 E_{a1}, □모양 E_{a2}, △ 모양 E_{a3}, 전류 3.34[A]가 나왔다.

23. 3전류계법에 의한 단상전력 측정

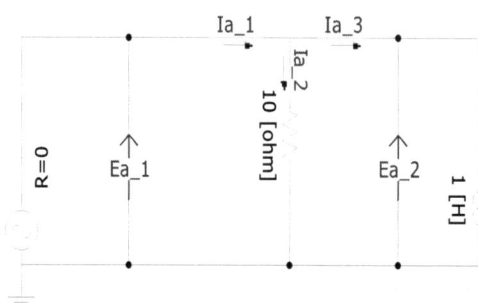

〈그림 30-186 3전류계법에 의한 단상전력 측정회로〉

1. 그림 30-186과 같이 회로를 구성한다. 이때 전압 110[V], 저항 1[kΩ], 인덕터 1000[mH], 주파수 5[Hz]로 설정한다.

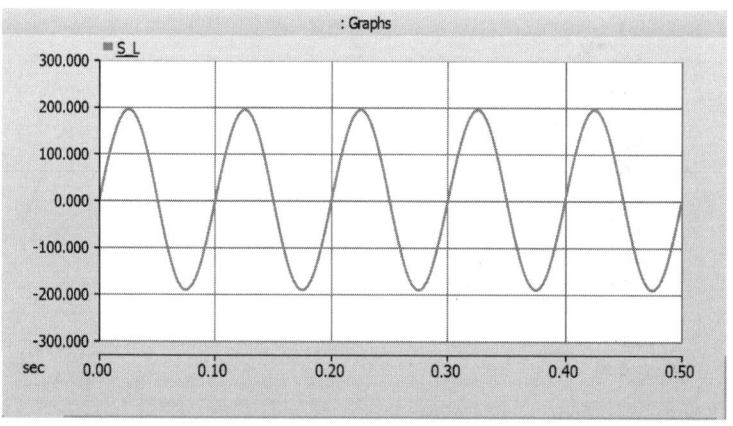

〈그림 30-187 단상전력 측정회로의 전력값〉

제30장_PSCAD를 이용한 기초전기 실험

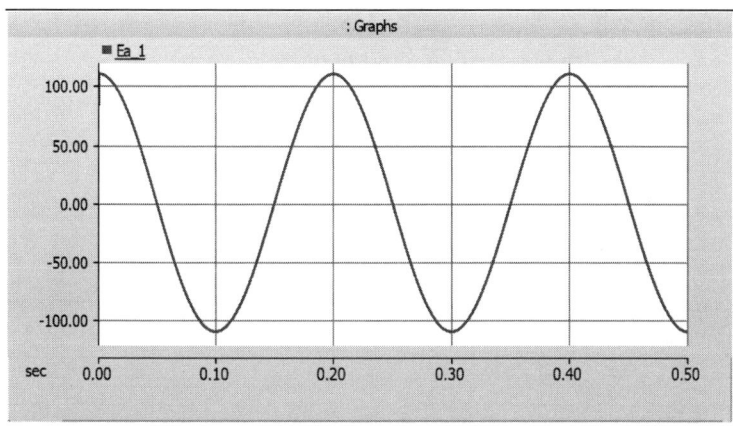

〈그림 30-188 단상전력 측정회로의 전압값〉

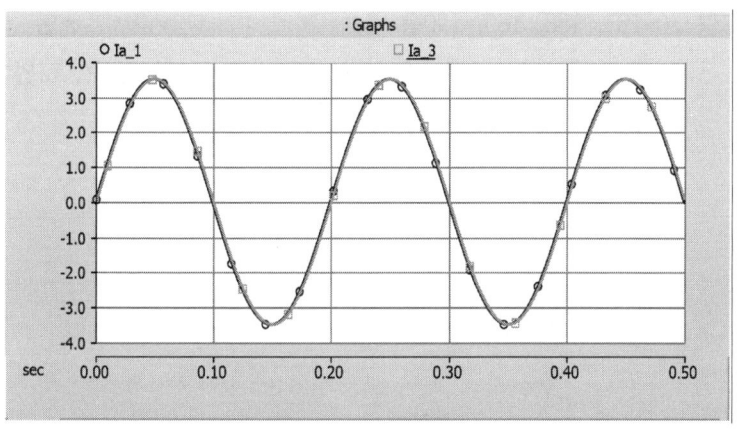

〈그림 30-189 단상전력 측정회로의 전류값 I_{a1}, I_{a3}〉

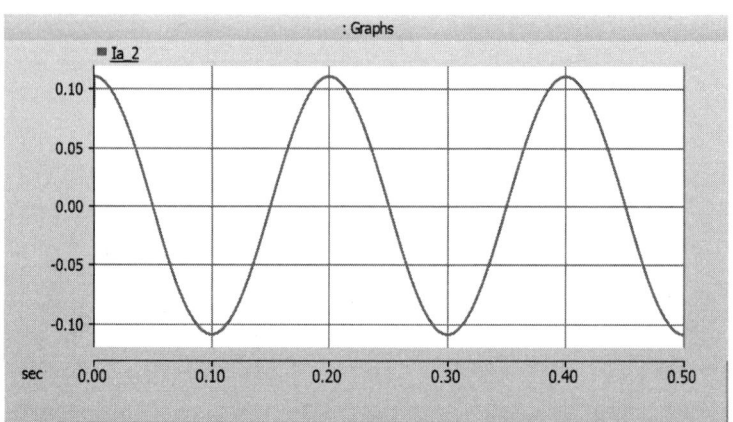

〈그림 30-190 단상전력 측정회로의 전류값 I_{a2}〉

2. 그림 30-187, 188, 189, 190을 통해 전력 $P_L = 200[W]$, 전압 $110[V]$, 전류 $I_{a1} ≒ I_{a3} = 3.5[A]$, $I_{a2} = 0.11[A]$, ○모양 I_{a1}, □모양 I_{a3}가 나왔다.

제30장_PSCAD를 이용한 기초전기 실험

24. 전등부하의 결선과 실험

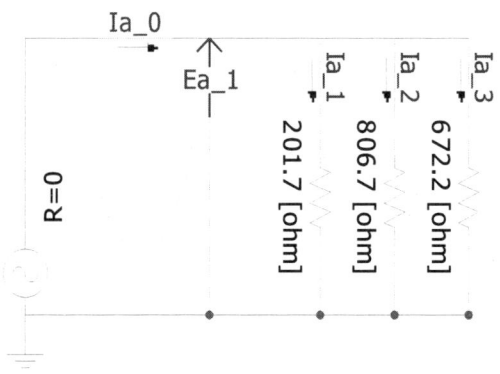

〈그림 30-191 전등부하의 병렬회로〉

1. 그림 30-191과 같이 회로를 구성한다. 이때 전압 110[V], 저항 $R_1 = 201.7[\Omega], R_2 = 806.7[\Omega], R_3 = 672.2[\Omega]$, 주파수 5[Hz]로 설정한다.

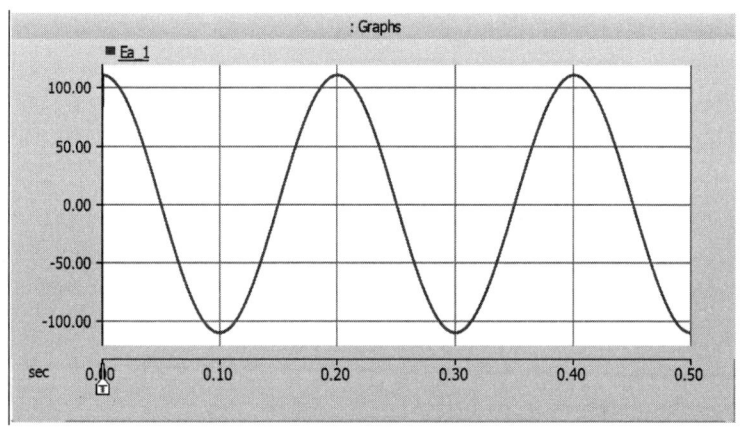

〈그림 30-192 병렬회로의 전압값〉

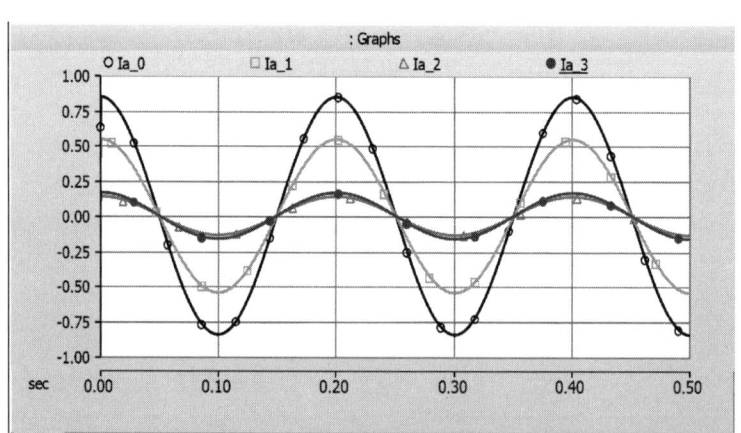

〈그림 30-193 병렬회로의 전류값〉

2. 그림 30-192, 193을 통해 전압 110[V], 전류 $I_{a1} = 0.545[A]$ $I_{a2} = 0.136[A], I_{a3} = 0.163[A], I_0 = 0.845[A]$, ○모양 I_{a1}, □모양 I_{a2}, △모양 I_{a3}, ●모양 I_0가 나왔다.

제30장_PSCAD를 이용한 기초전기 실험

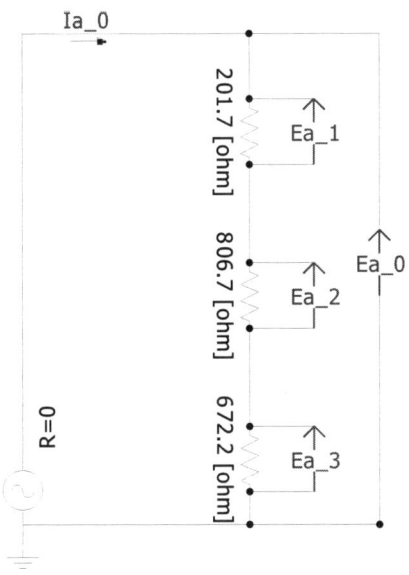

〈그림 30-194 전등부하의 직렬회로〉

1. 그림 30-194와 같이 회로를 구성한다. 이때 전압 110[V], 저항 $R_1 = 201.7[\Omega], R_2 = 806.7[\Omega], R_3 = 672.2[\Omega]$, 주파수 5[Hz]로 설정한다.

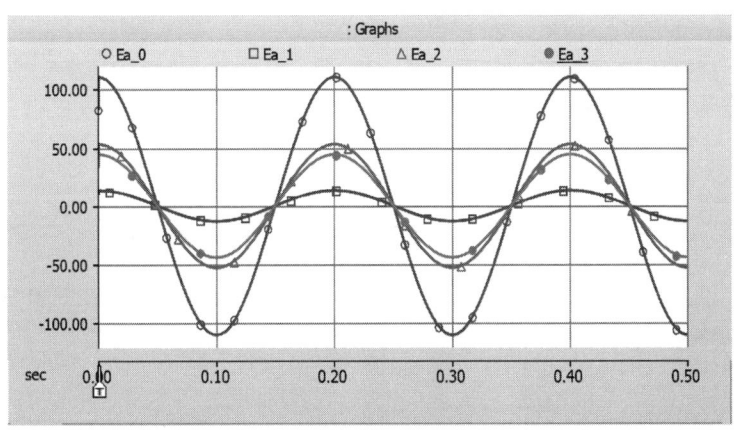

〈그림 30-195 직렬회로의 전압값〉

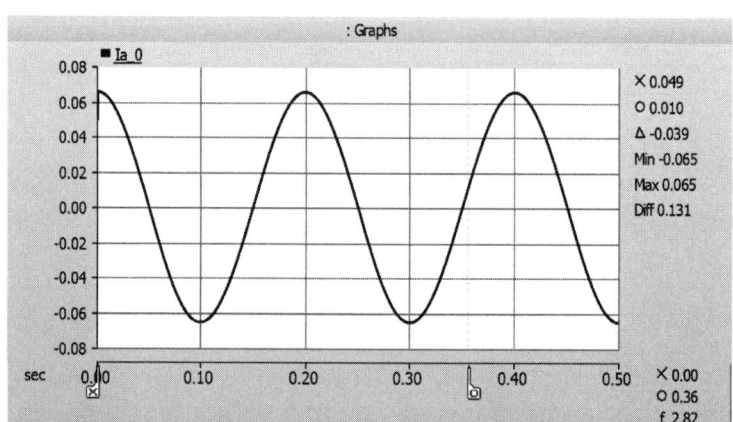

〈그림 30-196 직렬회로의 전류값〉

2. 그림 30-195, 196을 통해 전압 $E_{a1} = 13.2[V], E_{a2} = 52.8[V]$ $E_{a3} = 44[V], E_{a0} = 110[V]$, ○모양 E_{a0}, □모양 E_{a1}, △모양 E_{a2}, ●모양 E_{a3}, 전류 $0.065[A]$가 나왔다.

제31장_중요한 회로 법칙의 PSCAD 시뮬레이션

제31장 중요한 회로 법칙의 PSCAD 시뮬레이션

1. KCL 및 KVL에 의한 회로 해석

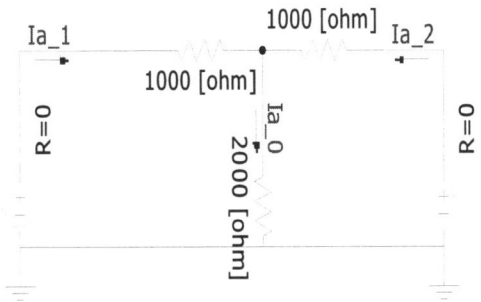

〈그림 31-1 KCL 및 KVL 에 의한 해석 회로〉

1. 그림 31-1과 같이 회로를 구성한다. 이때 전압 $V_1 = 12[V], V_2 = 6[V]$, 저항 $R_1 = 1[k\Omega], R_2 = 1[k\Omega], R_3 = 2[k\Omega]$로 설정한다.

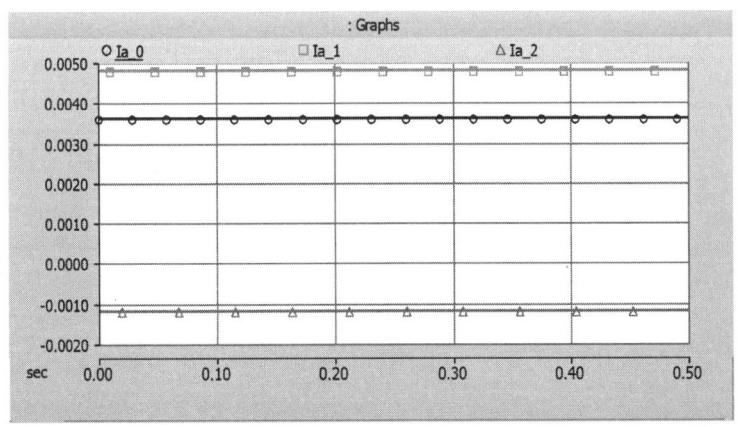

〈그림 31-2 KCL 및 KVL에 의한 해석 회로의 전류값〉

2. 그림 31-2를 통해 전류 $I_{a1} = 4.8[\text{mA}]$, $I_{a2} = -1.2[\text{mA}]$, $I_{a0} = 3.6[\text{mA}]$, ○모양 I_{a0}, □모양 I_{a1}, △모양 I_{a2}가 나왔다.

2. Mesh 전류에 의한 회로 해석

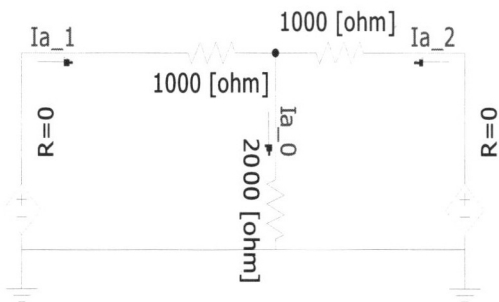

〈그림 31-3 Mesh에 의한 KVL (망로)해석 회로〉

1. 그림 31-3과 같이 회로를 구성한다. 이때 전압 $V_1 = 12[V]$, $V_2 = 6[V]$, 저항 $R_1 = 1[k\Omega]$, $R_2 = 1[k\Omega]$, $R_3 = 2[k\Omega]$로 설정한다.

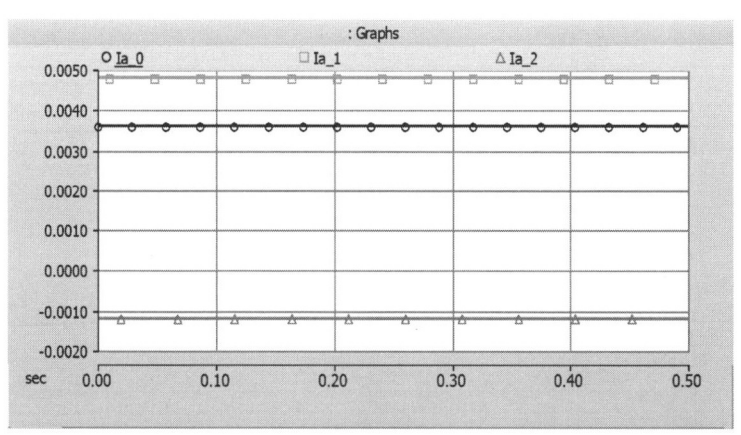

〈그림 31-4 Mesh에 의한 KVL(망로) 해석 회로의 전류값〉

2. 그림 31-4를 통해 전류 $I_{a1} = 4.8[mA]$, $I_{a2} = -1.2[mA]$, $I_{a0} = 3.6[mA]$, ○모양 I_{a0}, □모양 I_{a1}, △모양 I_{a2}가 나왔다.

3. Node에 의한 회로 해석

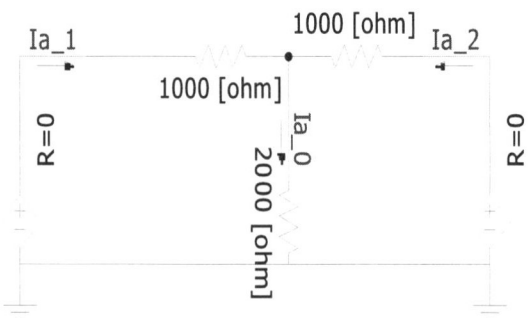

〈그림 31-5 Node에 대한 KCL에 의한 해석 회로〉

1. 그림 31-5와 같이 회로를 구성한다. 이때 전압 $V_1 = 12[V], V_2 = 6[V]$, 저항 $R_1 = 1[k\Omega], R_2 = 1[k\Omega], R_3 = 2[k\Omega]$로 설정한다.

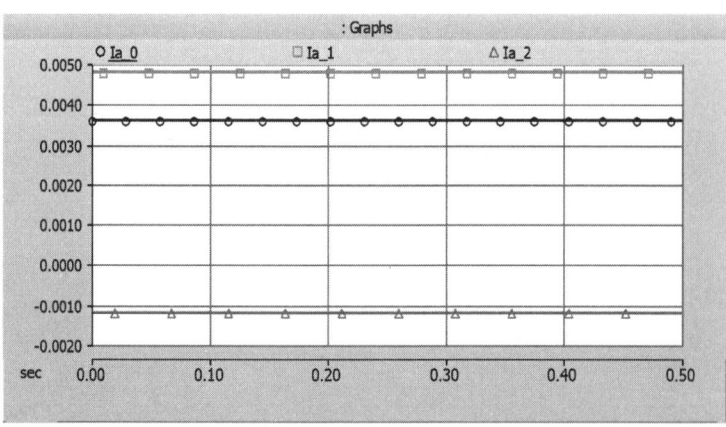

<그림 31-6 Node에 대한 KCL에 의한 해석 회로의 전류값>

2. 그림 31-6을 통해 전류 $I_{a1} = 4.8[mA], I_{a2} = -1.2[mA], I_{a0} = 3.6[mA]$, ○모양 I_{a0}, □모양 I_{a1}, △모양 I_{a2}가 나왔다.

4. 테브난의 정리에 의한 회로 해석

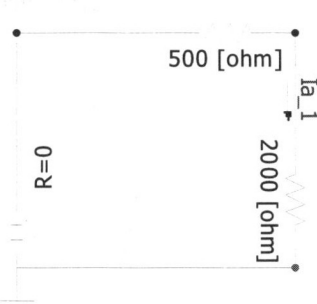

〈그림 31-7 테브난에 의한 해석 회로〉

1. 그림 31-7과 같이 회로를 구성한다. 이때 전압 9[V], 저항 $R_{th} = 0.5[k\Omega], R_L = 2[k\Omega]$로 설정한다.

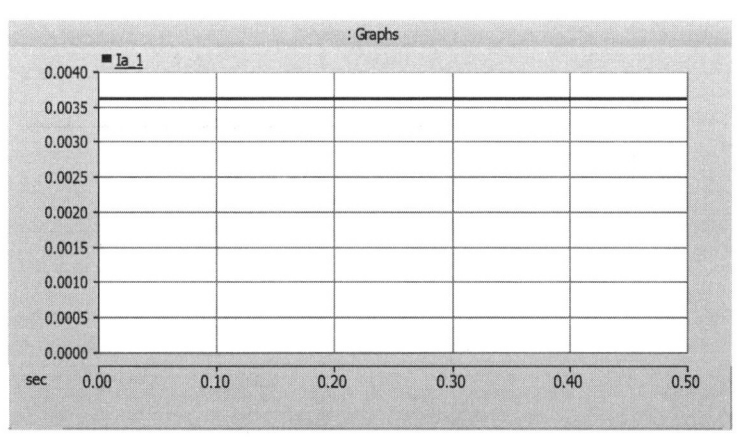

〈그림 31-8 테브난에 의한 해석 회로의 전류값〉

2. 그림 31-8을 통해 전류 3.6[mA]가 나왔다.

5. 노턴의 정리에 의한 회로 해석

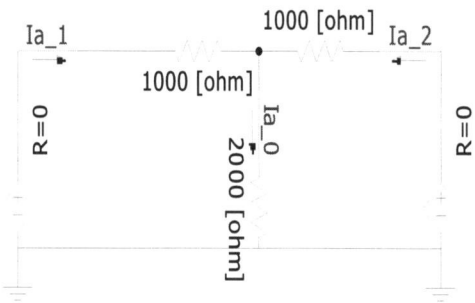

〈그림 31-9-1 노턴에 의한 해석 회로〉

1. 그림 31-9-1과 같이 회로를 구성한다. 이때 전압 $V_1 = 12[V], V_2 = 6[V]$, 저항 $R_1 = 1[k\Omega], R_2 = 1[k\Omega], R_3 = 2[k\Omega]$로 설정한다.

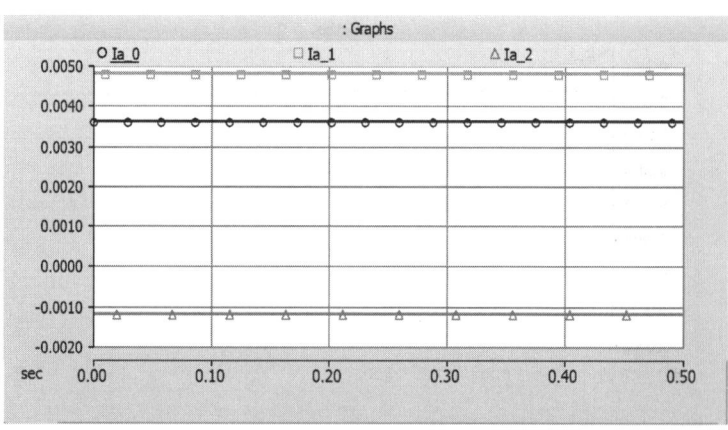

〈그림 31-9-2 노턴에 의한 해석 회로의 전류값〉

2. 그림 31-9-2를 통해 전류 $I_{a1} = 4.8[mA], I_{a2} = -1.2[mA], I_{a0} = 3.6[mA]$, ○ 모양 I_{a0}, □모양 I_{a1}, △모양 I_{a2}가 나왔다.

제31장_중요한 회로 법칙의 PSCAD 시뮬레이션

6. 중첩의 정리에 의한 회로 해석

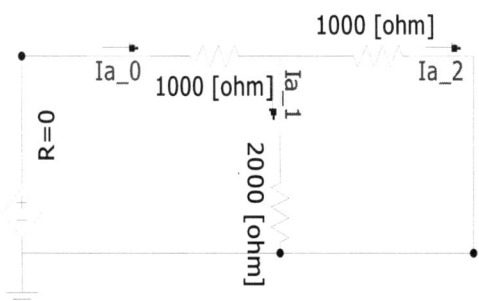

〈그림 31-10 중첩에 의한 회로 해석 (a)〉

1. 그림 31-10과 같이 회로를 구성한다. 이때 전압 12[V], 저항 $R_1 = 1[k\Omega], R_2 = 1[k\Omega], R_3 = 2[k\Omega]$로 설정한다.

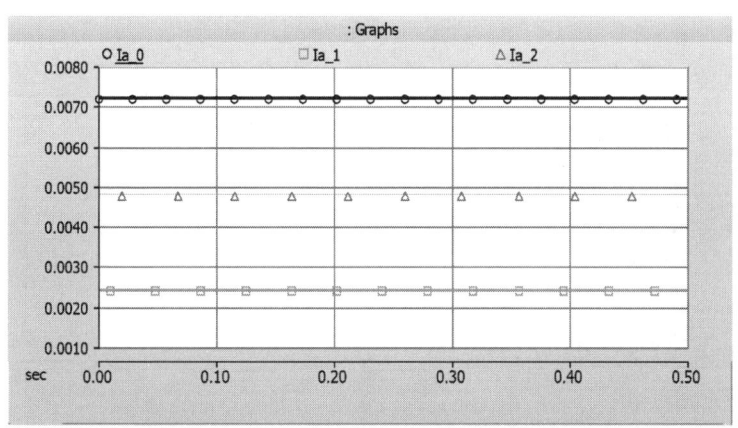

〈그림 31-11 중첩에 의한 해석 회로의 전류값〉

2. 그림 31-11을 통해 전류 $I_{a0} = 7.2[mA], I_{a1} = 2.4[mA], I_{a2} = 4.8[mA]$, ○ 모양 I_{a0}, □ 모양 I_{a1}, △ 모양 I_{a2}가 나왔다.

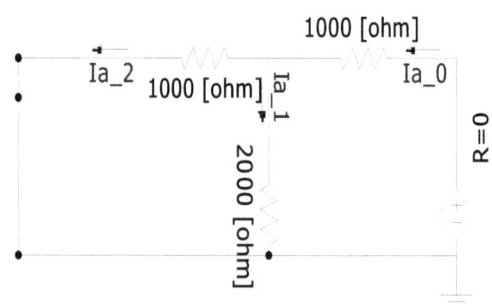

〈그림 31-12 중첩에 의한 회로 해석 (b)〉

1. 그림 31-12와 같이 회로를 구성한다. 이때 전압 6[V] 저항 $R_1 = 1[k\Omega], R_2 = 1[k\Omega], R_3 = 2[k\Omega]$로 설정한다.

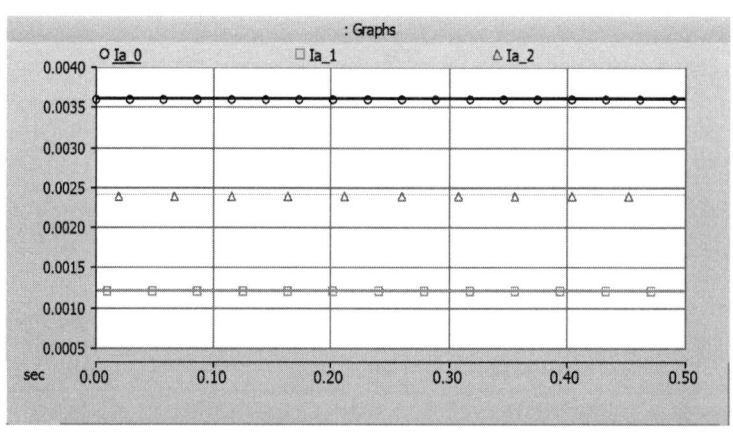

〈그림 31-13 중첩에 의한 해석 회로 전류값〉

2. 그림 31-13을 통해 전류 $I_{a0} = 3.6[mA], I_{a1} = 1.2[mA], I_{a2} = 2.4[mA]$, ○모양 I_{a0}, □모양 I_{a1}, △모양 I_{a2}가 나왔다.

제31장_중요한 회로 법칙의 PSCAD 시뮬레이션

7. 가역 정리에 의한 회로 해석

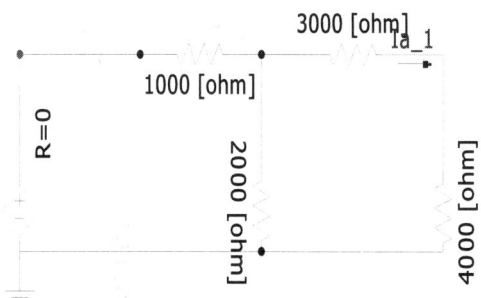

〈그림 31-14 가역에 의한 회로 해석 (a)〉

1. 그림 31-14와 같이 회로를 구성한다. 이때 전압 5[V], 저항 $R_1 = 1[k\Omega], R_2 = 2[k\Omega], R_3 = 3[k\Omega], R_4 = 1[k\Omega]$로 설정한다.

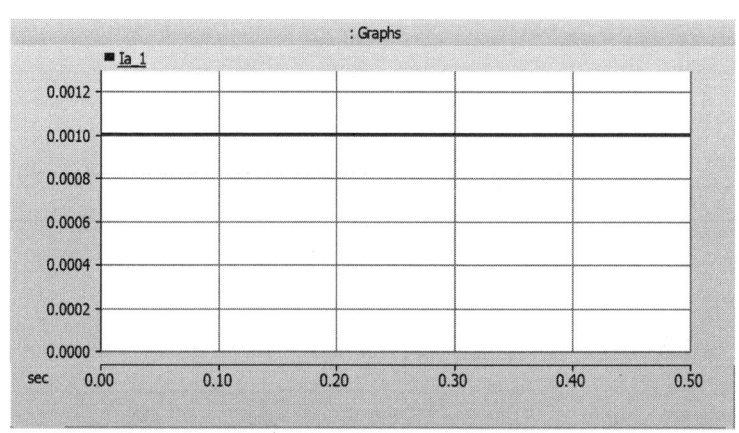

〈그림 31-15 가역에 의한 해석 회로 전류값〉

2. 그림 31-15를 통해 전류 1[mA]가 나왔다.

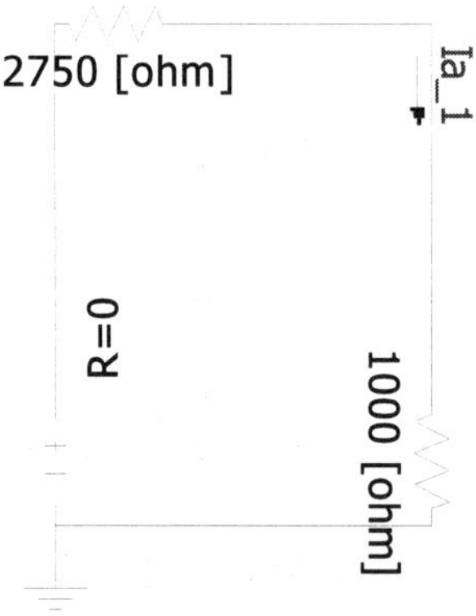

```
        2750 [ohm]
   ┌──/\/\/\──┐ Ia_1
   │          │
   │          │
  R=0        1000 [ohm]
   │          /\/\/
   │          │
   └──────────┘
```

〈그림 31-16 가역에 의한 회로 해석 (b)〉

1. 그림 31-16과 같이 회로를 구성한다. 이때 전압 3.75[V], 저항 $R_1 = 2.75[k\Omega], R_2 = 1[k\Omega]$로 설정한다.

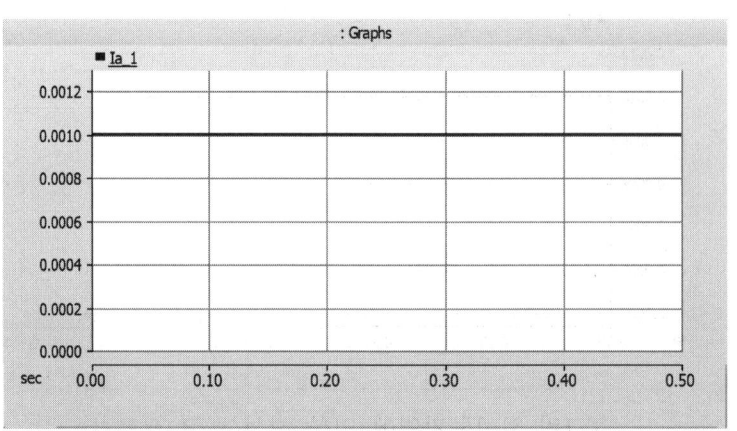

〈그림 31-17 가역에 의한 해석 회로 전류값〉

2. 그림 31-17을 통해 전류 1[mA]가 나왔다.

제31장_중요한 회로 법칙의 PSCAD 시뮬레이션

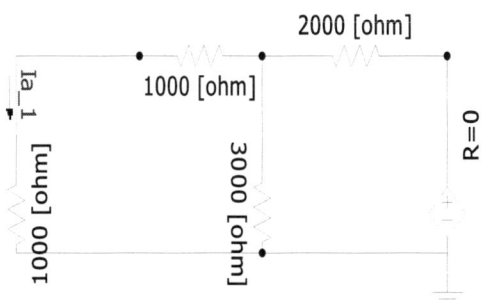

〈그림 31-18 가역에 의한 회로 해석 (a)〉

1. 그림 31-18과 같이 회로를 구성한다. 이때 전압 $5[V]$, 저항 $R_1 = 2[k\Omega], R_2 = 1[k\Omega], R_3 = 3[k\Omega], R_4 = 1[k\Omega]$로 설정한다.

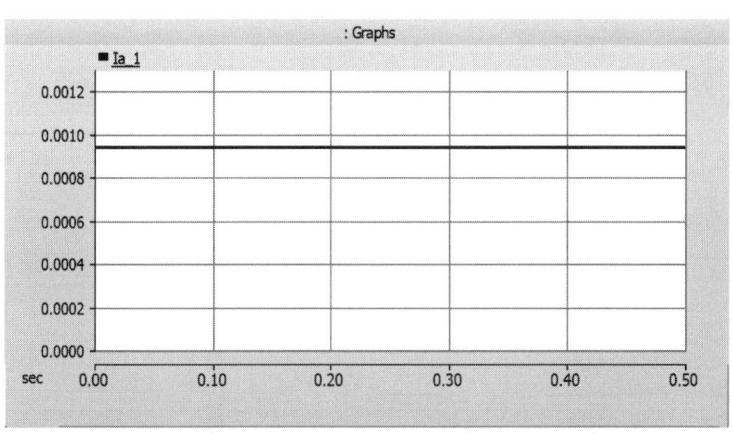

〈그림 31-19 가역에 의한 해석 회로 전류값〉

2. 그림 31-19를 통해 전류 $0.938[mA]$가 나왔다.

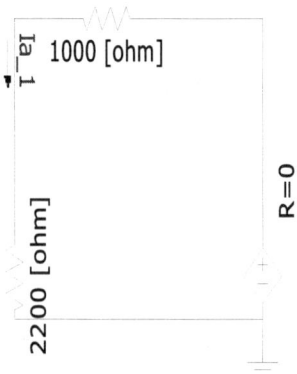

〈그림 31-20 가역에 의한 회로 해석 (b)〉

1. 그림 31-20과 같이 회로를 구성한다. 이때 전압 3[V], 저항 $R_1 = 2.2[k\Omega]$, $R_2 = 1[k\Omega]$로 설정한다.

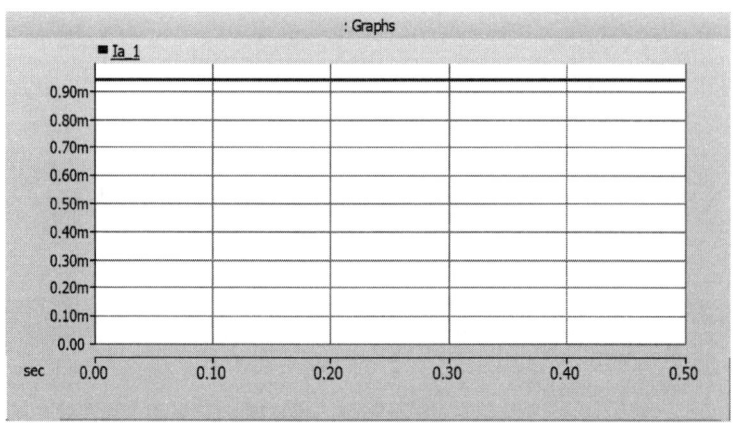

〈그림 31-21 가역에 의한 해석 회로 전류값〉

2. 그림 31-21을 통해 전류 0.938[mA]가 나왔다.

부록 _ 전선의 규격 설정 방법

전선의 허용전류 계산하는 것은 실제 환경에서 매우 중요하다. 전선의 규격 선정은 도체 및 절연체의 조건과 주위 환경에 매우 민감하므로 다음에 주어진 수식을 이용하여 선정하면 무리가 없으리라 판단된다.

도체저항 r 의 계산식은 다음과 같다.

$$r = r'[1 + \alpha(T_c - T_a)] \tag{1}$$

r' : 20℃에서의 도체저항[Ω/cm],

α : 저항온도계수(동: 0.00393)

절연저항 R 의 계산식은 다음과 같다.

$$R = R_1 + R_2 \tag{2}$$

$$R_1 = \frac{P_1}{2\pi} \times \ln\left[\frac{d_2}{d_1}\right] \tag{3}$$

$$R_2 = \frac{10P_2}{\pi d_2} \tag{4}$$

R_1 : 절연 열저항[℃cm/W], R_2 : 전선표면 열저항[℃cm/W]

d_1 : 도체 외경[mm], d_2 : 절연 외경[mm],

P_1 : 절연피복의 고유 열저항[℃cm/W]

P_2 : 표면방산의 고유 열저항[℃cm/W]

허용전류 계산식은 다음과 같다.

$$I = K \sqrt{\frac{T_c - T_a}{rR}} \quad [A] \tag{5}$$

r : T_c 에서의 도체저항[Ω/cm], R : 전선의 절연저항,

T_c : 전선의 최고허용온도, T_a : 주위온도, K : 다심의 경우 허용전류 감소계수

또한 각각 주어진 계수들은 표에 명기되어 있다.

〈표 P1의 고유 열저항〉

Material	P1 [℃cm/W]
PVC	600
PE	450
FEP(불소수지)	400

〈P_2의 고유 열저항〉

Material	P2 [℃cm/W]
P1 표의 것	500+10d2 (d2<40)
함침 편조	400+20d2 (d2<20)

부록_전선의 규격 설정 방법

〈최고 허용 온도〉

Material	T1 [℃]
PVC	60
내열 PVC	80, 90, 105
가교 PVC	105
PE	75
XLPE	90, 105, 125
FEP	200

〈다심전선의 허용전류 감소계수(K_1)〉

조수	K_1 [℃]								
	1	2	3	6	4	6	8	9	12
배열	O	OO	OOO	OOOOOO	OO OO	OOO OOO	OOOO OOOO	OOO OOO OOO	OOOO OOOO OOOO
중심 간격 S=d	1	0.85	0.8	0.7	0.7	0.6	–	–	–
S=2d	–	0.95	0.05	0.9	0.9	0.9	0.85	0.8	0.8
S=3d	–	1	1	0.95	0.95	0.95	0.9	0.85	0.85